U0296936

计算机网络应用

一体化课程教学指导手册

主　　编	陈静君	曾扬朗		
副 主 编	周建梅	黄新颖	梁锦坚	
参　　编	冯昌正	邹沃威	伍粤山	朱东方
	李文远	潘志超	刘志勇	严宗浚
编　　辑	林　枫	李　夏	李　晶	
校　　对	甘素文	廖婷婷		
封面设计	林　枫	李燕东		

图书在版编目（ＣＩＰ）数据

计算机网络应用一体化课程教学指导手册 / 陈静君，
曾扬朗主编. —成都：西南交通大学出版社，2021.10
ISBN 978-7-5643-8325-1

Ⅰ. ①计… Ⅱ. ①陈… ②曾… Ⅲ. ①计算机网络 –
课程建设 – 技工学校 – 手册 Ⅳ. ①TP393-62

中国版本图书馆 CIP 数据核字（2021）第 205148 号

Jisuanji Wangluo Yingyong Yitihua Kecheng Jiaoxue Zhidao Shouce
计算机网络应用一体化课程教学指导手册
主编　　陈静君　　曾扬朗

责 任 编 辑	黄淑文
封 面 设 计	林　枫　李燕东
出 版 发 行	西南交通大学出版社 （四川省成都市金牛区二环路北一段 111 号 西南交通大学创新大厦 21 楼）
发行部电话	028-87600564　028-87600533
邮 政 编 码	610031
网　　　　址	http://www.xnjdcbs.com
印　　　　刷	四川玖艺呈现印刷有限公司
成 品 尺 寸	210 mm × 260 mm
印　　　　张	24
字　　　　数	499 千
版　　　　次	2021 年 10 月第 1 版
印　　　　次	2021 年 10 月第 1 次
书　　　　号	ISBN 978-7-5643-8325-1
定　　　　价	198.00 元

广州市工贸技师学院

一体化课程教学指导手册

编写委员会

主　任　汤伟群

副主任　陈海娜　　翟恩民

委　员　周志德　　刘炽平　　伍尚勤　　刘志文

　　　　　　杨素娟　　陈志佳　　吴多万　　周红霞

　　　　　　王正旭　　高小秋　　朱　漫　　甘　路

　　　　　　张扬吉　　陈静君　　宋　雄　　符　强

　　　　　　李　江　　寿丽君　　陈　波

前言

为贯彻落实习近平总书记在学校思想政治理论课教师座谈会上的重要讲话和中共中央办公厅、国务院办公厅印发的《关于深化新时代学校思想政治理论课改革创新的若干意见》文件精神，挖掘其他课程和教学方式中蕴含的思想政治教育资源，发挥所有课程育人功能，构建全面覆盖、类型丰富、层次递进、相互支撑的课程体系，使各类课程与思政课同向同行，形成协同效应，实现全员全程全方位育人，广州市工贸技师学院在不断深入推进以职业活动为导向、以校企合作为基础、以综合职业能力培养为核心，理论教学与实践教学相融通、学习岗位与工作岗位相对接、职业能力与岗位能力相对接的一体化课程教学改革基础上，构建了一专业一特点的一体化课程与思政教育相互融合的课程与教学体系。

为帮助教师全面系统把握思政融合逻辑、课程内部结构，扎实推进思政融合一体化课程的教学实施，学院以专业为单位组织编写了一体化课程教学指导手册共 15 册。系列手册中，各专业系统梳理一体化课程中蕴涵的国家意识、人文素养、技术思想、职业素养、专业文化五个领域的思政教育资源，精心选取思政元素，合理布局融合点，深化教学融合设计，结构化地呈现了专业人才培养目标、课程思政方案、课程标准、教学活动等，从而帮助教师快速把握融合思政元素的一体化课程设计思路、教学目标、教学模式、课堂活动及其评价方式。

同时，《人力资源社会保障部办公厅关于推进技工院校学生创业创新工作的通知》（人社厅发〔2018〕138 号）文件明确指出，要加强技工教育创业创新课程体系建设，将创业创新课程纳入技工院校教学计划，将创业创新意识教育课程与公共课程相结合，将创业创新实践课程与专业课程相结合。系列手册中，各专业在部分工学结合的一体化学习任务基础上，融合了商机发掘、团队组建、市场调查、产品制造、商业模式设计、财务预测、项目路演等创新创业知识与技能，在日常专业教学过程中渗透培养创新意识和创业精神，从而提高学生创新创业能力。

由于思政融合、专创融合的一体化课程设计及其教学实施在技工院校尚属探索阶段，加之编者水平有限，手册尚存不足之处，恳请批评指正。

广州市工贸技师学院

2021 年 5 月

人才培养目标

◆ **培养定位**

培养遵纪守法、政治素质过硬，积极学习前沿信息技术，注重信息安全，具有国际视野、企业责任，崇尚实践、规范操作，支撑"信息安全"、"科技兴国"战略的信息科技人才。

◆ **就业面向的行业企业类型**

面向计算机网络服务与应用企业就业。

◆ **适应的岗位或岗位群**

适应网络构建、网络管理、信息安全等计算机网络管理岗位群工作。

◆ **能胜任的工作任务**

胜任计算机网络综合布线实施、小型局域网构建、网络服务器安装与调试、网络设备安装与调试、局域网疑难故障诊断、局域网项目方案设计等工作任务。

◆ **需具备的通用职业能力**

具备自主学习、团队合作、沟通协调、独立分析与解决问题，以及组织管理、持续改进等通用职业能力。

人才培养目标

计算机网络应用专业
思政特点

聚焦前沿信息技术、注重信息安全，具有国际视野、企业责任，崇尚实践、规范操作，支撑"信息安全"、"科技兴国"战略。

计算机网络应用专业课程思政方案

思政领域	融合的思政元素	课程名称	学习任务	思政内容
国家意识	国情观念（科技兴国）	计算机组装与维护	办公台式电脑组装	分析国内外品牌计算机硬件参数性能差异，认识国内外芯片技术发展现状及计算机硬件技术国际格局，树立科技兴国的大局观和使命感

思政领域	融合的思政元素	课程名称	学习任务	思政内容
人文素养	审美情趣（布线排序）	计算机网络综合布线实施	跨楼层网络布线实施	按照信息网络布线标准规范实施跨楼层网络布线，做到整洁美观，体现审美追求

思政领域	融合的思政元素	课程名称	学习任务	思政内容
技术思想	崇尚实践（规范操作）	计算机网络综合布线实施	办公室网络综合布线实施	按照施工图要求，遵守国家标准与规范实施管道布线工作，在实践中提升操作规范性
	科学精神（严谨规范）	计算机组装与维护	办公室台式电脑故障排查与修复	按照科学的工作计划和流程完成台式电脑故障排查与修复，培养严谨、规范、细致、求实的科学精神

计算机网络应用专业课程思政方案

思政领域	融合的思政元素	课程名称	学习任务	思政内容
技术思想	技术运用（开源共享）	计算机组装与维护	笔记本电脑升级与维护	检查、测试笔记本电脑的各项性能，编写项目存档，并主动与部门同事分享学习，培养技术运用中的开源共享精神
	技术精益（结合世赛标准）	计算机网络综合布线实施	建筑群网络综合布线实施	按照信息网络布线标准规范，结合世界技能大赛信息网络布线项目技术标准进行建筑群网络综合布线实施，培养技术精益的工匠精神

思政领域	融合的思政元素	课程名称	学习任务	思政内容
职业素养	企业责任（网络构建）	小型局域网构建	办公室无线网络构建	依照本任务网络拓扑图，在实施线槽、机柜及各类网络设备的安装中培养服务社会的意识
	沟通表达	网络设备安装与调试	职能部门网络设备安装与调试	角色扮演与客户沟通需求，制作PPT并汇报项目设计方案，提升沟通表达能力
	团队合作（综合布线）	计算机网络综合布线实施	同楼层新增网络综合布线实施	小组合作讨论、分析施工安全、故障现象等问题，并完成综合布线管道敷设，培养团队合作精神

思政领域	融合的思政元素	课程名称	学习任务	思政内容
专业文化	信息安全（数据保护）	小型局域网构建	部门网络资源共享服务构建	认识客户资料、客户意向相关信息保密的重要性，学习使用"密钥体制"加密和解密共享文件夹，提升信息安全素养
	规则意识（正版软件）	IT 桌面软件维护	新购计算机常用工具软件安装与维护	学习计算机软件产权知识以及常用工具软件安装包的合法下载方式，在获取并安装正版软件的过程中培养使用正版软件、尊重知识产权的规则意识
	信息安全（安全防御软件、数据备份）	IT 桌面软件维护	财务部门安全软件维护	在防火墙和正版杀毒软件升级安装、客户系统和资料数据备份过程中树立信息网络安全的法制意识和安全意识
	信息安全（数据安全）	IT 桌面软件维护	计算机重要文件数据恢复	制定规范化的紧急预案，学习数据恢复概念和意义，讨论数据安全恢复案例，在数据安全操作过程中提升数据安全意识
	信息安全（数据备份）	IT 桌面软件维护	办公外围设备的安装维护	备份操作系统和重要数据，做好网络安全防护，规范完成驱动软件安装，提升信息网络安全素养

思政融合方案

计算机网络应用专业
一体化课程教学指导手册

思政融合　专创融合

目录

 思政融合

 专创任务

中级工
生手

预备技师
能手

高级工
熟手

职业能力成长阶梯

课程 1. IT 桌面软件维护 　　　　　　课时：120

学习任务 1	学习任务 2	学习任务 3	学习任务 4
新购计算机常用工具软件安装与维护	财务部门安全软件维护	办公外围设备的安装维护	计算机重要文件数据恢复
（30）学时	（30）学时	（30）学时	（30）学时

课程目标

　　学习完本课程后，学生应当能够胜任桌面软件维护、简单的数据恢复等维护工作，养成礼貌待人、诚实守信等良好的职业素养。包括：

1. 能运用通俗易懂的语言，引导客户说出维护需求；运用多种工具，了解桌面软件运行状况，记录关键内容，明确工作时间和要求；

2. 能从满足客户功能需求、使用价值和企业工作规范、成本效益等角度编写维护流程，准备维护的工具和材料；

3. 能按照《计算机软件保护条例》和企业操作规范，参照软件说明书、软件安装手册等资料，对客户的重要数据进行备份，完成桌面软件安装、配置、调试和简单的数据恢复；

4. 能合理运用多种方法，独立完成 IT 桌面软件维护的测试，确保达到维护要求；

5. 能归纳总结常见维护任务的解决思路，并收集、整理相关的系统软件和应用软件；

6. 能遵守职业道德，具备良好的职业素养。

课程内容

　　本课程的主要学习内容包括：

1. 远程协助工具的使用

Windows 远程桌面；即时通讯软件远程协助。

2.IT 桌面软件维护的方法

故障诊断与排除的常用方法：观察法、清洁法、拔插法、最小系统法、替换法。

3. 外围设备的使用与维护

打印机、复印机、扫描仪、传真机、数码复合机。

4. 网络的基础配置

IP 地址（公网、私网地址）、子网掩码、默认网关、DNS。

5. 硬盘的基本结构

主引导记录（MBR）、磁头、磁盘、扇区、磁道。

6. 云终端与智能终端的维护

瘦客户机、桌面云管理平台。

7. 工具软件的使用

安全杀毒软件：单机防火墙、杀毒软件；

备份软件：Ghost 等；

磁盘检测软件：HDTune、DiskGenius；

数据恢复软件：EasyRecovery、WinHex。

8.Windows 常用命令的运用

常用系统管理命令：msconfig、diskmgmt.msc、dcomcnfg、services.msc、taskmgr、regedit、gpedit.msc 等；

网络管理命令：Ping、IPConfig、ARP 等。

9. 职业素养的养成

遵守《计算机软件保护条例》。

IT 桌面软件维护

学习任务 1: 新购计算机常用工具软件安装与维护

任务描述

学习任务学时: 30 课时

任务情境:

　　某单位业务部门新购了 50 台已安装操作系统和广播软件的台式计算机。为提高效率、满足日常使用要求,要求网络管理员通过网络同传的方式完成多种常用软件的安装与调试。网络管理员从业务主管处领取任务书,明确工作时间和要求;根据维护要求,查阅企业操作规范和相关案例,编写安装方法和流程,准备相应工具和软件;规范完成文件压缩、图片浏览器、PDF 阅读器、浏览器、音视频播放器、文件下载、即时通讯等软件批量安装并测试;经客户使用后确认,填写客户确认表和工作日志提交业务主管。

　　具体要求见下页。

需求:

I
P
A

分析:

A

P

80%

工作流程和标准

工作环节 1

与客户作常用工具软件安装与调试前沟通

　　根据任务要求，从部门主管处领取任务书，明确软件安装需求；确认所需安装软件的种类及功能，填写软件安装需求表。

主要成果：

1. 考察工作环境，查找常用工具软件安装说明书并存档以备参考。

2. 软件安装需求表（软件类别，软件版本）。

工作环节 2

编制方案

2

　　按照软件安装需求表，分析常用工具软件安装注意事项，包括是否共享软件、如何获取正版软件、需要何种版本并记录在软件预装手册上。准备常用工具软件安装包【成果】及其安装工具【成果】，编写常用工具软件的安装流程【成果】，报相关主管审批。

主要成果：

1. 常用工具软件安装包（软件安装压缩）；

2. 安装工具清单（工具名称，运行程序）；

3. 常用工具软件的安装流程（软件名称、软件安装步骤及安装注意事项）。

工作环节 3

安装调试

1. 正式实施前，备份原有操作系统及驱动程序。按软件安装需求和实施方案为新购计算机逐一安装常用工具软件。做好样本机的安装，配置各计算机网络地址，通过网络同传的方式进行剩余计算机的软件安装。

2. 按照《计算机软件保护条例》和企业作业规范，检查软件是否合法使用。对计算机进行软件使用抽样测试，确保实现文件压缩、图片查看、电子文档阅读、网页浏览、音视频播放等功能。编写测试报告【成果】。

主要成果：

1. 软件已安装完毕的计算机（软件功能齐全，软件运行流畅）；

2. 测试报告（软件功能齐全，软件运行流畅）。

工作环节 4

完成任务后，与用户一起对新购计算机常用工具软件安装与调试任务进行验收和确认，回答客户问题，填写客户确认表和工作日志【成果】，清理工作现场，将测试报告和客户确认表提交部门主管。

主要成果：

1. 客户确认表（符合客户需求）；

2. 工作日志（完整工作记录）。

IT 桌面软件维护

学习内容

知识点	1.1 任务单的识读； 1.2 计算机软件产权知识； 1.3 常用工具软件分类基础知识； 1.4 工作环境认知。	2.1 网络同传功能； 2.2 常用工具软件功能特点； 2.3 计算机软件产权相关知识； 2.4 正版软件的获取方式。	3.1 常用安装工具认知。	4.1 常用工具软件安装注意
技能点	1.1 交接任务； 1.2 用专业化语言描述计算机软件产权； 1.3 查找软件说明书； 1.4 文档分类保存； 1.5 考察工作环境。	2.1 会用专业化语言描述网络同传的作用； 2.2 下载常用工具软件安装包； 2.3 学习同传工具使用。	3.1 填写安装工具清单。	4.1 编写常用工具软件的安装 4.2 分析可能故障点。
工作环节	**工作环节 1** 与客户作常用工具软件安装与调试前沟通		**编制方案** **工作环节 2**	
成果	1.1 软件安装需求表	2.1 常用工具软件安装包	3.1 安装工具清单	4.1 常用工具软件的安装流
素养	1.1 培养与人沟通的能力，培养于与客户和业务主管等相关人员进行沟通的过程中； 1.2 培养阅读理解及提取关键信息的能力，培养于阅读任务书及记录任务书关键内容的过程中。	2.1 培养信息收集与处理能力，培养于获取常用工具软件安装包、认识网络同传的作用的工作过程中； 2.2 培养学生学会获取并安装正版软件的意识，使用正版正规的软件，尊重知识产权。	3.1 培养书面表达能力，培养于填写安装工具清单的过程中。	4.1 培养分析、决策能力，分析可能故障点的过程 4.2 培养书面表达及文本撰培养于编写常用工具软装流程的过程中。

5.1 系统备份的作用； 5.2 工具软件安装流程方法； 5.3 计算机软件安装规范； 5.4 软件注册方法。	6.1 软件调试方法； 6.2 测试报告解读。	7.1 验收要点； 7.2 验收细则； 7.3 8S 管理标准； 7.4 答疑注意事项。
5.1 操作系统备份； 5.2 驱动程序安装； 5.3 常用软件安装； 5.4 软件注册； 5.5 客户机 IP 配置； 5.6 软件同传。	6.1 检测常用工具软件功能； 6.2 调试常用安装工具软件； 6.3 编写测试报告。	7.1 与客户一起验收项目； 7.2 展示与讲解安装的软件； 7.3 清理工作现场； 7.4 填写客户确认表和工作日志。

工作环节 3

安装调试

工作环节 4

交付验收

IT 桌面软件维护

5.1 样本计算机	6.1 测试报告	7.1 客户验收表和工作日志
5.1 培养严谨、规范的工匠精神，培养于对操作系统的备份、驱动程序的安装、常用软件的安装、软件注册、IP 地址设置、软件同传的过程中	6.1 培养敬业、精业、严谨、规范、用户至上的工匠精神，培养于对常用工具软件功能检测的过程中； 6.2 培养辨识问题、解决问题的能力，培养于对常用工具软件调试的过程中； 6.3 培养文书撰写能力，培养于编写测试报告的过程中。	7.1 培养与人沟通的能力，培养于与用户一起对新购计算机常用工具软件安装进行验收和确认的过程中； 7.2 培养严谨、规范的工匠精神，培养于工作现场清理的工作过程中； 7.3 培养文书撰写能力，培养于客户确认表的撰写过程中。

学习任务 1: 新购计算机常用工具软件安装与维护

① 与客户作软件安装与调试前沟通　　**②** 制订软件安装方案　　**③** 安装调试　　**④** 交付验收

工作子步骤	教师活动	学生活动	评价
1. 领取任务书。 2. 与客户沟通。 3. 了解客户需求。 4. 填写软件安装需求表。	1. 教师组织全班学生分组，让小组学生模拟客户与网络管理员角色，学生机模拟为新购计算机，教师 PPT 展示并分发新购计算机常用工具软件安装与维护任务书。 2. 教师为讲解任务书进行引言：模拟 QQ 聊天的过程，运用酷狗音乐播放器播放音乐，使用 360 安全卫士软件查杀病毒等，以此引出常见计算机工具软件运用的便利性和实用性。 3. 教师提出问题，引导学生思考并分组回答：什么是 IT 桌面软件？ 4. 教师对 IT 桌面软件定义的回答做出点评，并对 IT 桌面软件定义做总结。 5. 教师组织学生网上查阅资料，掌握常用工具软件的功能及分类，完成常用工具软件分类表。 6. 教师组织学生展示完成的常用工具软件分类表，并进行组间点评，然后总结出完善的常用工具分类表。 7. 教师播放计算机软件产权相关视频，引出该内容，引导学生查阅相关资料，并组织学生以小组竞赛的形式，写出计算机软件产权相关条例，条目多且正确者为胜。 8. 教师组织学生进行组间点评，然后评出获胜小组。 9. 教师通过 PPT 和投影展示指导学生了解任务要求并用卡纸提炼关键字。 10. 教师组织学生展示提炼的任务关键字，并分组阐述各自想法。 11. 教师对此进行点评，总结任务要求。 12. 教师分发软件安装需求表，组织学生搜索软件安装需求表的填写要求。 13. 教师指导学生完成软件安装需求表的填写。 14. 教师组织学生提交小组成果并点评总结。	1. 学生按教师要求划分小组后进行角色扮演，领取任务书。 2. 学生聆听教师引言并思考。 3. 学生小组查阅资料，利用卡片纸写出 IT 桌面软件的定义并展示，各组派代表阐述其定义，其他小组聆听并做笔记。 4. 学生聆听教师点评并做笔记。 5. 学生分组网上查阅资料，确定常用的工具软件分类，并按要求完成常用工具软件分类表。 6. 学生分组展示各自的常用工具软件分类表，并与其它小组成果进行比较，然后做出总结。 7. 学生根据教师要求查阅计算机软件产权相关知识，然后在规定时间内在卡纸上写出计算机软件产权相关条例。 8. 小组成果进行比较，然后确定获胜小组。 9. 学生识读任务书，查阅相关资料，与下达任务部门和客户模拟沟通了解任务要求并用卡纸提炼任务关键字。 10. 学生展示提炼好关键字的卡纸，分组阐述提炼思路。 11. 小组学生聆听教师点评及总结并记录任务要点。 12. 小组学生领取软件安装需求表，熟知软件安装需求表的填写要求。 13. 小组按任务要求填写软件安装需求表。 14. 学生聆听点评总结并做笔记。	1. 教师点评：学生角色互演是否投入，教师点评并表扬。 2. 教师点评：小组展示 IT 桌面软件定义是否全面和准确。 3. 教师点评：学生回答 IT 桌面软件的定义问题，教师点评。 4. 小组互评：常用工具软件分类表是否齐全； 教师点评：根据各小组得出的结论进行点评。 5. 小组互评：哪个小组写出的计算机软件产权相关条例数目最多、最准确。 6. 教师点评：学生对任务要求的问题回答做点评，选取较好的任务关键字。 7. 教师点评：学生在填写软件安装需求表的过程是否规范，结果是否符合企业要求。 8. 教师点评：选取较好的软件安装需求表进行表扬。

课时： 80 min

1. 硬资源：联网的计算机等。
2. 软资源：常用工具软件分类表（空表）、计算机软件产权相关条例文档、新购计算机常用工具软件安装与维护任务书、软件安装需求表（空表）等。
3. 教学设施：白板笔、卡片纸、展示板、投影仪等。

 与客户作软件安装与调试前沟通　　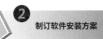 制订软件安装方案　　 安装调试　　 交付验收

制订软件安装方案

工作子步骤	教师活动	学生活动	评价
1. 根据软件安装需求表，分析常用工具软件安装注意事项，包括是否共享软件、需要何种版本，并记录在软件预装手册上。 2. 准备常用工具软件安装包及其安装工具。 3. 编写常用工具软件的安装流程图。	1. 教师引导学生搜索常用工具软件安装注意事项。 2. 教师组织各小组活动并巡回指导。 3. 教师组织全班学生讨论展示卡片上的常用工具软件安装注意事项；教师通过PPT讲解常用工具软件安装注意事项。 4. 教师实例讲解常用工具软件安装包的下载方法并引导学生使用正规渠道搜索常用工具软件安装包的下载地址。 5. 教师组织各小组活动并巡回指导。 6. 教师组织学生展示成果，并进行组间挑选，选出5个常用工具软件安装包的下载地址。 7. 教师引导学生上网下载常用工具软件安装包并规范命名保存。 8. 教师设疑如何安装上述常用工具软件？用PPT展示相关工具，请学生思考后筛选合适的安装并展示出来。 9. 教师组织学生根据组内筛选意见填写安装工具清单表。 10. 教师引导学生根据软件安装需求表和软件安装注意事项，编写常用工具软件的安装流程图。 11. 教师组织各小组活动并巡回指导。 12. 教师组织小组展示卡片上的常用工具软件的安装流程图，并进行组间评价，找出共同点与不同点，并挑选出大家都认可的软件安装流程图。 13. 教师设疑：如果安装过程出现问题怎么办？会出现怎么样的问题？引导学生分析过程中可能出现的故障点。 14. 教师组织学生展示写好的故障点，并组织学生比较后提炼常见的故障情况。 15. 教师抽问学生回答在安装过程中可能出现的问题及对应的解决方法。	1. 学生独立上网搜索常用工具软件安装注意事项并记录表格。 2. 小组讨论搜索到的常用工具软件安装注意事项，找出组内成员认可的6个注意事项，写在卡片纸上并展示。 3. 全班学生讨论展示卡片上的常用工具软件安装注意事项，挑选出6个大家都认可的选项并展示。 4. 学生根据教师的指导方法，独立上网搜索常用工具软件安装包的合法下载地址并记录表格。 5. 小组学生讨论搜索到的常用工具软件安装包的下载地址，找出组内成员认可的5个下载地址，写在卡片纸上并展示。 6. 分组讨论展示卡片上的常用工具软件安装包的下载地址，挑选出5个大家都认可的下载地址并展示。 7. 学生上网下载常用工具软件安装包并按名称命名保存。 8. 学生思考教师提出的问题，分组讨论软件安装所需工具，挑选出组内成员都认可的工具并展示在白板上。 9. 分组完成安装工具清单表的填写。 10. 学生分组查阅资料，根据要求完成常用工具软件安装流程图的编写。 11. 分组讨论常用工具软件的安装流程图，找出异同点，并挑选出大家都认可的流程图。 12. 学生思考教师的问题并分析可能出现的故障点。 13. 小组展示各自写好的故障情况，进行组间比较，提炼出常见的软件安装故障情况。 14. 被抽到的学生回答老师的提问，其他学生思考。 15. 学生聆听教师的点评及总结，做好笔记。	1. 教师点评：观察学生上网搜索资讯的状态，提出口头表扬。 2. 教师点评：观察学生，收集各组优点，并做集体点评；表扬被挑选到较多卡片的小组并给适当奖励。 3. 小组互评：点评其他小组的常用工具软件安装注意事项，选出较好的，并说明理由。 4. 教师点评：观察学生上网搜索常用工具软件安装包的下载地址的上课状态，提出口头表扬。 5. 小组互评：点评其他小组找出的下载地址，选出较好的并说明理由。 6. 教师点评：观察学生是否下载了符合任务要求的软件安装包。 7. 教师点评：点评学生是否选取了符合任务要求的安装工具。 8. 教师点评：点评学生是否筛选到合适的工具软件。

IT 桌面软件维护

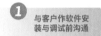 与客户作软件安装与调试前沟通　 制订软件安装方案　 安装调试　④ 交付验收

工作子步骤	教师活动	学生活动	评价
制订软件安装方案	16. 教师根据抽问学生的回答情况,点评并总结常见的软件安装故障现象及其对应的故障解决方法。		9. 教师点评: 点评学生是否规范按照企业要求填写安装工具清单表。 10. 教师点评: 点评学生是否正确绘制常用工具软件的安装流程图。 11. 组间评价: 点评其他小组是否较好地展示了过程中的故障点。 12. 教师点评: 教师抽问学生回答在安装过程中可能会出现的问题,对积极或回答正确的学生进行表扬。

课时: 160 min
1. 硬资源: 联网的计算机等。
2. 软资源: 新购计算机常用工具软件安装与维护任务书等。
3. 教学设施: 白板笔、卡片纸、展示板、投影仪等。

工作子步骤	教师活动	学生活动	评价
安装调试	1. 样本机的安装。 2. 配置各计算机网络地址。 3. 通过网络同传的方式进行剩余计算机的软件安装。	1. 教师组织学生网上查阅资料,了解系统备份的作用,掌握备份操作系统的方法。 2. 教师组织学生展示所写备份操作系统的方法,并确定最终方法。 3. 教师引导学生用虚拟机软件进行操作系统的备份。 4. 教师引导学生上网搜索驱动程序的种类及其官网,并进行下载。 5. 教师引导学生在一台计算机上安装常用软件并进行软件注册。 6. 教师通过局域网基础知识引导学生对剩余计算机进行 IP 地址的合理配置。 7. 教师通过 PPT 展示并讲解网络同传的定义及作用,引导学生理解网络同传的概念。	1. 学生查阅资料,了解系统备份的作用,上网搜索备份操作系统的方法并写在卡纸上。 2. 分组展示备份操作系统的方法,组间评价后找出大家均认可的备份方法,写在卡片纸上并展示。 3. 分组用虚拟机软件对操作系统进行备份操作。 4. 学生上网搜索获取驱动程序的种类和官网,并下载、安装相关驱动程序。 5. 学生分组在一台计算机上安装常用软件并对安装好的常用软件进行软件注册。 6. 学生对剩余计算机的 IP 地址进行合理配置。 7. 学生聆听教师对网络同传概念的讲解,做好笔记。	1. 教师点评: 学生搜索备份操作系统的方法是否全面、是否可行。 2. 小组点评: 点评其他小组找出的备份方法,选出较好的并说明理由。 3. 教师点评: 学生备份操作系统方法是否正确、规范。 4. 教师点评: 学生下载的驱动程序软件是否能用(针对万能版和装机版有所不同)。 5. 教师点评: 学生是否完成常用软件安装,软件是否注册成功,过程是否规范。 6. 教师点评: 学生对剩余计算机的 IP 地址配置是否正确。 7. 组间点评: 点评其他小组找出的同传工具的使用方法是否正确。 8. 教师点评: 学生是否同传成功。

① 与客户作软件安装与调试前沟通　② 制订软件安装方案　③ 安装调试　④ 交付验收

工作子步骤	教师活动	学生活动	评价
	8. 教师组织学生网上查阅资料，学习同传工具的使用。 9. 教师组织学生根据所查资料，通过网络同传的方式对剩余计算机完成多种常用软件的安装与调试。	8. 学生分组查阅资料，学习同传工具的使用方法，并展示。 9. 学生通过安装好的样本计算机，进行对软件的同传。	

课时： 160 min
1. 硬资源：联网的计算机等。
2. 教学设施：白板笔、卡片纸、展示板、投影仪等。

工作子步骤	教师活动	学生活动	评价
检查并测试软件。	1. 教师组织小组学生进行组间测试，分别检测其他小组安装的常用工具软件的功能。 2. 教师组织小组学生调试常用安装工具软件，并填写测试情况。 3. 教师组织学生查阅资料，确定测试报告的注意事项及格式等。 4. 教师讲解测试报告模板，组织学生根据测试情况编写测试报告。 5. 教师点评学生提交的测试报告，并引导学生修改完善测试报告。	1. 小组学生进行角色扮演，分别检测常用工具软件的功能。 2. 小组学生调试常用安装工具软件，并如实填写测试情况。 3. 学生上网搜索编写测试报告的注意事项及格式等。 4. 学生聆听教师讲解，并分组编写测试报告并提交。 5. 学生聆听教师点评，做好笔记，并根据修改意见修改测试报告。	1. 教师点评：学生检测常用工具软件功能是否完整。 2. 教师点评：学生调试常用安装工具软件是否正常运行。 3. 教师点评：学生拟写的测试报告是否规范，格式是否标准。

课时： 120 min
1. 硬资源：联网的计算机等。
2. 软资源：测试报告模板等。
3. 教学设施：白板笔、卡片纸、展示板、投影仪等。

工作子步骤	教师活动	学生活动	评价
1. 与用户一起对新购计算机常用工具软件安装与调试任务进行验收和确认。 2. 回答客户问题，填写客户确认表和工作日志。	1. 教师组织学生组间扮演参与验收项目。 2. 教师组织小组学生展示与讲解安装的软件及其功能。 3. 教师引导学生按照"8S"标准清理工作现场，让学生养成良好的行为习惯。 4. 教师组织学生模拟客户答疑事宜；其他小组给模拟小组评分。 5. 教师引导学生填写客户确认表和工作日志并提交。 6. 教师点评学生提交的客户确认表和工作日志。	1. 学生扮演客户一起参与验收项目。 2. 学生向扮演客户展示与讲解安装的软件及其功能。 3. 学生按照"8S"标准清理工作现场。 4. 学生分组按要求模拟客户现场答疑，其他小组聆听观察并给模拟小组评分。 5. 学生分组填写客户确认表和工作日志并提交。 6. 学生聆听教师点评和总结，做好笔记。	1. 教师点评：学生是否积极配合参与验收项目。 2. 教师点评：学生按照"8S"标准清理工作现场是否规范和标准。 3. 组间点评：模拟小组答疑时仪态是否大方、语言是否清晰流畅等。 4. 教师点评：学生填写客户确认表和工作日志是否规范和标准。

课时： 120 min
1. 硬资源：联网的计算机等。
2. 软资源：客户确认表、工作日志表、现场答疑评分表等。
3. 教学设施：白板笔、卡片纸、展示板、投影仪等。

安装调试

交付验收

IT 桌面软件维护

学习任务 2：财务部门安全软件维护

任务描述

学习任务学时：**30** 课时

任务情境：

　　某单位为确保财务部门计算机安全，计划为计算机的防火墙和杀毒软件进行升级。我院计算机网络应用专业和该单位为实习合作单位，该部门经理希望得到我院师生的协助，与网络管理员一起在一个工作日内通过域控制器完成升级任务。

　　具体要求见下页。

工作流程和标准

工作环节 1

获取财务部门安全软件维护任务

根据任务要求，从部门主管处获取任务需求，在任务单上记录财务部门计算机所用系统情况，了解防火墙和杀毒软件运行现状，明确业务流程。查阅相关操作规范和案例并存档以备参考。

主要成果：任务单（任务要求，客户基本情况）；相关规范及案例

工作环节 2

编制维护方案

按照任务要求，分析防火墙和杀毒软件升级过程中的注意事项，制订紧急预案，并记录在软件预装手册【成果】上。准备正版软件，如防火墙和杀毒软件正版升级安装包。与客户沟通，明确工作时间和协助要求。编写规范的财务部门安全软件维护流程，报相关主管审批。

主要成果：

软件预装手册（软件所需版本，安装注意事项，紧急预案，操作规范）；正版安全软件维护流程。

工作环节 3

实施升级维护

通知客户保留重要文档，备份客户系统和资料数据，保证数据安全。按维护实施流程在规定时间通过规范的操作对域控制器进行防火墙和杀毒软件的升级【成果】。对装好的计算机进行必要的配置调试，使用模拟方式检测软件正常运行情况，填写工作日志，记录原安全软件情况及升级内容、操作人员等情况【成果】。

主要成果：

1. 已升级的正版防火墙和杀毒软件，确保是最新版本；
2. 工作日志（包含作业时间，原安全软件情况及升级内容，规范操作内容，操作人员等情况）。

工作环节 4

质量自检

按照《计算机软件保护条例》和企业作业规范，检查防火墙是否正确生效。使用杀毒软件对计算机进行全面杀毒测试，确保财务部门系统安全。编写测试报告【成果】。

主要成果：

测试报告，可以是电子版杀毒日志。

工作环节 5

交付验收

完成任务后，与用户一起对财务部门安全软件维护任务进行验收，询问客户数据和系统是否正常完整，填写客户确认表【成果】，清理工作现场，将测试报告和客户确认表提交部门主管。

主要成果：

客户确认表（符合客户需求）。

IT 桌面软件维护

学习内容

知识点	1.1 任务单的识读； 1.2 财务部门工作流程	2.1 计算机安全基础知识； 2.2 防火墙知识	3.1 可能出现问题分析； 3.2 紧急预案编写注意事项； 3.3 正版软件升级说明	4.1 操作系统恢复的基础知 4.2 规范操作，流程图知识
技能点	1.1 填写任务单； 1.2 记录财务部门计算机所用系统	2.1 查阅相关操作规范和案例并存档以备参考； 2.2 用专业化语言描述杀毒软件作用； 2.3 查找防火墙价格	3.1 分析正版防火墙和杀毒软件升级过程中的注意事项； 3.2 制订紧急预案； 3.3 对比版本信息	4.1 与客户沟通，明确工作协助要求； 4.2 编写规范的财务部门安维护流程
工作环节	**工作环节 1** **获取财务部门安全软件维护任务**			**编制维护方案** **工作环节 2**
成果	1.1 任务单	2.1 案例文档	3.1 软件预装手册	4.1 安全软件维护流程
素养	1.1 培养与人沟通的能力，培养于与客户和业务主管等相关人员进行沟通的过程中； 1.2 培养阅读理解及提取关键信息的能力，培养于阅读任务书及记录任务书关键内容的工作过程中	2.1 培养信息收集与处理能力，培养于获取防火墙信息、杀毒软件升级工作过程中； 2.2 培养分析、决策能力，培养于分析硬件的兼容性和性价比的工作过程中； 2.3 培养书面表达能力，培养于制订升级计划的工作过程中	3.1 培养文书撰写能力，培养于制订紧急预案的工作过程中； 3.2 培养法制意识及网络安全意识，培养于正版软件升级学习中	4.1 培养敬业、精业、严谨用户至上的工匠精神，按照工作计划和工作地完成安全软件维护作过程中

5.1 系统备份的重要性及作用； 5.2 域控制器使用方法； 5.3 规范的杀毒软件升级方法； 5.4 规范的防火墙升级方法； 5.5 规范操作流程	6.1 什么是工作日志	7.1 测试报告编写要点； 7.2 企业作业规范识读； 7.3 防火墙检查标准	8.1 任务验收步骤； 8.2 核对验收点； 8.3 客户确认表编写要点
5.1 备份客户系统和资料数据 5.2 通过域控制器进行正版防火墙和杀毒软件的升级 5.3 规范地对装好的计算机进行必要的配置调试	6.1 填写工作日志	7.1 根据工作任务描述判断验收要点； 7.2 检查防火墙是否正确生效； 7.3 使用杀毒软件对计算机进行全面杀毒测试； 7.4 填写测试报告	8.1 与用户一起对财务部门安全软件维护任务进行验收； 8.2 展示与讲解工作要点； 8.3 询问客户数据和系统是否正常完整； 8.4 填写客确认表 测试报告

工作环节 3
实施升级维护

工作环节 4
质量自检

工作环节 5
交付验收

5.1 已升级的防火墙和杀毒软件	6.1 工作日志	7.1 测试报告	8.1 客户确认表
5.1 培养敬业、精业、严谨、规范、用户至上的工匠精神，培养于按照工作计划和工作流程完成计算机的软件升级的工作过程中； 5.2 培养网络安全意识，培养数据备份意识，对重要数据及资料进行安全备份		7.1 培养敬业、精业、严谨、规范、用户至上的工匠精神，培养于对安全软件维护测试的工作过程中； 7.2 培养辨识问题、解决问题的能力，培养于对安全软件维护测试的工作过程中； 7.3 培养文书撰写能力，培养于编写测试报告的工作过程中	8.1 培养与人沟通的能力，培养于与用户一起对系统软件安全进行验收和确认的工作过程中； 8.2 培养严谨、规范的工匠精神，培养于工作现场清理的工作过程中； 8.3 培养文书撰写能力，培养于客户确认表的撰写过程中

二 桌面软件维护

① 获取财务部门安全软件维护任务　　**②** 编制维护方案　　**③** 实施升级维护　　**④** 质量自检　　**⑤** 交付验收

工作子步骤	教师活动	学生活动	评价
1. 从部门主管处获取任务需求。 2. 在任务单上记录财务部门计算机所用系统情况。 3. 了解防火墙和杀毒软件运行现状。 4. 明确业务流程。	1. 教师引入任务背景讲解计算机安全基础知识，使用头脑风爆法引导学生发掘计算机安全隐患。 2. 教师指导学生分辨在网上查找的计算机安全定义是否严谨。 3. 教师指导学生上网搜集计算机病毒的信息，让学生把注意力集中在目前常用的方法上。 4. 教师向学生展示硬件防火墙和软件防火墙图片或实物，引导学生列表对比防火墙和杀毒软件的作用。 5. 教师解释为什么要了解财务部门的一般工作流程情况。 6. 教师引入任务背景，分组安排业务主管、部门用户、维护施工人员按脚本进行角色扮演，分发任务单。 7. 教师模拟部门负责人介绍现有计算机系统组成情况，组织学生进行现状调查。 8. 教师引导学生摸查事先准备好的服务器防火墙及杀毒软件版本情况。 9. 教师组织学生模拟客户需求分析。 10. 教师指导如何填写任务单。	1. 学生学习计算机安全基础，小组讨论所经历过的计算机安全问题，发现隐患所在。 2. 小组利用网络资源查找计算机安全主要面临的威胁，在工作页上填写计算机安全定义。 3. 小组利用卡片纸写出预防计算机病毒的方法并展示，小组成员讨论各类方法的优缺点。 4. 学生查找防火墙相关知识，列表对比防火墙和杀毒软件的作用及区别，查找硬件防火墙和软件防火墙各一款的市场价格。 5. 使用关键字法记录财务部门工作流程要点。 6. 学生听取任务背景要求，按小组选择角色，根据对应脚本模拟任务发布和交接。 7. 小组接收识读任务单。 8. 学生在教师引导下对现有计算机系统状况进行检查，并记录在任务单上。 9. 分组对服务器防火墙及杀毒软件进行摸查，将安装配置情况及版本信息记录在任务单上。 10. 学生向部门主管（可由教师扮演）咨询任务需求，将要点记录在任务单上。	1. 教师点评：小组查找的计算机安全定义是否严谨，防火墙及杀毒软件的使用是否科学。 2. 教师点评：学生能否把握财务部门工作流程重点。 3. 小组互评：计算机现有系统状况是否详细记录。 4. 教师点评：根据任务要求选取填写较好的任务单进行点评。

课时： 160 min
1. 硬资源：能连接互联网的计算机等。
2. 软资源：财务部门安全软件维护任务单、《IT 桌面软件维护》参考教材、财务部门安全软件维护任务单、财务工作流程参考、任务单、已安装防火墙及杀毒软件的服务器等。
3. 教学设施：工作页、白板、卡片纸等。

| 查阅相关操作规范和案例并存档以备参考。 | 1. 教师布置查阅软件维护升级相关操作规范和案例的任务。
2. 根据完整性、可行性组织评选合适的案例并存档。 | 1. 学生理解查阅资料的意义，从网络或文稿中查找相关操作规范及升级维护案例。
2. 小组展示并分类对操作规范和案例进行存档。 | 1. 小组互评：案例是否对本任务有参考价值。 |

课时： 60 min
1. 硬资源：能连接互联网的计算机等。
2. 软资源：软件升级文档及规范等。
3. 教学设施：白板、张贴纸等。

获取财务部门安全软件维护任务

| ① 获取财务部门安全软件维护任务 | ② 编制维护方案 | ③ 实施升级维护 | ④ 质量自检 | ⑤ 交付验收 |

工作子步骤	教师活动	学生活动	评价
1. 按照任务要求，分析防火墙和杀毒软件升级过程中的注意事项，制订紧急预案并记录在软件预装手册上。	1. 检查学生是否正确查找出防火墙品牌资讯的网址。 2. 帮助学生辨别官方防火墙网站。 3. 听取学生讨论活动，引导梳理出主流防火墙资讯的常用网址。 4. 组织学生上网搜索常见的杀毒软件品牌，国内国外各一款以上。 5. 使用扩展小组法组织全班讨论活动，梳理出常见杀毒软件品牌，从价格、资源占用程度、有效性、排名等方面评价较好的品牌。 6. 引导学生梳理正版意识，养成使用正版的习惯。 7. 引导学生思考升级维护中注意事项，提问如果操作失败会导致何种后果。 8. 组织学生梳理紧急预案的作用。 9. 督促学生独立查找模版，适当给予修改预案建议。 10. 组织学生制订小组预案，每组至少能形成三份初稿。 11. 从可行性、周祥性方面讲解预案较好的地方和不足，形成一份全班可用的方案。 12. 组织学生按紧急预案处理突发事件流程；人为制造升级过程断电、数据误删除等故障，以检验学生是否有应急操作。 13. 讲解软件预装手册填写方法。	1. 每名学生独立上网搜索获取防火墙品牌资讯各三条网址，并记录在资讯网址表格中。 2. 小组讨论组内所有网址，找出2个组内成员认可的网址，写在卡片纸上并展示。 3. 全班学生讨论展示卡片上的网址，挑选出3个较出名的防火墙资讯的网址。 4. 每名学生独立上网搜索常见的杀毒软件品牌至少3个，并记录在资讯网址表格上。 5. 小组讨论组内所有网址，找出2个组内成员认可的常见杀毒软件品牌，写在卡片上并展示。全班学生讨论展示卡片上的杀毒软件品牌，挑选出3个主流杀毒软件品牌。 6. 每名学生独立上网搜索查找这些正版杀毒软件品牌的官网地址，并记录在资讯网址表格上。 7. 小组上网搜索软件升级过程中的注意事项；使用头脑风暴法讨论系统升级失败的后果。 8. 小组上网搜索紧急预案的作用及制订的一般方法。 9. 学生独立制订一份紧急预案初稿。 10. 各组挑选出写得较好的文稿，整理并修订出本组的紧急预案。 11. 小组展示预案并评出较好的方案。 12. 各组学习紧急预案，预演发生突发事件的处理方法。 13. 按软件预装手册填写记录事项，包括软件所需版本、安装注意事项、紧急预案。	1. 教师点评：观察学生上网搜索资讯的状态，提出口头表扬；收集各组优点，并做集体点评；表扬被挑选到较多卡片的小组，并给适当奖励。 2. 教师点评：观察学生上网搜索资讯的状态，提出口头表扬；收集各组优点，并做集体点评；表扬被挑选到较多卡片的小组，并给适当奖励。 3. 小组互评：点评其他小组发现的升级失败后果，并说明理由。 4. 教师点评：优秀的预案需要考虑周祥，有实施意义，在关键节点有负责人员。 5. 小组互评：点评其他小组操作是否合理，并说明理由。

编制维护方案

IT桌面软件维护

课时： 160 min
1. 硬资源：能上网的计算机、一台实验用服务器等。
2. 软资源：记录安全产品最新资讯网址的表格、记录杀毒软件搜索结果的工作表格、预案模版等。
3. 教学设施：白板笔、卡片纸、展示板等。

| ① 获取财务部门安全软件维护任务 | ② 编制维护方案 | ③ 实施升级维护 | ④ 质量自检 | ⑤ 交付验收 |

工作子步骤	教师活动	学生活动	评价
2. 准备防火墙和杀毒软件升级安装包，与客户沟通，明确工作时间和协助要求。	1. 讲解规范的操作流程。 2. 讲解防火墙升级包获取渠道。 3. 讲解杀毒软件升级包获取渠道。 4. 组织学生讨论与客户联系工作时间的方法；要求落实升级维护时间、实施人员、升级的内容、所需协助等。 5. 指导学生制订工作时间表，以甘特图形式展现。	1. 小组通过老师讲解，学习规范的操作流程，为后续编制操作流程做准备。 2. 小组上网获取防火墙升级包并分类存档。 3. 小组上网获取杀毒软件升级包并分类存档。 4. 小组角色扮演与客户沟通明确工作时间，学习客户沟通方法。 5. 按工作时间制作甘特图，并小组张贴展示。	1. 小组展示准备好的升级包。 2. 小组互评：点评其他小组在沟通过程中是否注重礼节，并说明理由。

课时：120 min
1. 硬资源：能上网计算机、U 盘或移动硬盘等。
2. 教学设施：展示板等。

3. 编写财务部门安全软件维护流程，报相关主管审批。	1. 根据财务部门工作流程，引导学生制订软件维护流程。 2. 讲解杀毒软件升级包获取渠道。 3. 组织学生讨论与客户联系工作时间的方法；要求落实升级维护时间、实施人员、升级的内容、所需协助等。 4. 指导学生制订工作时间表，回收学生文档。	1. 小组上网获取软件维护工作流程并展示。 2. 小组上网获取杀毒软件升级包并分类存档。 3. 上网查找学习客户沟通方法。 4. 小组角色扮演与客户沟通明确工作时间。 5. 按工作时间制作甘特图并小组展示。 6. 将合格的软件维护流程交给部门主管。	1. 小组展示软件维护工作流程。 2. 小组互评：点评其他小组在沟通过程中是否注重礼节，并说明理由。

课时：80 min
1. 硬资源：能连接互联网的计算机、U 盘或移动硬盘等。
2. 软资源：甘特图样本等。
3. 教学设施：展示板等。

1. 通知客户保留重要文档，备份客户系统和资料数据。	1. 以 PPT 形式展现不重视数据备份的失败案例，突出数据备份的重要性，展示关于计算机数据备份的案例，指导学生用关键字法阅读备份概念和意义。 2. 教师以表格问题形式引导学生归纳应该备份哪些个人数据。 3. 讲解备份类型：完全备份，差异备份，增量备份。 4. 展示常用备份工具及方法，询问学生是否使用过。 5. 指导学生进行备份练习，通过分组在不同小组使用不同备份方法。	1. 使用关键字法学习备份概念和意义，学习数据安全的重要性；小组讨论个人数据安全备份的案例。 2. 回答个人计算机中应备份什么数据。 3. 通过图片对比三种备份的异同。 4. 通过视频、教师演示等学习备份工具使用及常见备份方法。 5. 小组合作随机使用一种方法练习备份个人收藏夹。	1. 教师点评：学生所列举的数据哪些应重点备份及如何进行安全备份。 2. 个人自评：是否理解三种备份类型。 3. 教师点评：根据任务要求查看学生是否正确完成备份。

左侧纵栏文字：编制维护方案 / 实施升级维护

工作子步骤	教师活动	学生活动	评价
	6.引导学生发现组策略下发备份时间的优势并运用。 7.指导学生备份客户机系统及必要的数据资料并确保其完好性。 8.组织小组评价,讲解存档注意事项。	6.小组模拟进行客户安全备份时间通知。 7.学生分别进行客户系统和数据资料的安全备份。 8.小组内评选备份操作较好的一台计算机作为展示并进行资料存档。	4.小组评价: 组内成员是否独立完成操作; 评选出较好的样本。

课时: 120 min
1. 硬资源: 能连接互联网的计算机等。
2. 软资源:《IT 桌面软件维护》参考教材、各种备份区别 PPT 等。
3. 教学设施: 投影、白板、卡片纸、A4 纸等。

工作子步骤	教师活动	学生活动	评价
2.按维护实施流程在规定时间通过域控制器进行防火墙和杀毒软件的升级。	1.讲解域管理的基础知识,域控制器的作用和操作方法。 2.指导学生查找组策略应用案例,要求完整可行。 3.展示正确的使用域控制器及组策略进行防火墙部署的方法。 4.讲解通过域控制器进行防火墙升级配置的方法。 5.讲解杀毒软件升级方法。 6.组织讨论如何在规定时间通过域控制器进行防火墙和杀毒软件的升级。 7.检查学生是否按流程进行操作。 8.要求不同小组使用不同杀毒软件操作。 9.要求组内交换进行工作,注意设备完好性。 10.抽取不能正确操作或升级过程中遇到的疑难点进行指导。 11.组织清点工具及配件,指导工作日志填写。 12.点评升级过程。	1.学习域管理方法; 小组进行域管理操作。 2.学生分别上网查找利用组策略开启和关闭防火墙、利用组策略定义端口、利用组策略记录日志等操作方法。 3.小组选择一位同学演示其中一种组策略操作方法。 4.观看教师展示,学习对应的升级配置方法。 5.使用头脑风暴法列举升级防火墙及杀毒软件中可能发生的问题。 6.按照维护实施流程在规定时间通过域控制器进行防火墙和杀毒软件的升级; 小组成员进行软件维护操作,组长观察并记录工作日志。 7.学生互相帮助学习。 8.选出在规定时间内完成升级操作的计算机。 9.填写工作日志,记录操作时间和人员。	1.教师点评: 学生操作中存在的问题。 2.教师点评: 学生查找的资料及操作的正确性。 3.小组互评: 规范步骤及技巧。 4.学生互评: 升级操作是否顺利。 5.教师点评: 升级操作是否合理,实训过程存在的问题。

课时: 160 min
1. 硬资源: 能连接互联网的计算机等。
2. 软资源: 域管理资料、操作教学视频、已装好域的服务器,防火墙和杀毒软件升级包等。
3. 教学设施: 投影、白板、海报纸、卡片纸、A4 纸、工作日志等。

IT 桌面软件维护

① 获取财务部门安全软件维护任务　② 编制维护方案　③ 实施升级维护　④ 质量自检　⑤ 交付验收

工作子步骤	教师活动	学生活动	评价
实施升级维护 3. 对装好的计算机进行必要的配置调试，填写工作日志。	1. 教师讲授操作系统安全防范的要点，指出防火墙和杀毒软件的配置效果。 2. 教师指导学生使用模拟测试方法检查防火墙和杀毒软件是否正常工作。 3. 指导学生进行防火墙和杀毒软件有效性检查。 4. 教师指导学生在服务器上进行安全策略配置。 5. 教师讲解工作日志填写注意事项。	1. 学生听讲防火墙和杀毒软件配置后的效果，并通过互联网搜索相应测试方法。 2. 学生分组进行防火墙和杀毒软件工作情况检查。 3. 学生针对已装好的服务器，使用测试代码"X5O!P%@AP[4\PZX54(P^)7CC)7}$EICAR-STANDARD-ANTIVIRUS-TEST-FILE!$H+H*"检查安全软件的有效性。 4. 学生按预定步骤进行服务器安全补丁操作。 5. 学生填写工作日志，记录原安全软件情况及升级内容、操作人员、现版本信息。	1. 教师点评：学生搜索的相关资料是否丰富全面；有无具体的测试方法或流程。 2. 学生互评：机房的病毒或其他攻击方式能否影响已安装好的服务器。 3. 学生自评：填写工作日志情况并上交。

课时： 160 min

1. 硬资源：能连接互联网的计算机等。
2. 软资源：杀毒测试方案、参考教材、至少一款以上杀毒软件和防火墙、软件安装工作日志等。
3. 教学设施：片纸、笔、投影、白板等。

工作子步骤	教师活动	学生活动	评价
质量自检 1. 按照《计算机软件保护条例》和企业作业规范，检查防火墙是否正确生效。	1. 教师指导学生阅读计算机软件保护条例，要求列出与本次任务相关的条例。 2. 教师指导学生查找计算机安全操作规程，要求列出与本次任务相关的条例。 3. 指导学生进行防火墙常用安全配置，并导出日志，让学生查看是否有时间记录。	1. 每名学生独立阅读计算机软件保护条例，摘录其中与本次任务相关的内容；学生分组讨论所查找信息，以小组为单位张贴展示。 2. 每名学生独立上网查找计算机安全操作规程，摘录其中与本次任务相关的内容；学生分组讨论所查找信息，以小组为单位张贴展示。 3. 检查防火墙配置是否正确，导出工作日志，查找当天时间记录。	1. 学生互评：所列出信息是否与本次任务有关。 2. 教师点评：学生搜索的相关资料有哪些是本次操作中应该遵守的。 3. 学生自评：防火墙工作日志记录信息是否有出入站记录。

课时： 160 min

1. 硬资源：能连接互联网的计算机等。
2. 软资源：计算机安全操作规程参考教材等。
3. 教学设施：白板、笔、展示板等。

工作子步骤	教师活动	学生活动	评价
2. 使用杀毒软件对计算机进行全面杀毒测试。	1. 教师指导学生使用杀毒软件对计算机进行杀毒。 2. 教师指导学生识别杀毒软件汇报的信息。 3. 指导学生进行杀毒情况分析，编写测试报告。	1. 每名学生独立使用杀毒软件对计算机进行全盘杀毒，观察杀毒情况。 2. 学生分组讨论是否有病毒并给出解决方案。 3. 学生分组讨论杀毒软件日志汇报的信息，整理出系统安全汇报。 4. 按教师给出的模版，结合杀毒软件日志编写测试报告。 5. 小组内评选出编写较好的测试报告。	1. 教师点评：国产杀毒软件和国外杀毒软件的杀毒效果对比，引导学生给出一个值得信赖的品牌推荐。 2. 小组互评：按参考模板从完整性、科学性方面找出编写得较好的测试报告。

课时： 120 min

1. 硬资源：能连接互联网的计算机等。
2. 软资源：杀毒日志记录表格、参考教材、至少一款以上杀毒软件和防火墙等。
3. 教学设施：白板、笔、展示板等。

质量自检

与用户一起对财务部门安全软件维护任务进行验收，填写客户确认表。	1. 教师以案例形式讲解安全软件维护任务验收方法。 2. 教师检查小组是否对防火墙和杀毒软件升级结果进行验收。 3. 教师扮演客户查看系统是否完整、数据是否正常，听取各小组汇报情况。 4. 教师讲解客户确认表的编写。 5. 要求各组完整填写客户确认表，检查工作日志、任务单等文档是否齐备。 6. 从参与度、完成度、创新性和工匠精神方面总体评价工作过程。	1. 通过教师讲解熟知验收细节。 2. 小组角色扮演，模拟与用户一起对财务部门安全软件维护任务进行验收。 3. 小组使用三人轮值法汇报工作情况。 4. 通过教师讲解熟知确认表的编写要点。 5. 编写客户确认表。 6. 小组互评客户确认表；将测试报告和客户确认表提交"部门主管"。 7. 按 8S 标准清理工作现场。	1. 教师点评：按交接规范对各小组的工作成果及验收情况进行点评。 2. 小组互评：听取各组讲解各自客户确认表的完成情况并进行简评。 3. 教师点评：根据任务整体完成情况点评各小组的优缺点。

交付验收

课时： 120 min

1. 硬资源：能连接互联网的计算机等。
2. 软资源：安全软件维护案例、参考教材、验收的相关资料（行业企业安全守则与操作规范、《计算机软件保护条例》、空白的客户确认表、资料存档区域等）。
3. 教学设施：投影、教师机、白板、A4 纸等。

IT 桌面软件维护

学习任务 3：办公外围设备的安装维护

任务描述

学习任务学时： **30** 课时

任务情境：

　　某学校电子阅览室新购置 1 台彩色喷墨打印机、1 台扫描仪和 1 台绘图仪，需将新设备共享至 10 台公用台式电脑上，并要求在一年内提供补充碳粉、维护相关配件的服务。

　　网络管理员从业务主管处领取任务书，明确工作时间和要求；查阅企业操作规范和相关案例，编写安装流程和方法，准备相应工具和驱动软件；备份操作系统和重要数据，做好网络安全防护，规范完成驱动软件安装、共享设备及设备维护，提醒客户日常使用中需注意的问题并测试；经客户使用后确认，填写客户确认表和工作日志提交业务主管。

　　具体要求见下页。

正在安装驱动

60%

工作流程和标准

工作环节 1

与客户作办公外围设备安装及维护前沟通

　　根据任务要求，从部门主管处领取任务书，明确驱动程序安装需求，填写安装需求表【成果】，认真、负责、全面、细致地对工作现场进行勘察，认知常见外围设备特点及其功能。查找打印机、绘图仪、扫描仪等设备说明书并存档以备参考。

主要成果：

驱动程序安装需求表（驱动程序种类、安装数量、维护要求）。

工作环节 2

编制方案

2

　　按照安装维护需求表及任务要求，分析需要安装的驱动程序的版本及相应软件名称并记录在软件预装手册上。查找合适的驱动程序下载站点或安装光盘以及网络安全防护软件，编写外围设备安装流程【成果】，制订维护周期安排【成果】，报相关主管审批。

主要成果：

1. 外围设备安装流程（外围设备名称，驱动程序与网络安全防护软件安装步骤及注意事项）；

2. 维护周期安排（维护时间，维护内容，维护要求）。

工作环节 3

安装调试

1. 备份客户原有驱动和数据文档。按国家或公司规定的实施流程和规范完成外围设备连接，安装驱动程序【成果】。对装好的外围设备设置共享【成果】，在其他计算机上实施必要的配置调试和网络安全设置，进行网络打印及扫描。

【成果】驱动程序已安装完毕的电脑（驱动程序齐全，网络安全可用，设备可正常使用）。

2. 按照企业作业规范和学校规定，检查相关设备是否正确安装使用。与阅览室管理人员一起测试打印机、绘图仪、扫描仪等设备共享使用效果。编写测试报告【成果】。

主要成果：

测试报告（驱动程序可正常使用，并可实现设备共享使用）

工作环节 4

交付验收

完成任务后，与用户一起对新购计算机常用工具软件安装与调试任务进行验收和确认，回答客户问题，填写客户确认表和工作日志【成果】，清理工作现场，将测试报告和客户确认表提交部门主管。

主要成果：

1. 客户确认表（符合客户需求）；

2. 工作日志（完整工作记录）。

IT 桌面软件维护

学习内容

知识点	1.1 常见外设识别； 1.2 绘图仪作用； 1.3 打印机作用； 1.4 扫描仪作用	2.1 驱动程序版本区别； 2.2 驱动软件版本区别； 2.3 办公设备安装注意事项	3.1 可能故障点分析； 3.2 维护服务要点
技能点	1.1 填写驱动程序安装需求表； 1.2 按照公司规范认真负责对工作现场进行勘察； 1.3 用专业化语言描述故障现象； 1.4 查找打印机、绘图仪、扫描仪等设备说明书并存档	2.1 准备相应驱动程序； 2.2 编写外围设备安装流程； 2.3 准备安装工具，其中包括网络安全防护工具	3.1 分析可能的故障点； 3.2 制订维护周期安排表

工作环节

工作环节 1
与客户作办公外围设备安装及维护前沟通

编制方案
工作环节 2

成果	1.1 驱动程序安装需求表	2.1 外围设备安装流程	3.1 维护周期安排表
素养	1.1 培养与人沟通的能力，培养于与客户和业务主管等相关人员进行沟通的过程中； 1.2 培养阅读理解及提取关键信息的能力，培养于阅读任务书及填写驱动程序安装需求表的工作过程中； 1.3 培养规范工作的素养	2.1 培养信息收集与处理能力，培养于获取相应驱动程序、准备安装工具的工作过程中； 2.2 培养书面表达能力，培养于编写外围设备的安装流程的工作过程中	3.1 培养分析、决策能力，培养于分析故障点的工作过程中； 3.2 培养书面表达及文本撰写能力，培养订维护周期安排表的工作过程中

4.1 驱动程序安装方法； 4.2 网络共享方法并设置安全选项； 4.3 设备接口类型； 4.4 外设安装技术标准	5.1 企业作业规范； 5.2 共享测试方法； 5.3 验收要点	6.1 验收标准； 6.2 用户满意度调查方法	7.1 合同条款
4.1 备份客户原有驱动和数据文档； 4.2 完成外围设备连接； 4.3 按照公司规定安装驱动程序及网络安全防护程序； 4.4 设置外设共享； 4.5 进行网络打印及扫描	5.1 检查相关设备是否正确共享； 5.2 测试外围设备使用效果； 5.3 填写测试报告	6.1 与用户一起对办公外围设备的安装任务进行验收； 6.2 询问阅览室用户设备使用情况； 6.3 "8S"整理现场； 6.4 填写客确认表	7.1 签订后期维护合同

工作环节 3

安装调试

工作环节 4

交付验收

4.1 样本计算机	5.1 测试报告	6.1 客户确认表	7.1 维护合同
4.1 培养严谨、规范的工匠精神，培养于完成外围设备连接、安装驱动程序、设置外设共享的工作过程中； 4.2 培养信息安全意识，培养于备份客户原有驱动程序和数据文档的过程中	5.1 培养敬业、精业、严谨、规范、用户至上的工匠精神，培养于检查相关设备是否正确共享的工作过程中； 5.2 培养辨识问题、解决问题的能力，培养于对外围设备调试的工作过程中； 5.3 培养文书撰写能力，培养于编写测试报告的工作过程中	6.1 培养与人沟通的能力，培养于与用户一起对办公外围设备的安装任务进行验收的工作过程中； 6.2 培养严谨、规范的工匠精神，培养"8S"于工作现场清理的工作过程中； 6.3 培养文书撰写能力，培养于客户确认表的撰写过程中	7.1 培养严谨、规范的工匠精神，培养于签订后期维护合同的工作过程中

IT 桌面软件维护

① 与客户作办公外围设备安装及维护前沟通　② 编制方案　③ 安装调试　④ 交付验收

工作子步骤	教师活动	学生活动	评价
1. 领取任务书。 2. 明确驱动程序安装需求。 3. 填写安装需求表。	1. 分发常见外围设备图；巡回指导学生填写常见外围设备图。 2. 分发办公外围设备登记表。 3. 组织学生上网搜索除常见办公外围设备图以外的常见办公外围设备，并监督指导小组展示。 4. 组织各小组讨论并巡回指导。 5. 组织全班讨论活动，梳理出常用的办公外围设备。 6. 组织学生填写办公外围设备名称登记表。 7. 演示如何搜索相应办公外围设备，讲解常见办公外围设备的名称；组织各组挑选性价比最高的常见办公外围设备。 8. 组织学生梳理不同常用办公外围设备的特点和功能。 9. 分发装机任务书，讲述装机任务书要点。 10. 组织学生角色扮演；指导学生按公司规范进行专业沟通，指导学生了解客户对办公外围设备的安装需求情况。 11. 组织学生模拟部门负责人介绍现有办公外围设备(打印机、扫描仪、绘图仪等)组成情况。 12. 分发驱动程序安装需求表。 13. 组织学生对办公外围设备进行摸查，收集相关办公外围设备驱动程序。 14. 组织学生填写驱动程序安装需求表。	1. 接收并识读常见外围设备图；填写常见外围设备图，并展示讲解。 2. 接收办公外围设备登记表。 3. 利用网络资源，独立查找除常见办公外围设备图以外的常见办公外围设备，记录至少 3 个在卡片纸上并展示讲解。 4. 小组内部讨论出 5 个组内成员认可的常见办公外围设备，分别写在卡纸上并展示讲解。 5. 全班同学从所有的设备中选出 8 个常用办公外围设备。 6. 填写办公外围设备名称登记表上相关办公外围设备的名称。 7. 小组上网搜索一块 500 元左右的低性能常见办公外围设备、一块 1500 元左右的高性能常见办公外围设备，把其详细特点和功能记录在相应的 A4 表上并展示；各组挑选出性价比最高的常用办公外围设备。 8. 学生独立梳理不同常用办公外围设备的特点和功能。 9. 接收任务，识读装机任务书，写出装机任务书要点。 10. 以角色扮演的形式，按公司规范，专业地与客户沟通，收集客户需求的办公外围设备的信息，与下达任务部门和客户沟通了解任务需求。 11. 认真模拟部门负责人对办公外围设备进行介绍，同时安排一位同学配合部门负责人对办公外围设备 (打印机、扫描仪、绘图仪等) 现状情况进行检查，将相关结果记录在任务单上。 12. 接收任务，识读驱动程序安装需求表。 13. 分组对打印机、扫描仪和绘图仪等办公外围设备进行摸查，将各自需要的驱动程序版本信息记录在 A4 纸上。 14. 填写驱动程序安装需求表。	1. 教师点评：小组查找的计算机安全定义是否严谨；防火墙及杀毒软件的使用是否科学。 2. 教师点评：学生能否把握财务部门工作流程重点。 3. 小组互评：计算机现有系统状况是否详细记录。 4. 教师点评：根据任务要求选取填写较好的任务单进行点评。

与客户作办公外围设备安装及维护前沟通

	工作子步骤	教师活动	学生活动	评价
与客户作办公外围设备安装及维护前沟通		15. 组织学生搜集常见办公外围设备的常见故障。 16. 指导学生学习相关专业术语。 17. 组织学生用专业术语描述故障现象。 18. 组织学生模拟客户需求分析。 19. 指导填写驱动程序版本咨询任务单要点。	15. 分组搜集常见办公外围设备的常见故障及故障现象，将搜集内容记录在卡片纸上展示并讲解。 16. 学习专业术语。 17. 用专业术语描述办公外围设备的常见故障现象。 18. 向部门主管（可由教师扮演）咨询任务需求。 19. 填写驱动程序版本咨询任务单。	

课时： 160 min
1. 硬资源：能连接互联网的计算机等。
2. 软资源：装机任务书、驱动程序安装需求表等。
3. 教学设施：扫描仪、打印机、绘图仪、展示板、驱动程序版等。

| 编制方案 | 1. 按照安装维护需求表及任务要求，分析需要安装的驱动程序的版本及相应软件名称。
2. 编写外围设备安装流程。 | 1. 组织学生分组观察打印机的组成。
2. 组织学生上网搜索打印机连接方式。

3. 教师介绍打印机本地连接和网络连接两种方式的优缺点。
4. 组织小组讨论打印机安装的注意事项。

5. 组织学生上网搜集打印机驱动版本。

6. 组织组内讨论驱动版本不同的原因。
7. 组织学生下载与打印机相对应的驱动程序。
8. 组织学生观察扫描仪的组成部分。

9. 组织学生上网搜索扫描仪和电脑的连接方式，并对连接方式列表比较。

10. 讲解扫描仪本地连接和网络连接的两种连接方式。
11. 组织小组讨论扫描仪安装的注意事项。

12. 组织小组下载扫描仪不同驱动版本。 | 1. 分组认真观察打印机的组成。
2. 独立上网搜索打印机连接方式，并对连接方式进行比较，将比较结果记录在卡片纸上上交并讲解。
3. 听教师介绍打印机的本地连接和网络连接两种方式的优缺点。
4. 小组讨论搜集打印机安装注意事项，将其记录在 A4 纸上，并将记录结果汇总。
5. 上网搜集打印机驱动版本，并比较驱动版本的不同之处
6. 组内讨论造成驱动版本不同的原因。
7. 独立上网搜集与打印机和系统相对应得驱动版本。
8. 观察扫描仪的各部分组成。

9. 上网搜索扫描仪和电脑的连接方式，并列表比较连接方式，将比较结果写在卡片纸上上交给教师。
10. 听教师讲解扫描仪的连接方式。
11. 小组讨论搜集扫描仪安装注意事项，将其记录在 A4 纸上，并将记录结果汇总。
12. 下载扫描仪驱动程序版本并对比不同驱动版本，讨论不同驱动版本出现的原因。 | 1. 小组互评：打印机连接方式是否全面，分析打印机安装注意事项是否全面。
2. 小组互评：扫描仪连接方式是否全面，分析扫描仪安装注意事项是否全面。
3. 教师点评：学生收集的绘图仪资料是否全面，对搜集全面的小组给予表扬。
4. 教师点评：选择的网络安全防护软件是否合适。
5. 教师点评：文件共享是否设置成功。
6. 教师评价：设备安装流程是否合理。 |

IT 桌面软件维护

工作子步骤	教师活动	学生活动	评价
编制方案	13. 总结扫描仪不同版本驱动出现的原因。 14. 组织同学们下载对应的扫描仪驱动版本。 15. 组织学生观察绘图仪各部分的组成。 16. 上网搜集有关绘图仪的连接方式。 17. 讲解绘图仪的连接方式并展示。 18. 组织学生上网搜索绘图仪的驱动版本。 19. 组织学生下载与绘图仪相对应的驱动版本。 20. 组织学生搜寻网络安全防护软件。 21. 组织学生设置文件共享，并查看共享文件。 22. 组织学生讨论办公外围设备的安装流程。 23. 组织学生编写外围设备安装流程。 24. 以组为单位，组织学生讨论最优的外围设备安装流程。	13. 听教师分析出现不同版本的原因。 14. 独立下载对应的扫描仪的驱动版本，查找相应版本安装的操作步骤并做好记录。 15. 认真观察绘图仪的各部分组成。 16. 上网搜集有关绘图仪的连接方式，将连接方式进行对比，将其汇总在卡片纸上展示并讲解。 17. 听教师讲解绘图仪连接方式。 18. 独立上网搜索绘图仪驱动版本，将其记录在卡片纸上分析、展示并讲解。 19. 上网搜索与绘图仪相对应的驱动版本并下载，查找相应版本安装的操作步骤并做好记录。 20. 上网搜索适用的网络安全防护软件。 21. 通过 IP 地址设置共享，将下载的驱动分享给教师。 22. 学生分组讨论办公外围设备安装流程。 23. 以组为单位，在广告纸上编写办公外围设备安装流程，展示并讲解。 24. 讨论最优的外围设备流程并做好记录。	

课时： 240 min
1. 硬资源：能上网的计算机等。
2. 软资源：装机任务书、驱动程序安装需求表等。
3. 教学设施：打印机、卡片纸、扫描仪、展示板等。

1. 维护服务要点。	1. 组织学生上网搜索外围设备可能出现的故障点。 2. 组织各小组活动并巡回指导。 3. 组织全班讨论活动，梳理出常用办公外围设备的故障点。 4. 组织根据办公外围设备故障点绘制维护周期安排表。 5. 以组为单位组织学生讨论最优维护周期安排表。 6. 以全班为单位，组织学生讨论选出 2 份最优维护周期安排表作为模板。	1. 利用网络资源，独立查找办公外围设备常见故障点，记录 5 个常用技巧。 2. 小组内部讨论出 10 个组内成员认可的办公外围设备常见故障点，分别写在卡片纸上展示并讲解。 3. 全班同学利用所有的技巧选出 15 个常用办公设备故障点，记录在卡片纸上展示并讲解。 4. 单独在 A4 纸上绘制维护周期安排表。 5. 以组为单位，讨论本组中最优秀的 2 份维护周期安排表上交并展示。 6. 全班同学讨论并选出 2 份最优的维护周期安排表，作为模板上交并展示。	1. 教师点评：观察学生上网搜索常见办公外围设备故障点状态，提出口头表扬。 2. 收集各组优点并做集体点评；表扬被挑选到较多卡片的小组并给适当奖励。 3. 学生互评：外围设备故障点维护周期安排表是否合理。

课时： 120 min
1. 硬资源：能上网的计算机等。
2. 教学设施：卡片纸、展示板等。

① 与客户作办公外围设备安装及维护前沟通	**②** 编制方案	**③** 安装调试	**④** 交付验收

工作子步骤	教师活动	学生活动	评价
1. 备份客户原有驱动和数据文档。 2. 按实施流程和规范完成外围设备连接。 3. 安装驱动程序，并对安装好的设备设置共享。	1. 讲解数据恢复的基本内容。 2. 组织学生查找有关数据恢复的实例。 3. 组织学生讨论备份数据的重要性。 4. 组织学生上网搜索数据恢复技巧；组织学生筛选数据恢复技巧。 5. 组织各小组讨论并巡回指导。 6. 组织全班讨论活动，梳理出常用的数据恢复技巧。 7. 组织学生备份原有驱动和数据文档。 8. 组织学生搜索办公外围设备的安装标准。 9. 组织学生上网搜索办公设备的不同接口类型。 10. 组织学生筛选办公设备的不同接口类型。 11. 组织各小组讨论并巡回指导。 12. 组织全班讨论活动，梳理出常用的办公外围设备接口类型。 13. 组织学生安装打印机、扫描仪和绘图仪。 14. 巡视指导学生安装出现的问题。 15. 组织学生下载办公外围设备相对应的驱动版本并完成安装。 16. 组织学生下载网络安全软件并完成安装。	1. 听讲数据恢复相关内容。 2. 上网搜集相关数据恢复的实例，将其记录在卡片纸上展示并讲解。 3. 分组讨论数据备份的重要性，将讨论结果记录在 A4 纸上并展示。 4. 利用网络资源，独立查找数据恢复技巧，记录 3 个常用技巧，分别写在卡片纸上并展示讲解。 5. 小组内部讨论出 5 个组内成员认可的技巧，分别写在卡纸上并展示讲解。 6. 全班同学从所有的技巧中选出 8 个常用的数据恢复技巧记录并展示讲解。 7. 学生独自动手操作备份原有驱动和数据文档。 8. 学生独自搜索办公外围设备的相关安装标准，将关键点记录在卡片纸上展示并讲解。 9. 利用网络资源，独立查找办公外围设备不同接口类型，记录 5 个不同接口类型。 10. 小组内部讨论出 8 个组内成员认可的办公设备接口类型，分别写在卡纸上并展示讲解。 11. 各小组对不同的接口类型展开讨论。 12. 全班同学从所有的办公外围设备接口类型中选出 10 个常用的。 13. 根据外围办公设备的接口类型和安装标准，安装打印机、扫描仪和绘图仪。 14. 安装办公外围设备时出现问题向教师寻求帮助。 15. 上网下载相应办公外围设备的驱动版本，分类保存在对应的文件中，完成驱动程序的安装。 16. 上网下载网络安全软件并完成安装。	1. 教师点评：观察学生上网搜索资讯的状态，提出口头表扬；收集各组优点并做集体点评；表扬被挑选到较多卡片的小组并给适当奖励。 2. 学生互评：小组搜集办公外围设备网络共享是否全面。

安装调试

IT 桌面软件维护

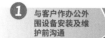 与客户作办公外围设备安装及维护前沟通　 编制方案　 安装调试　④ 交付验收

工作子步骤	教师活动	学生活动	评价
	17. 组织学生测试打印机、绘图仪、扫描仪的驱动程序安装是否完好，能否正常工作。 18. 讲解网络共享的含义，介绍办公外围设备网络共享的特点。 19. 组织学生查找有关办公外围设备网络共享的方法。 20. 组织学生查找办公外围设备网络共享的配置。 21. 组织小组完成打印机、扫描仪、绘图仪的共享配置及共享的网络安全选项。 22. 巡视小组网络共享配置完成情况。	17. 测试打印机、扫描仪、绘图仪安装是否完好，能否正常工作。 18. 听教师介绍网络共享的含义，了解办公外围设备共享的特点。 19. 搜索办公外围设备网络共享的方法。 20. 独立上网搜集办公外围设备网络共享的配置并记录在 A4 纸上并展示。 21. 配置打印机、扫描仪和绘图仪的网络共享及共享的网络安全选项。 22. 组间合作完成网络共享的配置。	

课时： 160 min
1. 硬资源：能上网的计算机等。
2. 教学设施：教师机、卡片纸、展示板、投影仪、打印机等。

工作子步骤	教师活动	学生活动	评价
4. 根据相关规定，检查相关设备是否正确安装使用。 5. 编写测试报告。	1. 介绍有关验收要点。 2. 组织学生查找测试办公外围设备网络共享的方法。 3. 组织学生完成办公外围设备网络共享的测试。 4. 组织学生测试共享功能。 5. 介绍学校电子阅览室客户的需求；讲解企业作业规范的相关内容。 6. PPT 展示客户对外围设备的使用效果，组织学生测试外围设备使用效果。 7. 分发测试报告，组织学生填写	1. 听教师介绍验收要点。 2. 上网搜集测试打印机、扫描仪和绘图仪网络共享测试的方法并分类存档。 3. 网上搜索办公外围设备共享测试的方法，讨论分析做好记录。 4. 使用测试方法完成办公外围设备的共享。 5. 听教师介绍电子阅览室客户需求；了解相应企业作业规范的相关内容。 6. 认真听取教师介绍客户对办公外围设备使用效果的描述，按客户要求检测外围设备的使用效果。 7. 识读测试报告，并完成测试和填写。	1. 小组互评：测试网络共享是否正确。 2. 教师评价：学生对企业作业规范的理解程度。 3. 教师评价：学生对测试报告的填写情况。

课时： 160 min
1. 硬资源：能上网的计算机等。
2. 软资源：企业作业规范文档、测试报告等。
3. 教学设施：投影、扫描仪、打印机、绘图仪、等。

安装调试

① 与客户作办公外围设备安装及维护前沟通	② 编制方案	③ 安装调试	④ 交付验收

工作子步骤	教师活动	学生活动	评价
1. 与用户一起对办公外围设备的安装任务进行验收。 2. 填写客户确认表。	1. 以案例形式讲解办公外围设备任务验收方法。 2. 组织学生角色扮演；教师验收各小组的工作成果。 3. 听取各小组汇报检测情况。 4. 分发空白的客户确认表；介绍客户确认表中的重要内容。 5. 组织小组填写客户确认表。 6. 收集文档。 7. 组织学生清理现场。	1. 听教师介绍办公外围设备任务验收方法。 2. 小组角色扮演，模拟与用户一起对办公外围设备的安装进行验收。 3. 小组汇报办公外围设备检测情况。 4. 接收空白的客户确认表，听取教师介绍表中的重点内容。 5. 填写客户确认表。 6. 小组互评客户确认表；将测试报告和客户确认表提交"部门主管"。 7. 按 8S 标准清理工作现场。	1. 教师点评：对各小组的工作成果及验收情况进行点评。 2. 小组互评：听取各组讲解各自客户确认表的完成情况并进行简评。 3. 教师点评：客户确认表填写是否合理。

课时： 160 min
1. 硬资源：能上网的计算机等。
2. 软资源：验收的相关资料（行业企业安全守则与操作规范、《计算机软件保护条例》、空白的客户确认表等）。
3. 教学设施：教师机等。

1. 和客户签订后期维护合同。	1. 教师组织学生角色扮演。 2. 组织学生搜集汇总的故障点。 3. 组织学生上网搜集客户后期维护合同模板。 4. 组织学生编写办公外围设备客户后期维护合同。	1. 小组角色扮演，模拟与用户一起对办公外围设备后期可能出现的故障进行描述。 2. 搜集故障点，记录在 A4 纸上上交并讲解。 3. 独立搜集客户后期维护合同模板，并在 Word 文档中记录并讲解。 4. 编写办公外围设备的客户后期维护合同并上交。	教师评价：学生对故障点的理解是否全面，语言表述是否严谨，后期维护合同编写是否合理完整。

课时： 80 min
1. 硬资源：能上网的计算机 等。
2. 软资源：客户后期维护合同等。
3. 教学设施：教师机等。

交付验收

IT 桌面软件维护

学习任务 4：计算机重要文件数据恢复

任务描述

学习任务学时：**30** 课时

任务情境：

　　某单位财务部经理办公用的计算机误删除了 D 盘中总大小约为 50MB 的多个文件，已无法从回收站还原。我院计算机网络应用专业和该单位为实习合作单位，该部门经理希望得到我院师生的协助，现需要网络管理员在规定时间内通过安装操作使用数据恢复软件，为该用户恢复误删除的数据。

　　具体要求见下页。

工作流程和标准

工作环节 1

与客户作恢复数据前的沟通

根据任务要求，从业务主管处领取任务书，与客户和业务主管等相关人员进行专业的沟通，记录关键内容，明确客户意向，填写数据恢复意向表【成果】。

主要成果：

数据恢复意向表（恢复数据文件名称、大小、个性需求、办公计算机所用操作系统情况、电脑软件运行现状、明确业务流程）。

工作环节 2

制订数据恢复方案

根据数据恢复意向表，规范地按照任务要求，分析不同型号的硬件的具体参数和性能指标，考虑硬件搭配的兼容性，从数据的安全性角度，分析计算机重要数据恢复过程中的注意事项，制订数据恢复方案【成果】，跟客户沟通确认后报相关主管审批。

主要成果：

规范的数据恢复方案（准备数据恢复软件（easyrecovery）安装包、注册码，保证数据安全，明确工作时间和协助要求；编写数据恢复流程，报相关主管审批）。

学习任务 4：计算机重要文件数据恢复

工作环节 3

方案实施

1. 从满足客户功能需求、使用价值和企业工作规范、安全性、成本效益等角度，按照数据恢复方案，从保证数据的安全性出发，分析可能出现的问题、设备的使用注意事项，包括软件的安装方法、需要何种版本。填写工作日志【成果】。

2. 按照《计算机软件保护条例》和企业作业规范，安装数据恢复软件（easyrecovery），安装注册码，运行软件，利用恢复软件对系统进行数据恢复。还原被删除的重要数据，确保数据安全的条件下用 U 盘备份，恢复计算机系统正常运行，完成数据恢复【成果】并使用杀毒软件对计算机进行全面杀毒测试，确保财务部门系统安全。

主要成果：

1. 工作日志 (安装软件名称，版本号，安全的数据备份 U 盘)；

2. 恢复被删除的 50MB 文件（确保文件完整性、实用性）。

工作环节 4

交付验收

完成任务后，与客户对完成数据恢复的计算机进行验收和确认，回答客户问题，填写客户确认表【成果】，清理工作现场，将客户确认表提交部门主管。

主要成果：

客户确认表 (符合客户需求)。

IT 桌面软件维护

学习内容

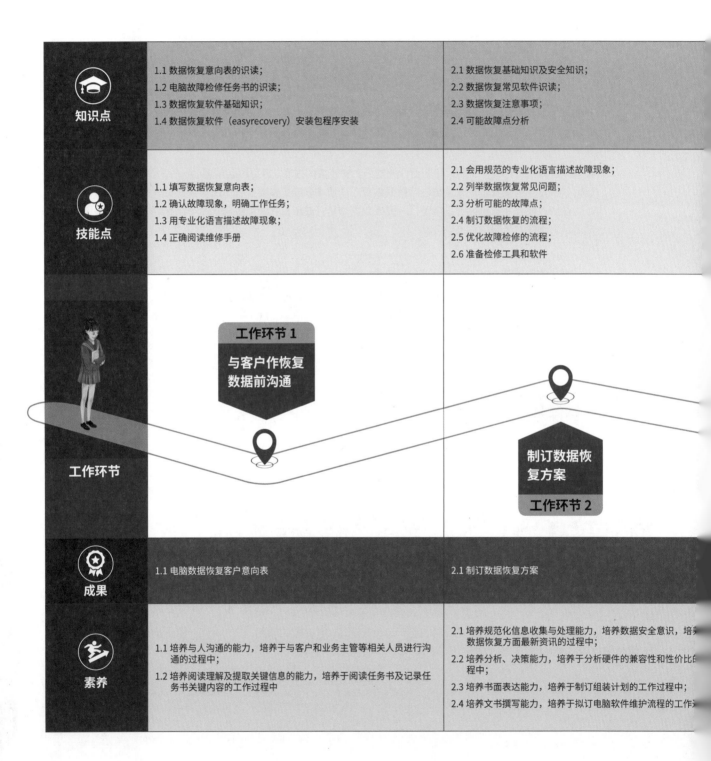

知识点

1.1 数据恢复意向表的识读；
1.2 电脑故障检修任务书的识读；
1.3 数据恢复软件基础知识；
1.4 数据恢复软件（easyrecovery）安装包程序安装

2.1 数据恢复基础知识及安全知识；
2.2 数据恢复常见软件识读；
2.3 数据恢复注意事项；
2.4 可能故障点分析

技能点

1.1 填写数据恢复意向表；
1.2 确认故障现象，明确工作任务；
1.3 用专业化语言描述故障现象；
1.4 正确阅读维修手册

2.1 会用规范的专业化语言描述故障现象；
2.2 列举数据恢复常见问题；
2.3 分析可能的故障点；
2.4 制订数据恢复的流程；
2.5 优化故障检修的流程；
2.6 准备检修工具和软件

工作环节

工作环节 1
与客户作恢复数据前沟通

制订数据恢复方案
工作环节 2

成果

1.1 电脑数据恢复客户意向表

2.1 制订数据恢复方案

素养

1.1 培养与人沟通的能力，培养于与客户和业务主管等相关人员进行沟通的过程中；
1.2 培养阅读理解及提取关键信息的能力，培养于阅读任务书及记录任务书关键内容的工作过程中

2.1 培养规范化信息收集与处理能力，培养数据安全意识，培养数据恢复方面最新资讯的过程中；
2.2 培养分析、决策能力，培养于分析硬件的兼容性和性价比的程中；
2.3 培养书面表达能力，培养于制订组装计划的工作过程中；
2.4 培养文书撰写能力，培养于拟订电脑软件维护流程的工作

3.1 数据恢复维修技术标准； 3.2 数据恢复重要性； 3.3 计算机维护职业规范； 3.4 维修工单的内容	4.1 软件安装和注册的规定操作规范； 4.2 使用高级选项自定义数据恢复； 4.3 删除回复； 4.4 格式化恢复	5.1 验收要点； 5.2 竣工单的识读； 5.3 填写维修工单检验技术标准
3.1 描述数据恢复技术标准； 3.2 检修计算机主板型号； 3.3 硬盘拷贝安全的备份数据； 3.4 填写维修工单	4.1 会熟练安装数据恢复软件； 4.2 会高级选项自定义数据恢复； 4.3 会查找并恢复已删除的文件； 4.4 能熟练使用软件格式化恢复功能	5.1 根据工作任务描述判断验收点； 5.2 识读数据恢复检验技术标准； 5.3 根据数据恢复检验技术标准，验收维修后电脑； 5.4 填写竣工单； 5.5 撰写总结测试报告

工作环节 3

方案实施

工作环节 4

交付验收

3.1 工作日志	4.1 恢复被删除的 50MB 文件	5.1 客户确认表
3.1 培养严谨、规范的工匠精神，培养于对数据恢复软件及工具的选取和检查的工作过程中； 3.2 培养数据安全意识，在实际工作中应用	4.1 培养敬业、精业、严谨、规范、用户至上的工匠精神，培养于按照工作计划和工作流程完成计算机数据恢复软件的运行测试的工作过程中； 4.2 培养辨识问题、解决问题的能力，培养于对电脑进行软件使用测试的工作过程中	5.1 培养敬业、精业、严谨、规范、用户至上的工匠精神，培养于对电脑进行数据恢复软件使用测试的工作过程中； 5.2 培养严谨、规范的工匠精神，培养于工作现场清理的工作过程中； 5.3 培养文书撰写能力，培养于编写测试报告的工作过程中

IT 桌面软件维护

❶ 与客户恢复数据前沟通　❷ 制订重要文件数据恢复方案　❸ 方案实施　❹ 交付验收

工作子步骤	教师活动	学生活动	评价
1. 领取任务书。 2. 与客户沟通，了解客户需求。 3. 填写重要文件数据恢复意向表。	1. 教师分发学习任务书。 2. 教师点评重要文件数据恢复任务书要点；教师提问学生掌握任务书中的要点问题。 3. 教师引入任务背景，使用头脑风暴法引导学生查找并学习重要文件数据恢复概念、专业术语等相关基础知识。 4. 教师指导学生上网搜集重要文件数据恢复专业术语过程，并监督指导小组展示过程。 5. 教师指导学生填写工作页内重要文件数据恢复的定义和注意事项。 6. 教师组织学生模拟客户需求分析，教师指导学生了解客户重要文件数据恢复需求。 7. 教师分发并演示如何填写重要文件数据恢复意向表。	1. 小组接收、识读计算机重要文件数据恢复任务书。 2. 小组学习并记录重要文件数据恢复任务书要点、关键字；用 3 张卡片展示。 3. 学生利用网络自主学习重要文件数据恢复基本概念、专业术语等相关基础知识。 4. 小组利用卡片纸写出重要文件数据恢复专业术语并展示，小组成员分别派代表口述专业术语。 5. 小组利用网络资源查找，重要文件数据恢复的定义和注意事项并填写在工作页上。 6. 学生 2 人一组相互角色扮演客户，与客户沟通，查阅相关资料，收集客户的重要文件数据恢复信息，向部门主管（可由教师扮演）咨询任务需求，将要点记录在任务单上。 7. 小组领取重要文件数据恢复意向表，熟知意向表的填写要求。 8. 小组使用重要文件数据恢复专业术语填写意向表。	1. 小组互评：任务书要点记录是否详细。 2. 教师点评：学生回答任务书中的要点问题，教师抽答点评。 3. 教师点评：小组展示重要文件数据恢复专业术语是否丰富全面。 4. 教师点评：根据任务要求选取填写较好的重要文件数据恢复意向表进行点评。
课时：120 min 1. 硬资源：能上网的计算机等。 2. 软资源：重要文件数据恢复规程、重要文件数据恢复意向空白表等。 3. 教学设施：白板笔、卡片纸、展示板、投影等。			
1. 查阅相关操作规范和案例并存档以备参考。	1. 布置查阅重要文件数据恢复相关操作规范和案例的任务。 2. 组织评选合适的案例并存档。 3. 监督学生是否按照"8S"整理现场，是否有团队合作精神、沟通表达能力、自主学习能力等。	1. 学习查阅资料的意义，从多方面查找相关操作规范及升级维护案例。 2. 展示操作规范和案例并进行分类存档。 3. 学生学习"8S"管理条例，清理工作现场。	1. 互评：案例是否合理实用。
课时：80 min 1. 硬资源：连接互联网的计算机等。 2. 软资源：《T 桌面软件维护》工作页等。 3. 教学设施：白板、清洁工具套装等。			

与客户恢复数据前沟通

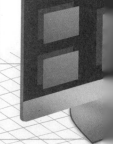

与客户恢复数据前沟通　 制订重要文件数据恢复方案　 方案实施　 交付验收

工作子步骤	教师活动	学生活动	评价
1. 按照任务要求，制订紧急预案，并记录在软件预装手册上。 2. 按照 重要文件数据恢复意向表，制订重要文件数据恢复方案。	1. 讲解规范的操作流程。 2. 组织引导学生利用网络资源搜索重要文件数据恢复的常见问题，并在工作页上登记。 3. 组织全班讨论活动，梳理出常见的数据丢失故障现象及问题分析。 4. 组织学生上网搜索常见的重要文件数据恢复软件。 5. 组织各小组讨论并巡回指导。 6. 组织全班讨论，梳理出 2 个常见的数据恢复软件中文授权版。 7. 组织各小组讨论并巡回指导，组织学生梳理紧急预案的作用。 8. 督促学生查找模版，规范化地修改预案。 9. 组织学生制订小组预案。 10. 讲解预案较好的地方和不足，形成一份全班可用的方案。 11. 组织学生按紧急预案处理突发事件流程。 12. 讲解软件预装手册填写方法。 13. 播放重要文件数据恢复视频，提出书写步骤流程，制订方案。	1. 小组通过老师讲解，学习规范的操作流程，为后续编制操作流程做准备。 2. 每名学生独立利用网络资源搜索，获取常见的数据丢失问题至少 8 个，并填写记录常见问题登记表。 3. 小组讨论组内所有数据丢失问题，找出 8 个组内成员认可的数据丢失故障现象及问题分析，写在卡片纸上并展示。 4. 每名学生独立利用网络资源搜索，获取常见的数据恢复软件至少 5 个，并填写在工作页常见数据恢复软件登记表中。 5. 小组讨论组内获取的数据恢复软件，挑选出 2 个写在卡片上并展示。 6. 全班学生讨论展示卡片上的数据恢复软件，挑选出 2 个数据恢复软件中文授权版。 7. 小组上网搜索数据恢复紧急预案的作用及制订的一般方法。 8. 学生独立制订一份规范化的紧急预案初稿。 9. 各组挑选出写得较好的文稿，整理并修订出本组的紧急预案。 10. 小组展示预案并评出较好的方案。 11. 各组学习紧急预案，预演发生突发事件的处理方法。 12. 按软件预装手册要求填写记录事项，包括软件所需版本、安装注意事项、紧急预案。 13. 观察重要文件数据恢复操作教学视频，写出重要文件数据恢复关键步骤流程，制订方案。	1. 教师点评: 观察学生上网搜索重要文件数据恢复的常见问题，并提出口头表扬; 收集各组优点并做集体点评; 表扬被挑选到较多卡片的小组并适当给予奖励。 2. 教师点评: 观察学生上网搜索数据恢复软件，提出口头表扬; 收集各组优点并做集体点评; 表扬被挑选到较多卡片的小组并适当给予奖励。 3. 教师点评: 紧急预案的优缺点。 4. 小组互评: 点评其他小组操作是否合理，并说明理由。 5. 教师点评: 学生的重要文件数据恢复方案是否符合性价比要求; 学生能否根据客户要求正确制作重要文件数据恢复方案。 6. 教师点评: 观察步骤流程，评选最优重要文件数据恢复方案。

制订重要文件数据恢复方案

课时: 180 min
1. 硬资源: 能上网的计算机等。
2. 软资源: 记录重要文件数据恢复常见问题与软件登记表、《IT 桌面软件维护》工作页、重要文件数据恢复操作教学视频等。
3. 教学设施: 白板笔、卡片纸、展示板、清洁工具套装等。

IT 桌面软件维护

① 与客户恢复数据前沟通	② 制订重要文件数据恢复方案	③ 方案实施	④ 交付验收

	工作子步骤	教师活动	学生活动	评价
方案实施	1. 按照重要文件数据恢复方案，识别常用重要文件数据恢复工具、材料和配件。 2. 填写工具配件领取单。	1. 教师以图片形式展示重要文件数据恢复常用工具（移动硬盘、U 盘、螺丝刀、镊子、钳子、扎线带、剪刀、尖嘴钳等）。 2. 教师以表格问题形式巩固学生对重要文件数据恢复工具的认知及对重要文件数据恢复工具的安全使用。 3. 组织小组填写工具配件领取单。 4. 讲解重要文件数据恢复所涉及的方法及注意事项，点出关键步骤和容易出错的地方。 5. 监督学生是否按照"8S"管理条例整理现场，是否有团队合作精神、沟通表达及自主学习等能力。	1. 识别重要文件数据恢复常用工具，掌握并安全使用常用工具。 2. 回答关于重要文件数据恢复的认知问题，通过图片视频获取常用工具的功能特点。 3. 各小组填写工具配件领取单，小组互评。 4. 各小组使用九宫格法找出重要文件数据恢复组装中较为重要的方法及其注意事项。 5. 学习"8S"管理条例，清理工作现场。	1. 教师点评：是否能识别重要文件数据恢复常用工具，教师抽答点评。 2. 教师点评：是否熟知工具的使用方法及重要文件数据恢复事项，教师抽答点评。 3. 教师点评：根据任务要求选取填写较好的工具材料领取单进行点评。 4. 学生自评：填写工作页工具功能及特点章节并与参考答案比较。 5. 教师点评：哪些步骤容易对重要文件数据恢复造成损害，出错后会造成何种问题。

课时： 180 min
1. 硬资源：能连接互联网的计算机等。
2. 软资源：《电脑重要文件数据恢复》参考教材、《重要文件数据恢复评分表》等。
3. 教学设施：投影、教师机、白板、海报纸、卡片纸、A4 纸等。
4. 重要文件数据恢复工具：常用五金工具（螺丝刀、镊子、钳子、扎线带、剪刀、尖嘴钳等）。

	工作子步骤	教师活动	学生活动	评价
	1. 备份重要数据。	1. 教师以 PPT 形式展示不重视网络安全的失败案例，突出网络安全的重要性，展示关于计算机数据备份的案例性，指导学生用关键字法阅读备份的概念和意义。 2. 教师以表格问题形式引导学生归纳应该备份哪些个人数据。 3. 讲解备份类型：完全备份，差异备份，增量备份。 4. 展示常用备份工具及方法。 5. 指导学生进行备份练习。 6. 讲解下发备份时间的方法和规则。 7. 指导学生备份客户机系统及必要的数据资料并确保其完好性。	1. 使用关键字法学习备份的概念和意义，学习数据安全的重要性；小组讨论个人数据安全备份的案例。 2. 各小组回答个人电脑中应备份什么数据。 3. 各小组通过图片对比三种备份的异同。 4. 各小组通过视频、教师演示等学习备份工具的使用及常见备份方法。 5. 小组合作使用一种方法练习备份个人收藏夹。 6. 小组模拟进行客户备份时间通知。 7. 各小组学生分别进行客户系统和数据资料的备份。	1. 教师点评：学生所列举的数据哪些应重点备份。 2. 个人自评：是否理解三种备份类型。 3. 教师点评：根据任务要求查看学生是否正确完成备份。 4. 小组评价：组内成员是否独立完成操作；评选出较好的样本。

| ① 与客户恢复数据前沟通 | ② 制订重要文件数据恢复方案 | ③ 方案实施 | ④ 交付验收 |

工作子步骤	教师活动	学生活动	评价
	8.组织小组评价，讲解存档注意事项。	8.小组内评选备份操作较好的一台计算机作为展示并进行资料存档。	

课时： 180 min
1. 硬资源：能连接互联网的计算机等。
2. 软资源：《电脑重要文件数据恢复》参考教材、《重要文件数据恢复评分表》、重要文件数据恢复工具等。

| 方案实施 | 1. 正确运行恢复软件操作，实施重要文件数据恢复。
2. 检查计算机重要文件数据恢复是否正常，编写测试报告。 | 1. 引导学生讨论不同硬盘重要文件数据安全恢复的技巧；播放重要文件数据恢复视频，组织讨论重要文件数据恢复的技巧。
2. 组织学生进行重要文件数据恢复操作，安排观察员。
3. 组织现场纪律，要求第一、二组交换安装及观察角色，注意设备完好性。
4. 抽取重要文件数据恢复过程中遇到的疑难点进行指导。
5. 组织清点工具及配件，指导重要文件数据恢复记录填写。
6. 点评重要文件数据恢复操作过程，发现没有找到数据恢复软件的小组要给予指导，必要时可提供数据恢复软件（EasyRecovery 中文版 ）给学生练习使用。
7. 教师讲授重要文件数据恢复软件的安装过程，对班级学生进行分组，引导学生绘制出重要文件数据恢复软件的安装步骤。
8. 监督学生按照"8S"管理条例整理现场，培养学生的团队合作精神、沟通表达能力及自主学习能力等。 | 1. 各小组观看重要文件数据安全恢复视频，讨论案例中的优点及不足，学习重要文件数据恢复的技巧。
2. 各小组观看重要文件数据恢复视频，分组学习《重要文件数据恢复评分表》。
3. 各小组讨论重要文件数据恢复软件的安装过程，并使用之前讨论选出的数据恢复软件，下载并安装，写出重要文件数据恢复软件的操作步骤。
4. 各小组学生对重要文件数据恢复软件进行安装；实施重要文件数据恢复，完成任务。
5. 测试报告编写要点，编写测试报告。
6. 学生学习8S管理条例,清理工作现场。 | 1. 教师点评: 不同时代的硬盘重要文件数据恢复技巧和区别。
2. 学生互评:《重要文件数据恢复评分表》。
3. 学生互评: 哪个小组找到又多又正确的问题。
4. 学生自评: 工具及配件的完好性。
5. 教师点评: 评价是否合理; 实训过程中存在的问题。
6. 教师点评: 学生搜索相关资料是否丰富全面; 学生在重要文件数据恢复软件安装过程中操作是否规范; 安装完成后,是否具有"8S"职业素养。
7. 学生互评: 根据软件安装方法总结出实用的方法。
8. 学生自评: 填写工作页软件安装章节并以参考答案提交。 |

课时： 160 min
1. 硬资源：能连接互联网的计算机等。
2. 软资源：《重要文件数据恢复评分表》、重要文件数据恢复视频、恢复软件（EasyRecovery 中文版）等。
3. 教学设施：投影、教师机、白板、海报纸、卡片纸、A4 纸、清洁工具套装等。
4. 重要文件数据恢复工具：常用五金工具（螺丝刀、镊子、钳子等），常用计算机配件（硬盘、U 盘等）。

IT 桌面软件维护

① 与客户恢复数据前沟通	② 制订重要文件数据恢复方案	③ 方案实施	④ 交付验收

	工作子步骤	教师活动	学生活动	评价
交付验收	1. 完成重要文件数据恢复后运行计算机。 2. 填写客户确认表。	1. 教师以案例形式讲解重要文件数据恢复的细节。 2. 教师验收各小组的工作成果。 3. 听取各小组汇报情况。 4. 教师讲解客户确认表的编写。 5. 组织小组编写客户确认表。 6. 总体评价工作过程。 7. 监督学生按照"8S"管理条例整理现场，培养学生的团队合作精神、沟通表达能力及自主学习能力等。	1. 通过教师讲解，熟知重要文件数据恢复操作细节。 2. 小组展示工作成果 3. 进行重要文件数据恢复汇报。 4. 通过教师讲解，熟知确认表的编写要点。 5. 编写客户确认表。 6. 小组互评客户确认表；将测试报告和客户确认表提交"部门主管"。 7. 学习"8S"管理条例，清理工作现场。	1. 教师点评：是否熟知重要文件数据恢复细节，教师抽答点评。 2. 教师点评：对各小组的工作成果及汇报情况进行点评。 3. 学生互评：听取各组讲解各自客户确认表的完成情况并进行简评。 4. 教师点评：根据任务整体完成情况点评各小组的优缺点。

课时： 80 min

1. 硬资源：能连接互联网的计算机等。
2. 软资源：验收的相关资料（行业企业安全守则与操作规范、《计算机软件保护条例》、产品说明书、工作记录表、空白的客户确认表、《重要文件数据恢复评分表》等）。
3. 教学设施：投影机、白板、海报纸、卡片纸、A4 纸、工具套装等。

考核标准

考核任务案例：笔记本计算机维护

情境描述：

　　某平面设计师小王的笔记本计算机启动时，出现"因以下文件的损坏或者丢失 Windows 无法启动 <Windows root>\system32\ntoskrnl.exe，请重新安装以上文件的拷贝"。在向客户询问后获知，该笔记本计算机近半年来总是出现启动一段时间后运行缓慢的现象。在上一次使用时，曾拷贝 U 盘中的重要文件至桌面。现业务主管请你完成此笔记本计算机的维护工作。

考核要求：

　　请你根据任务的情境描述，按《计算机软件保护条例》和企业作业规范要求，在半天内完成：

　　1. 根据上述情境描述，确定客户的重点需求；

　　2. 列出故障产生的可能原因、解决思路及所需的工具和软件；

　　3. 完成笔记本计算机的维护，达到客户要求；

　　4. 针对客户的使用习惯，列出笔记本计算机的使用建议。

参考资料：

　　完成上述任务时，你可以使用桌面软件维护等常见教学资料。例如：软件说明书、软件安装手册和网络资源等。

IT 桌面软件维护

课程 2. 计算机组装与维护

学习任务 1	学习任务 2	学习任务 3
办公台式电脑组装	办公台式电脑故障排查与修复	笔记本电脑升级与维护
(40) 学时	(40) 学时	(40) 学时

课程目标

学习完本课程后，学生应当能够胜任计算机组装和日常维护工作，编写计算机配置方案，严格执行企业安全管理制度和"8S"管理规定，养成在工作过程中爱护计算机、诚实守信的职业素养。包括：

1. 能读懂任务书（含配置单）和工作计划，与客户和业务主管等相关人员进行专业、有效的沟通，明确工作时间和要求。

2. 能运用多种方法查阅企业操作规范等资料，获取规范的计算机组装与维护流程。

3. 能根据任务书的配置单，准确领取计算机组装与维护配件，准备工具。

4. 能按照任务书和工作计划，参阅产品说明书等资料，运用多种方法和工具，安全、规范完成计算机的组装，组装后的计算机能满足客户在功能性、扩展性和维护便利性等方面的要求。

5. 能按照任务书和工作计划，参阅说明书等资料，规范完成台式计算机和笔记本电脑的清洁除尘、硬盘碎片整理、流氓软件清理、注册表冗余整理等维护工作。

6. 能选择、运用合适的工具、方法，诊断与排除计算机常见故障。

7. 能使用多种方法和工具，检查计算机的配置、测试计算机的运行情况，确保符合任务书要求。

8. 能规范填写工作记录，按照"8S"管理规定整理作业现场，必要时向客户提供答疑服务和升级建议。

9. 能对工作进行总结，并对计算机配置方案及工作流程提出改进建议。

课程内容

本课程的主要学习内容包括：

1. 计算机基础知识

   计算机发展史、计算机类型、计算机基本结构、计算机及其配件的品牌辨识、计算机的基本操作。

2. 计算机主要配件的辨识

   主板：南桥、北桥等芯片，接口与插槽类型，元器件用料，PCB 板及布线工艺等；

   CPU：核心、线程、主频、外频、倍频、缓存、封装；

   内存：频率、延时、接口、电压等；

   硬盘：类型、容量、转速、缓存、接口及传输速度；

   显卡：核心频率、显存位宽、容量与频率、接口、功耗；

   散热器：类型、材料、结构；

   电源：功率、输出接口类型、PFC；

   机箱：尺寸、结构、材质。

3. 工具的选择与使用

   防静电腕带、防静电手套、防静电工具、常用五金工具。

4. 材料的选择与使用

导热硅脂、绑扎带、光驱磁盘托架、外置光驱盒。

5. 计算机的组装

   用电安全检查、计算机配件的辨识（正品与假货、新与旧）、计算机配件的拆装、系统安装盘的制作、BIOS 的设置、磁盘的分区、磁盘阵列卡的装调、操作系统的安装与配置、硬件驱动程序的安装、常用应用软件的安装、工位环境的整理。

6. 计算机的维护

   清洁除尘、硬盘碎片整理、流氓软件清理、注册表冗余整理、计算机诊断的一般规律。

7. 计算机常见故障的诊断与排除

   故障的诊断与排除方法：观察法、清洁法、拔插法、最小系统法、替换法；常见故障的诊断与排除。

8. 计算机配置的检查与性能测试

   计算机配置的检查、计算机性能的测试。

9. 计算机配置单的填写

10. 职业素质的养成

    待客礼仪、沟通技巧、职业操守（诚实守信、守时等）。

学习任务 1: 办公台式电脑组装

任务描述

学习任务学时: **40** 课时

任务情境:

公司业务部门承接了一笔电脑组装订单,需要在 3 天内完成 40 台式电脑的组装,每台电脑预算成本不超过 3000 元,满足企业人员的日常文稿制作及 OA 办公系统操作。网络管理员从业务主管处领取任务书,获取电脑组装流程;在熟知不同型号的硬件的具体参数和性能指标的基础上,根据任务书的要求清点配件、准备工具;按照工作计划和工作流程组装电脑;经调试,电脑运行正常后交付客户验收,填写客户验收单;作业完成后清理现场,规范填写工作记录表并提交给业务主管。

具体要求见下页。

装机清单:

计算机组装与维护

工作流程和标准

工作环节 1

与客户作装机前沟通

根据任务要求，从业务主管处领取任务书，与客户和业务主管等相关人员进行专业的沟通，记录关键内容，明确客户意向，填写装机意向表【成果】。

主要成果：

装机意向表（计算机用途，预算价格，个性需求）。

工作环节 2

制订装机清单

2

根据装机意向表，结合我国市场前景及全球产品多样性，基于我国计算机技术和芯片发展历程等知识，分析国内外各种品牌不同型号的计算机硬件的具体参数和性能指标，考虑硬件搭配的兼容性，制订装机清单【成果】，跟客户沟通确认预算价格，报相关主管审批。

主要成果：

装机清单（CPU，主板，内存，硬盘，显卡，机箱，显示器各自的型号和价格）。

工作环节 3

组装测试

1. 从满足客户功能需求、使用价值和企业工作规范、安全性、成本效益等角度，按照装机清单，采用流水化装配技术完成计算机的组装和运行测试；分析常用组装工具、材料和设备的使用注意事项，包括软件的安装方法、需要何种版本。填写组装工具领取单【成果】。

2. 组装具体内容：领取并正确使用组装工具和配件，安装主机电源，安装 CPU 和 CPU 风扇，安装内存、显卡、声卡和网卡，安装硬盘、光驱，连接机箱内部数据线，整理连线和安装机箱盖，安装 Windows 操作系统，利用测试软件对系统进行测试。完成计算机组装【成果】。

3. 按照《计算机软件保护条例》和企业作业规范，检查硬件是否组装成功、软件是否合法使用，确保计算机能正常运行。编写测试报告【成果】。

主要成果：

1. 组装工具领取单（工具名称，型号，数量）；

2. 已组装完毕的计算机（软硬件齐整，理线美观合理）；

3. 测试报告（计算机开机正常，软件运行流畅）。

工作环节 4

交付验收

完成任务后，与客户对完成组装的台式计算机进行验收和确认，回答客户问题，填写客户确认表【成果】，清理工作现场，将客户确认表提交部门主管。

主要成果：

客户确认表（符合客户需求）。

计算机组装与维护

学习内容

知识点	1.1 计算机的组成； 1.2 计算机发展史及趋势； 1.3 华为鲲鹏芯片	2.1 计算机品牌、价格行情和性价比； 2.2 硬件各种型号的主要参数其性能指标； 2.3 硬件的搭配和兼容性知识	3.1 常用组装工具功能及特点
技能点	1.1 识读任务书； 1.2 与下达任务部门了解任务信息； 1.3 与客户沟通了解任务需求； 1.4 填写装机意向表	2.1 获取硬件产品最新资讯； 2.2 识别国内外不同型号的硬件具体参数和性能指标； 2.3 分析硬件的兼容性和性价比； 2.4 编制装机清单	3.1 选取组装工具并正确使用； 3.2 检查工具及配件的完好性； 3.3 填写工具及配件领取单
工作环节	**工作环节 1** 与客户作装机前沟通	**制订装机清单** **工作环节 2**	
成果	1.1 装机意向表	2.1 装机清单	3.1 组装工具领取单
素养	1.1 培养与人沟通的能力，培养于与客户和业务主管等相关人员进行沟通的过程中； 1.2 培养国际视野，培养于学习计算机硬件技术发展的过程中； 1.3 培养国情观念，培养于树立为国家芯片发展的理念中	2.1 培养信息收集与处理能力，培养于获取硬件产品最新资讯、识别不同型号的硬件具体参数和性能指标、分析硬件的兼容性和性价比的工作过程中； 2.2 培养尊重世界多样性、差异性的意识，培养于分析硬件的兼容性和性价比的工作过程中； 2.3 培养书面表达能力，培养于制订组装计划的工作过程中； 2.4 培养文书撰写能力，培养于编写台式计算机安装流程的工作过程中	3.1 培养严谨、规范的工匠精神，培养装工具及配件的选取和检查的过程

4.1 硬件组装的方法及其注意事项（严谨理性：逻辑清晰、指导行为）	5.1 BIOS 的设置方法； 5.2 分区和格式化基础； 5.3 操作系统的安装方法及其注意事项（严谨理性：逻辑清晰、指导行为）； 5.4 应用软件的安装方法及其注意事项	6.1 计算机优化和测试的方法； 6.2 计算机测试工具的使用知识； 6.3 测试报告编写要点	7.1 任务验收步骤； 7.2 核对验收点； 7.3 客户确认表编写要点
4.1 安装 CPU、内存、主板、显卡； 4.2 安装主机电源、声卡、硬盘、光驱； 4.3 连接机箱内部数据线及信号线并安装机箱盖； 4.4 连接显示器和其他外设	5.1 BIOS 的设置； 5.2 分区和格式化； 5.3 安装 Windows 操作系统及应用软件	6.1 测试优化（使用 360、超级兔子等软件）； 6.2 规范性检查； 6.3 编写测试报告	7.1 核对配置； 7.2 功能验收； 7.3 编写客户确认表

工作环节 3
组装调试

工作环节 4
交付验收

.1 完成组装的台式计算机	5.1 完成软件安装的台式计算机	6.1 测试报告	7.1 客户确认表
.1 培养敬业、精业、严谨、规范、用户至上的工匠精神，培养于按照工作计划和工作流程完成计算机组装的工作过程中	5.1 培养敬业、精业、严谨、规范、用户至上的工匠精神，培养于按照工作计划和工作流程完成计算机的运行测试的工作过程中	6.1 培养敬业、精业、严谨、规范、用户至上的工匠精神，培养于对台式计算机进行软硬件使用测试的工作过程中； 6.2 培养辨识问题、解决问题的能力，培养于对台式计算机进行软硬件使用测试的工作过程中； 6.3 培养文书撰写能力，培养于编写测试报告的工作过程中	7.1 培养与人沟通的能力，培养于与用户一起对新组装的台式计算机进行验收和确认的工作过程中； 7.2 培养严谨、规范的工匠精神，培养于工作现场清理的工作过程中； 7.3 培养文书撰写能力，培养于客户确认表的撰写过程中

计算机组装与维护

① 与客户作装机前沟通　　**②** 制订装机清单　　**③** 组装测试　　**④** 交付验收

工作子步骤	教师活动	学生活动	评价
与客户作装机前沟通	1. 领取任务书。 2. 与客户沟通。 3. 了解客户需求，填写装机意向表。	1. 讲授计算机组成、计算机硬件等专业术语相关基础知识。 2. 播放计算机硬件技术发展史视频和华为芯片发展历程视频。 3. 讲解国内外芯片技术差距及华为鲲鹏芯片发展现状，引导学生未来致力于国家芯片发展的建设，为科技兴国做出贡献。 4. 指导学生填写计算机组成图。 5. 指导学生上网搜集计算机硬件专业术语，并监督指导小组展示过程。 6. 分发装机任务书。 7. 讲述装机任务书要点。 8. 组织学生角色扮演，指导学生了解客户装机需求。 9. 讲解如何填写装机意向表。	1. 学生听讲计算机组成、计算机硬件等专业术语相关基础知识。 2. 学生观看计算机硬件技术发展史视频和华为芯片发展历程视频。 3. 学生听讲国内外芯片技术差距、华为鲲鹏芯片发展现状，树立科技兴国的理念。 4. 学生独立查找网络资源，填写计算机组成图。 5. 小组成员根据填图情况，讨论选出 5 个计算机硬件专业术语并展示，小组成员分别派代表口述专业术语。 6. 接受任务，识读装机任务书；写出装机任务书要点。 7. 以角色扮演的形式，与客户沟通，收集客户的装机信息，与下达任务的部门和客户沟通了解任务需求。 8. 领取装机意向表，熟知装机意向表的填写要求。 9. 使用计算机硬件专业术语填写装机意向表，并展示讲演。	1. 教师点评：小组展示硬件专业术语是否丰富全面。 2. 教师点评：学生回答任务书中的要点问题，教师抽答点评。 3. 教师点评：根据任务要求选取填写较好的装机意向表进行点评。

课时： 4 课时
1. 硬资源：能上网的计算机等。
2. 软资源：计算机组成图、计算机硬件技术发展史视频、华为芯片发展历程视频、装机任务书、装机意向表等。
3. 教学设施：白板笔、卡片纸、展示板、投影等。

制订装机清单	根据装机意向表，结合市场动向、预算价格、硬件搭配的兼容性，制订装机清单。	1. 组织学生上网搜索获取硬件产品最新资讯的网址。 2. 组织各小组活动并巡回指导。 3. 组织全班讨论活动，梳理出获取硬件产品最新资讯的常用网址。 4. 组织学生上网搜索常见的计算机品牌。 5. 组织各小组讨论并巡回指导。 6. 组织全班讨论活动，梳理出常见的计算机品牌。	1. 每名学生独立上网搜索获取硬件产品最新资讯的网址至少 5 个，并记录最新资讯网址表。 2. 小组讨论组内所有网址，找出 8 个组内成员认可的网址，写在卡片纸上并展示。 3. 全班学生讨论展示卡片上的网址，挑选出 10 个获取硬件产品最新资讯的常用网址。 4. 每名学生独立上网搜索常见的计算机品牌至少 5 个，并记录计算机品牌表。 5. 小组讨论组内所有计算机品牌，找出 8 个组内成员认可的常见计算机品牌，写在卡片上并展示。 6. 全班学生讨论展示卡片上的计算机品牌，挑选出 10 个市面上常见的计算机品牌。	1. 教师点评：观察学生上网搜索资讯的状态，提出口头表扬；收集各组优点并做集体点评；表扬被挑选到较多卡片的小组并给适当奖励。 2. 教师点评：观察学生上网搜索资讯的状态，提出口头表扬；收集各组优点并做集体点评；表扬被挑选到较多卡片的小组并给适当奖励。

① 与客户作装机前沟通	② 制订装机清单	③ 组装测试	④ 交付验收

工作子步骤	教师活动	学生活动	评价
根据装机意向表,结合市场动向、预算价格、硬件搭配的兼容性,制订装机清单。	7. 演示如何搜索计算机配件,讲解主板详细参数;组织各组挑选性价比最高的主板。 8. 组织学生梳理低性能主板和高性能主板的差异关键参数。 9. 讲解 CPU 详细参数;组织各组挑选性价比最高的 CPU。 10. 组织学生梳理 CPU 低性能和高性能 CPU 的差异关键参数。 11. 讲解内存条详细参数;组织各组挑选性价比最高的内存条。 12. 组织学生梳理内存条低性能和高性能内存条的差异关键参数。 13. 讲解显卡详细参数;组织各组挑选性价比最高的显卡。 14. 组织学生梳理显卡低性能和高性能显卡的差异关键参数。 15. 讲解硬盘详细参数;组织各组挑选性价比最高的硬盘。 16. 组织学生梳理硬盘低性能和高性能硬盘的差异关键参数。 17. 讲解计算机最小系统,组织小组讨论罗列计算机主要配件单。 18. 组织小组上网搜索计算机装机清单,并讲解评价。 19. 播放计算机组装视频,提出书写步骤流程。	7. 小组上网搜索一块 700 元左右的低性能主板、一块 2000 元左右的高性能主板,把其详细参数记录在主板详细参数表上,并展示。各组挑选出性价比最高的主板。 8. 学生独立梳理出低性能和高性能主板的差异关键参数。 9. 小组上网搜索一块 700 元左右的低性能 CPU、一块 2000 元左右的高性能 CPU,把其详细参数记录在 CPU 详细参数表上并展示;各组挑选出性价比最高的 CPU。 10. 学生独立梳理出低性能和高性能 CPU 的差异关键参数。 11. 小组上网搜索一块 150 元左右的低性能内存条、一块 500 元左右的高性能内存条,把其详细参数记录在内存条详细参数表上,并展示;各组挑选出性价比最高的内存条。 12. 学生独立梳理出低性能和高性能内存条的差异关键参数。 13. 小组上网搜索一块 400 元左右的低性能显卡、一块 2000 元左右的高性能显卡,把其详细参数记录在显卡详细参数表上,并展示;各组挑选出性价比最高的显卡。 14. 学生独立梳理出低性能和高性能显卡的差异关键参数。 15. 小组上网搜索一块 400 元左右的低性能硬盘、一块 2000 元左右的高性能硬盘,把其详细参数记录在硬盘详细参数把其详细参数记录在硬盘详细参数表上,并展示;各组挑选出性价比最高的硬盘。 16. 学生独立梳理出低性能和高性能硬盘的差异关键参数。 17. 小组分析主板、CPU、内存条、显卡、硬盘的详细参数,根据硬件兼容性要求,调整不符合兼容性要求的配件,形成符合组装要求的计算机主要配件单。 18. 小组合作上网搜索一台 4500 元左右的计算机配件,记录在计算机装机清单中并展示汇报;各组相互评点,挑选出一个最优的装机清单。 19. 观察计算机组装视频,写出计算机组装关键步骤流程并展示讲解。	3. 小组互评:点评其他小组的主板,选出性价比最高的主板,并说明理由。 4. 小组互评:点评其他小组的 CPU,选出性价比最高的 CUP,并说明理由。 5. 小组互评:点评其他小组的内存条,选出性价比最高的内存条,并说明理由。 6. 小组互评:点评其他小组的显卡,选出性价比最高的显卡,并说明理由。 7. 小组互评:点评其他小组的硬盘,选出性价比最高的硬盘,并说明理由。 8. 教师点评:点评各小组计算机主要配件是否符合兼容性要求要求。 9. 教师点评:根据预算判断学生的装机清单是否符合性价比要求;装机清单能体现硬件的多样性,各小组间清单有一定的差异性;学生能否正确根据硬件兼容性要求制作装机清单。 10. 教师点评:观察步骤流程,评选最优流程。

课时: 16 课时
1. 硬资源: 能上网的计算机等。
2. 软资源: 硬件产品最新资讯网址表、计算机品牌表、主板详细参数表、CPU 详细参数表、内存条详细参数表、显卡详细参数表、硬盘详细参数表、计算机最小系统图、计算机主要配件清单、计算机主要配件清单、计算机组装视频等。
3. 教学设施: 白板笔、卡片纸、展示板等。

制订装机清单

计算机组装与维护

① 与客户作装机前沟通	② 制订装机清单	③ 组装测试	④ 交付验收

工作子步骤	教师活动	学生活动	评价
1. 按照装机清单，识别常用组装工具、材料和配件，填写工具配件领取单。	1. 展示计算机常用组装工具（螺丝刀、镊子、钳子、扎线带、剪刀、尖嘴钳等）。 2. 组织学生填写常用组装工具功能特点表。 3. 以图片视频形式讲解常用维修工具的使用方法。 4. 演示如何使用组装工具。 5. 讲解常用组装工具的使用注意事项。 6. 指导学生通过查阅资料选用合适的组装工具和装机配件并确保其完好性。 7. 组织小组填写工具配件领取单。 8. 听取各小组讲解，收集各小组的优缺点，点评。	1. 注意观察计算机常用组装工具，识别计算机常用组装工具。 2. 上网搜索资料，填写常用组装工具功能特点表并展示讲解。 3. 观看图片视频，掌握常用工具的使用方法。 4. 观看教师演示，熟知组装工具的使用。 5. 小组讨论常用组装工具的使用注意事项。 6. 小组选用合适的组装工具和装机配件并展示。 7. 小组填写工具配件领取单，小组间相互监督。 8. 写出各小组的优缺点并展示讲解。 9. 填写工作页组装工具功能及特点章节并与参考答案比较。	1. 教师抽答点评：能否识别计算机常用组装工具；是否熟知计算机常用组装工具的功能特点、使用方法及装机事项。 2. 学生互评：互相监督组装工具的正确使用方法。 4. 教师点评：根据任务要求选取填写较好的工具材料领取单进行点评。

组装测试

课时： 6 课时

1. 硬资源：能上网的计算机等。

2. 软资源：计算机常用组装工具 PPT、常用组装工具功能特点表、填写工具配件领取单等。

3. 教学设施：投影、白板、卡片纸等。

4. 计算机组装工具：常用五金工具（螺丝刀、镊子、钳子、扎线带、剪刀、尖嘴钳等）、计算机组装零配件（CPU，主板，内存，显卡等）等。

1 与客户作装机前沟通	2 制订装机清单	3 组装测试	4 交付验收

工作子步骤	教师活动	学生活动	评价
2. 组装计算机。	1. 播放装机视频，讲解硬件组装所涉及的方法以及注意事项，点出关键步骤和容易出错的地方。 2. 通过列举旧式计算机、目前主流机器、个别少见计算机组装案例，引导学生讨论不同硬件配置计算机组装的技巧播放装机视频，组织讨论装机中的技巧。 3. 展示一台计算机的组装过程，强调安全用电规则，解读《计算机组装评分表》。 4. 讲解最小系统检测原则，分析不能"点亮"计算机的常见问题。 5. 组织分发工具及配件，安排负责记录人员；展示工具的规范使用方法。 6. 组织学生组装计算机操作，安排观察员。 7. 组织现场纪律，巡回指导。 8. 要求第一、二组交换组装及观察角色，注意设备完好性。 9. 抽取无法开机或装机过程中遇到的疑难点进行指导和解决。 10. 组织清点工具及配件，指导装机记录填写。 11. 点评计算机硬件组装过程。	1. 观看装机视频，使用九宫格法找出计算机硬件组装中较为重要的方法及注意事项。 2. 参与计算机组装案例分析讨论，总结常见零配件安装技巧，并讲解。观看装机视频，讨论其中的优点及不足，掌握装机中的技巧并讲解。 3. 观看组装过程，分组张贴装好的计算机配件名称，学习《计算机组装评分表》。 4. 使用头脑风暴法列举不能开机的可能原因。 5. 按照工具配件领取单领取工具及计算机配件，检查完好性，学习安全守则。 6. 第一组进行计算机组装操作，第二组观察并记录《计算机组装评分表》。 7. 第一组进行计算机加电试运行，第二组记录结果。 8. 交换第一、二小组活动。 9. 集体解决剩余的不能正常开机的问题。 10. 归还工具及多余配件，初步清理现场，填写装机记录。 11. 选出组装较规范的计算机，并说明理由。	1. 教师点评：哪些步骤容易对计算机硬件造成损害，出错后会造成何种问题。 2. 教师点评：不同时代的计算机组装技巧有何区别。 3. 教师点评：装机规范步骤及技巧。 4. 学生互评：《计算机组装评分表》。 5. 学生互评：哪个小组找到又多又正确的问题。 6. 学生自评：工具及配件完好性。 7. 教师点评：部分计算机无法开机的原因。 8. 学生互评：选取大家觉得装得好的计算机。 9. 教师点评：评价是否合理；实训过程中存在的问题。

组装测试

计算机组装与维护

课时： 16 课时
1. 硬资源：能上网的计算机等。
2. 软资源：九宫格图、计算机组装视频、《计算机组装评分表》等。
3. 教学设施：投影、教师机、白板、卡片纸等。
4. 计算机组装工具：常用五金工具（螺丝刀、镊子、钳子等）、常用计算机配件（CPU、主板、内存、硬盘、机箱、电源等）等。

① 与客户作装机前沟通　　**②** 制订装机清单　　**③** 组装测试　　**④** 交付验收

工作子步骤	教师活动	学生活动	评价
3. 正确使用工具完成计算机操作系统和软件安装。	1. 讲授操作系统的安装过程, 对班级学生进行分组, 引导学生规划与绘制出操作系统安装流程图。 2. 评选出较优的操作系统安装流程图, 听取学生讲解。 3. 教师指导学生搜索启动盘的种类及制作的方法。 4. 教师讲授 BIOS 的设置方法。 5. 巡回指导 BIOS 的设置。 6. 教师指导学生在虚拟机上进行硬盘分区和格式化。 7. 教师讲解操作系统 (Windows) 的安装方法及其注意事项。 8. 教师讲解《计算机软件保护条例》等相关法律法规, 鼓励使用正版软件。 9. 教师指导学生对应用软件进行安装及其注意事项。	1. 认真听老师讲解操作系统的安装过程, 上网搜索相关资料, 动手规划与绘制出操作系统安装流程图并展示。 2. 学生讲解操作系统安装流程图。 3. 搜索启动盘的种类及制作方法, 编写合理的启动盘制作方法文档并提交。 4. 学生听讲 BIOS 的设置方法并记录要点。 5. 在虚拟机上进行 BIOS 设置。 6. 搜索硬盘分区和格式化的操作方法; 记录、展示并讲解各种格式化软件的优缺点; 在虚拟机上对硬盘分区和格式化。 7. 安装操作系统 (Windows)。 8. 学生听讲计算机软件法律法规及使用的规则。 9. 安装应用软件并填写应用软件安装表。	1. 教师点评: 学生搜索的相关资料是否丰富全面。 2. 教师点评: 学生绘制的操作系统安装流程图是否全面; 搜索的启动盘种类及制作方法是否完整。 3. BIOS 的设置方法是否正确。 4. 学生对硬盘分区和格式化操作是否规范。 5. 学生安装操作系统和应用软件的操作方法是否规范、正确, 是否安装了必要的应用软件。 6. 学生互评: 根据软件安装方法总结出实用的方法。 7. 学生互评: 检查应用软件安装表与计算机的软件是否对应, 下载渠道是否正规。

组装测试

课时: 8 课时
1. 硬资源: 能上网的计算机等。
2. 软资源: 操作系统的安装过程 PPT、操作系统安装流程图、BIOS 设置 .ppt、VMWear 虚拟机、PQ 格式化软件常用的计算机软件 (系统软件、应用软件)、WIN.iso、应用软件安装表等。
3. 教学设施: 卡片纸、教师机、投影、卡纸等。

① 与客户作装机前沟通	② 制订装机清单	③ 组装测试	④ 交付验收

	工作子步骤	教师活动	学生活动	评价
组装测试	4. 检查计算机是否正常运行, 编写测试报告。	1. 指导学生到 www.pconline.com.cn 进行 360 和超级兔子下载, 并指导填写软件信息表。 2. 巡回指导学生完成软件安装。 3. 播放 360 测试优化方法视频。 4. 播放超级兔子优化方法视频。 5. 组织学生讨论对比这两种软件的性能。 6. 总结学生的对比结果。 7. 进行测试报告评价并找出存在问题。	1. 上网进行 360 和超级兔子的下载; 填写 360 和超级兔子的软件信息表并讲解其优缺点。 2. 正确安装 360 和超级兔子软件。 3. 利用 360 测试优化。 4. 利用超级兔子测试优化。 5. 对测试结果进行讨论总结, 对比两种软件的性能, 记录两种软件的优缺点, 并展示讲解。 6. 根据对比结果编写测试报告要点。 7. 分组编写测试报告, 制作测试报告 PPT 并讲解。	1. 教师点评: 学生下载安装软件时出现的安装问题。 2. 教师点评: 软件运行时出现的问题, 巡回指导学生完成 360 和超级兔子测试优化过程。 3. 教师点评: 测试报告是否合理实用, 对比性能是否正确。 4. 学生互评: 测试报告的要点是否全面。

课时: 6 课时
1. 硬资源: 能上网的计算机等。
2. 软资源: 软件信息表、360 和超级兔子软件、软件安装视频等。
3. 教学设施: 投影、白板、卡纸等。

交付验收	完成台式计算机验收, 填写客户确认表。	1. 以案例形式讲解整机验收细节。 2. 巡回指导并验收各小组的工作成果 PPT。 3. 听取各小组汇报情况。 4. 教师讲解客户确认表的编写。 5. 组织小组编写客户确认表。 6. 总体评价工作过程。	1. 认真听取教师讲解熟知整机验收细节, 记录验收要点并展示讲解。 2. 小组合作制作工作成果 PPT。 3. 汇报工作情况。各小组听取汇报, 将汇报情况记录在卡纸上并展示讲解。 4. 听取教师讲解并记录客户确认表的编写要点。 5. 编写客户确认表。 6. 小组互评客户确认表。	1. 教师抽答点评: 是否熟知整机验收细节。 2. 教师点评: 各小组的工作成果及汇报情况。 3. 学生互评: 听取各组讲解各自的客户确认表完成情况并进行简评。 4. 教师点评: 根据任务整体完成情况点评各小组的优缺点。

课时: 6 课时
1. 硬资源: 能上网的计算机等。
2. 软资源: 整机验收案例、客户确认表、产品说明书、工作记录表、客户确认表等。
3. 教学设施: 投影、卡纸、卡片纸等。

计算机组装与维护

学习任务 2：办公台式电脑故障排查与修复

任务描述

学习任务学时：**40** 课时

任务情境：

　　某单位行政部门在日常设备检查中发现有一批台式电脑出现开机黑屏现象，严重影响日常办公。现要求网络管理员在一天内到现场完成故障排查与修复。网络管理员从业务主管处领取任务书，获取电脑故障修复流程；根据任务书的要求清点配件，准备修复工具；按照工作计划和工作流程完成电脑故障排除；经调试，电脑运行正常后交付客户验收，填写客户验收单；作业完成后清理现场，规范填写工作记录并提交给业务主管。

　　具体要求见下页。

故障分析:

工作流程和标准

工作环节 1

获取台式电脑故障排查与修复任务

根据任务要求，从部门主管处获取任务需求，根据任务书，明确工作时间和要求，与客户和业务主管等相关人员进行专业的沟通，记录关键内容，查阅企业操作规范，了解故障现象，获取电脑修复工作流程表。

主要成果：

计算机修复工作流程表（故障现象，故障分析，排查流程）。

工作环节 2

制订计划

2

按照任务要求，记录计算机故障的表现，初步分析、判断故障原因，确定故障的排除方法，领取常用维修工具，制订修复步骤，编制任务计划书，报相关主管审批。

主要成果：

故障排查任务书（故障表现、故障分析、判断原因，确定排查方法，领取工具）。

工作环节 3

台式电脑故障排查与修复

1. 从满足客户功能需求、使用价值和企业工作规范、安全性、成本效益等角度，严谨规范地按照工作计划和工作流程完成台式电脑故障排查与修复。实施具体内容：分析常用修复工具、配件的使用注意事项，填写修复工具领取单。正确使用修复工具处理计算机黑屏的故障，检查其他可能存在的软硬件故障，根据需要重新安装操作系统及应用软件。

2. 按照《计算机软件保护条例》和企业作业规范，检查台式电脑是否完成故障修复、软件是否合法使用。抽样对台式电脑进行软硬件使用测试，确保电脑能正常运行。编写测试报告。

主要成果：

1. 修复工具领取单（工具名称，型号，数量）；

2. 已修复完毕的电脑（黑屏现象已修复，开机正常）；

3. 测试报告（电脑开机正常，软件运行流畅）。

工作环节 4

交付验收

　　完成任务后，与用户一起对完成故障修复的台式电脑进行验收和确认，回答客户问题，填写客户确认表，清理工作现场，将测试报告和客户确认表提交部门主管。

主要成果：

客户确认表（符合客户需求）。

计算机组装与维护

学习内容

知识点	1.1 电脑故障类别	2.1 电脑故障的各种表现、产生原因； 2.2 电脑故障的检测和排除方法（替换法、敲打法、最小系统法等）	3.1 电脑故障修复的一般流程
技能点	1.1 识读任务书； 1.2 与下达任务的部门沟通了解任务信息； 1.3 与客户沟通了解任务需求	2.1 记录电脑故障的表现； 2.2 初步判断故障原因； 2.3 初步确定故障的排除方法； 2.4 编制故障排除任务计划书	3.1 制订电脑故障修复工作流程
工作环节	**工作环节 1** 获取台式电脑故障排查与修复任务		**制订计划** **工作环节 2**
成果	1.1 台式电脑故障排查任务书	2.1 故障修复任务计划书	3.1 故障修复流程方案
素养	1.1 培养与人沟通的能力，培养于与客户和业务主管等相关人员进行沟通的过程中； 1.2 培养阅读理解及提取关键信息的能力，培养于阅读任务书及记录任务书关键内容的工作过程中	2.1 培养信息收集与处理能力，培养于获取电脑故障的各种表现、产生原因、检测和排除方法的工作过程中； 2.2 培养分析、决策能力，培养于分析电脑故障的各种表现、产生原因的工作过程中； 2.3 培养书面表达能力，培养于编制故障排除任务计划书的工作过程中	3.1 培养文书撰写能力，培养于编写制故障修复工作流程的工作过程中

4.1 专用维修工具的功能	5.1 故障排除的工作规范； 5.2 专用维修工具的使用方法	6.1 计算机优化和测试的方法； 6.2 计算机测试工具的合法使用； 6.3 测试报告编写要点	7.1 任务验收步骤； 7.2 核对验收点； 7.3 验收报告编写要点
4.1 选用专用维修工具； 4.2 检查维修工具是否完好（科学精神：严谨规范）； 4.3 准备维修配件； 4.4 填写工具领取单	5.1 处理黑屏故障	6.1 整机测试； 6.2 规范性检查（科学精神：严谨规范）； 6.3 编写测试报告	7.1 功能验收； 7.2 验收报告和客户确认表的编写

工作环节 3
台式电脑故障排查与修复

工作环节 4
质量自检

工作环节 5
交付验收

4.1 维修工具及配件领取单	5.1 按照故障修复计划完成故障修复的台式电脑（科学精神：严谨规范）	6.1 测试报告	7.1 验收报告、客户确认表
4.1 培养严谨、规范的工匠精神，培养于对组装工具及配件的选取和检查的工作过程中	5.1 培养严谨、规范的工匠精神，能按照计划分阶段分步骤地规范完成台式计算机的故障修复，培养于按照工作计划和工作流程完成计算机维修的工作过程中	6.1 树立计算机行业规则意识，能熟练运用《计算机软件保护条例》和企业作业规范完成计算机优化测试工作； 6.2 培养辨识问题、解决问题的能力，培养于对台式计算机进行软硬件使用测试的工作过程中； 6.3 培养文书撰写能力，培养于编写测试报告的工作过程中	7.1 培养与人沟通的能力，培养于与用户一起对修复完成的台式计算机进行验收和确认的工作过程中； 7.2 培养严谨、规范的规则意识，培养于工作现场清理的工作过程中； 7.3 培养文书撰写能力，培养于客户确认表的撰写过程中

计算机组装与维护

课程 2. 计算机组装与维护
学习任务 2：办公台式电脑故障排查与修复

① 获取台式电脑故障排查与修复任务　　**②** 制订计划　　**③** 台式电脑故障排查与修复　　**④** 交付验收

工作子步骤	教师活动	学生活动	评价
1. 获取任务要求。 2. 与客户和业务主管沟通。 3. 了解故障现象。 4. 填写故障排查确认表。	1. 分发任务书；梳理任务书要求的关键点。 2. 组织全班讨论，统一梳理出任务书中的 5 个关键词。 3. 根据任务书关键词内容组织学生角色扮演，指导学生了解任务信息及客户的计算机故障修复需求。 4. 组织学生上网搜计算机的故障类别。 5. 组织全班讨论，点评并总结出计算机的故障类别。 6. 组织学生上网搜索常见的计算机硬件故障现象。 7. 组织各小组活动，并巡回指导。 8. 组织全班讨论并讲解梳理出 8 种常见的计算机硬件故障现象。 9. 组织学生上网搜索常见的计算机软件故障现象。 10. 组织各小组活动，并巡回指导。 11. 组织全班讨论并讲解梳理出 8 种常见的计算机软件故障现象。 12. 指导学生上网搜集计算机维修专业术语。 13. 监督、指导小组展示过程并点评。 14. 教师分发台式计算机故障排查确认表，引导学生提取任务信息，填写确认表。	1. 接收办公台式计算机故障排查与修复任务书，以小组合作讨论的形式，运用关键词法写出任务书要求的 3 个关键词，用 3 张卡片纸展示解释。 2. 全班学生讨论各小组卡片中所展示的 3 个关键词，统一梳理出任务书中的 5 个关键词。 3. 以角色扮演的形式，与下达任务部门和客户沟通了解任务信息，收集台式计算机升级与维护任务需求。 4. 每名学生独立上网搜索获取计算机的故障类别，并记录在卡片纸中作展示。 5. 全班学生讨论展示卡片上的计算机故障类别，总结出有几种故障类别。 6. 每名学生独立上网搜索常见的计算机硬件故障现象，并记录 3 种常见现象在卡片纸中。 7. 小组讨论组内所记录的硬件故障现象，找出 5 种组内成员认可的硬件故障现象，写在卡片纸上并展示。 8. 全班学生讨论展示卡片上的硬件故障现象，挑选出 8 种常见的计算机硬件故障现象。 9. 每名学生独立上网搜索常见的计算机软件故障现象，并记录 3 种常见现象在卡片纸中。 10. 小组讨论组内所记录的软件故障现象，找出 5 种组内成员认可的软件故障现象，写在卡片纸上并展示。 11. 全班学生讨论展示卡片上的硬件故障现象，挑选出 8 种常见的计算机软件故障现象。 12. 每名学生独立上网搜索常见的计算机维修专业术语，并记录 3 种常见术语在卡片纸中。 13. 小组讨论选出 5 个计算机维修专业术语并展示，小组成员分别派代表口述专业术语。 14. 小组领取故障排查确认表，熟知确认表的填写要求，通过讨论，使用计算机维修专业术语填写故障排查确认表。	1. 教师点评：学生回答任务书中的要点问题，教师抽答点评。 2. 小组互评：任务书所提取关键词是否准确。 3. 教师点评：学生所展示的故障类别是否正确。 4. 教师点评：硬件故障现象是否填写正确。 5. 教师点评：软件故障现象是否填写正确。 6. 教师点评：小组展示硬件专业术语是否丰富全面。 7. 教师点评：根据任务要求选取填写较好的故障排除确认表进行点评。

课时： 6 课时

1. 硬资源：能上网计算机等。

2. 软资源：办公台式计算机故障排查与修复任务书、故障排查任务书等。

3. 教学设施：投影、白板、卡片纸、油性笔、A4 纸等。

① 获取台式电脑故障排查与修复任务	② 制订计划	③ 台式电脑故障排查与修复	④ 交付验收

工作子步骤	教师活动	学生活动	评价
1. 按照任务要求，记录计算机故障的表现。 2. 初步分析、判断故障原因。 3. 编制任务计划书。	1. 引出问题：什么原因导致各种硬件故障？组织学生上网搜索计算机硬件故障的各种表现及其产生原因。 2. 组织各小组活动并巡回指导。 3. 组织全班讨论并讲解梳理出 8 种常见的计算机硬件故障表现及其产生原因。 4. 引出问题：是什么原因导致各种软件故障的产生？组织学生上网搜索计算机软件故障的各种表现及其产生原因。 5. 组织各小组活动并巡回指导。 6. 组织全班讨论并讲解梳理出 8 种常见的计算机软件故障表现及其产生原因。 7. 教师设问：假如我们的计算机遇到了上述这些故障，我们如何去检测和排除呢？播放视频"计算机故障检测法"。（替换法、敲打法、最小系统法等）。 8. 教师演示各种检测方法，组织学生分组实操（计算机预先设障）。 9. 教师引导学生根据任务书中的故障表现以及所记录的计算机故障表现原因分析表，分析任务书中的故障原因，编写故障排查计划书。 10. 组织各小组活动并巡回指导。 11. 组织全班讨论活动梳理出 1 份最优的任务计划书并讲解评价。	1. 每名学生独立上网搜索获取计算机硬件故障的各种表现及其原因，并记录 3 种常见硬件故障现象及其原因在计算机故障表现原因分析表中。 2. 小组讨论组内所记录的硬件故障表现，找出 5 种组内成员认可的常见硬件故障表现及其原因，写在卡片纸上并展示。 3. 全班学生讨论展示卡片上的故障表现，挑选出 8 种常见的计算机硬件故障表现现象及其原因。 4. 每名学生独立上网搜索获取计算机软件故障的各种表现及其原因，并记录 3 种常见软件故障现象及其原因在计算机故障表现原因分析表中。 5. 小组讨论组内所记录的软件故障表现，找出 5 种组内成员认可的常见软件故障表现及其原因，写在卡片纸上并展示。 6. 全班学生讨论展示卡片上的故障表现，挑选出 8 种常见的计算机软件故障表现现象及其原因。 7. 学生观看视频，掌握计算机故障的检测和排除方法（替换法、敲打法、最小系统法等）。 8. 学生观察老师演示，小组进行实操。 9. 每名学生根据之前所填写的表格内容，独立上网搜索计算机故障排查任务计划书的编写材料，并填写计算机故障排查任务计划书。 10. 小组讨论组内各成员所填写的任务计划书，找出 1 份组内成员认可的任务计划书，写在 A4 纸上并展示。 11. 全班学生讨论展示 A4 纸上的内容，挑选出 1 份最优的任务计划书。	1. 教师点评：观察学生上网搜索计算机硬件故障现象和原因的工作状态，提出口头表扬；收集各组优点并做集体点评。 2. 教师点评：观察学生上网搜索计算机软件故障现象和原因的工作状态，提出口头表扬；收集各组优点并做集体点评。 3. 教师点评：观察学生实操的正确性，并给适当奖励。 4. 教师点评：是否正确编写故障排查计划书（内容是否符合要求）。 5. 教师点评：是否正确编写故障排查流程方案（步骤流程是否符合要求）。 6. 学生自评：计划书和步骤流程是否符合要求。

制订计划

计算机组装与维护

① 获取台式电脑故障排查与修复任务　② 制订计划　③ 台式电脑故障排查与修复　④ 交付验收

工作子步骤	教师活动	学生活动	评价
制订计划	12. 播放电脑故障排查步骤视频，组织学生上网搜索电脑故障排查的流程，提出书写步骤流程要求。 13. 组织各小组活动并巡回指导。 14. 组织全班讨论，讲解并梳理出 1 份最优的电脑故障排查关键步骤流程表。	12. 每名学生观看故障排查步骤视频，独立上网搜索故障排查的流程，并记录在电脑故障排查关键步骤流程表中。 13. 小组讨论组内各成员所记录的流程表，找出 1 份组内成员认可的流程表，写在 A4 纸上并展示。 14. 全班学生讨论展示卡片上的内容，挑选出 1 份最优的电脑故障排查关键步骤流程表。	

课时：12 课时
1. 硬资源：能上网的计算机等。
2. 软资源：电脑故障表现原因分析表、"电脑故障检测法"视频、故障排查任务计划书、故障排查任务流程方案等。
3. 教学设施：卡片纸、油性笔、白板、油性笔、A4 纸、投影等。

工作子步骤	教师活动	学生活动	评价
台式电脑故障排查与修复	1. 按照装机清单，识别常用故障维修工具、材料和配件。 2. 填写工具配件领取单。	1. 以图片视频形式展示电脑常用维修工具（电烙铁、示波器、万用表、故障诊断卡、吸锡器、热风焊台等）。 2. 以表格问题形式巩固学生对常用维修工具的熟知。 3. 组织学生上网搜索各工具所对应的功能及特点，点评讲解。 4. 组织学生上网搜索常用维修工具的使用方法，点评讲解。 5. 演示如何使用维修工具，组织学生分组实操。 6. 组织学生上网搜索使用维修工具的注意事项。 7. 组织各小组活动并巡回指导。 8. 组织全班讨论并讲解梳理出 5 种使用维修工具的注意事项。 9. 指导学生通过查阅资料选用合适的维修工具并确保其完好性。 10. 组织小组填写工具配件领取单，巡回指导。	1. 识别电脑常用维修工具（电烙铁、示波器、万用表、故障诊断卡、吸锡器、热风焊台等）。 2. 回答关于维修工具的认知问题。 3. 上网搜索各工具所对应的功能及特点，以小组为单位，记录在卡片纸中并展示讲解。 4. 上网搜索常用维修工具的使用方法，以小组为单位，记录在卡片纸中并展示讲解。 5. 通过教师演示熟知如何使用维修工具，以小组为单位进行实操。 6. 每名学生独立上网搜索获取电脑常用维修工具的使用注意事项，并记录 2 种常见注意事项在卡片纸中。 7. 小组讨论组内所记录的维修工具使用注意事项，找出 3 种组内成员认可的使用注意事项，写在卡片纸上并展示。 8. 全班学生讨论展示卡片上的关于维修工具的使用注意事项，挑选出 5 种维修工具常见的使用注意事项。 9. 小组选用合适的维修工具并检查维修工具是否完好。 10. 小组讨论填写维修工具配件领取单，并展示讲解。	1. 教师点评：是否识别计算机常用维修工具，教师抽答点评。 2. 教师点评：是否熟知计算机常用维修工具的功能特点，教师抽答点评。 3. 教师点评：是否熟知计算机常用维修工具的使用方法，教师抽答点评。 4. 学生互评：互相监督维修工具的正确使用方法。 5. 教师点评：观察学生上网搜索计算机维修工具使用注意事项时的工作状态，提出口头表扬；收集各组优点并做集体点评。 6. 教师点评：根据任务要求选取填写较好的工具材料领取单进行点评。

课时：6 课时
1. 硬资源：能连接互联网的计算机等。
2. 软资源：电脑维修工具图片、电脑维修工具视频介绍、计算机维修工具表格、具配件领取单等。
3. 教学设施：投影、白板、卡片纸、A4 纸、油性笔等。
4. 计算机维修工具：常用五金工具（电烙铁、示波器、万用表、故障诊断卡、吸锡器、热风焊台等）等。

| ① 获取台式电脑故障排查与修复任务 | ② 制订计划 | ③ 台式电脑故障排查与修复 | ④ 交付验收 |

工作子步骤	教师活动	学生活动	评价
3.计算机故障修复。	1. 教师播放科技强国的视频，教育学生需具备严谨、规范、细致求实的科学精神，利用所学技术、经验、信息等要素向社会提供智慧服务的意识。 2. 组织学生上网搜索计算机故障排查修复所涉及的方法以及注意事项。 3. 组织全班讨论，点出关键步骤和容易出错的地方，选出一份最优的介绍计算机故障排查修复所涉及的方法以及注意事项的 PPT。 4. 通过列举旧式计算机、目前主流机器、个别少见计算机故障修复案例，引导学生讨论不同硬件配置计算机故障修复的技巧。 5. 播放计算机故障修复视频，组织讨论故障修复中的技巧。 6. 展示一台计算机的故障修复过程，强调安全用电规则，解读《计算机故障修复评分表》。 7. 讲解最小系统检测原则，分析不能"点亮"计算机的常见问题。 8. 组织分发工具及配件，安排负责记录的人员；展示工具规范使用方法。 9. 组织学生实施对计算机的故障修复，安排观察员。 10. 组织现场纪律。 11. 要求第一、二组交换及观察角色，注意设备完好性。 12. 抽取无法开机或修复过程中遇到的疑难点进行指导并解决。 13. 除了任务书里列举的故障之外，还需掌握其他故障类别的修复方法，下面演示如何处理加电类故障（服务社会素养）。 14. 演示如何处理启动与关闭类故障。 15. 演示如何处理显示类故障。 16. 演示处理硬盘、CPU、内存、电源、键盘、鼠标故障。 17. 演示如何处理声音类故障。 18. 演示如何处理光驱、刻录机故障。	1. 学生观看科技强国的视频，理解当代青年需具备严谨、规范、细致求实的科学精神，利用所学技术、经验、信息等要素向社会提供智慧服务的意识。 2. 每名学生独立上网搜索计算机故障排查修复所涉及的方法以及注意事项，制作成 PPT 并作组内汇报。 3. 各小组讨论并选出制作最好的 PPT，作全班汇报。 4. 以小组为单位参与计算机故障修复分析讨论，总结常见修复技巧。 5. 观看计算机故障修复视频，以小组为单位讨论其中的优点及不足，并写在卡片纸作展示。 6. 观看修复过程，学习《计算机故障修复评分表》。 7. 使用头脑风暴法列举显示器黑屏的可能原因。 8. 按照工具配件领取单领取工具及计算机配件，并检查完好性，学习安全守则。 9. 第一组进行计算机故障修复操作，第二组观察并记录《计算机故障修复评分表》，是否有按所制订的计划进行故障修复。 10. 第一组进行计算机加电试运行，第二组记录结果。 11. 交换第一、二小组活动。 12. 集体解决剩余的在修复过程中产生的问题。 13. 在教师引导下处理加电类故障（严谨规范，服务社会素养）。 14. 在教师引导下处理启动与关闭类故障。 15. 在教师引导下处理显示类故障。 16. 在教师引导下处理硬盘、CPU、内存、电源、键盘、鼠标故障。 17. 在教师引导下处理声音类故障。 18. 处理光驱、刻录机故障。	1. 教师点评：哪些步骤容易对计算机硬件造成损害，出错后会造成何种问题。 2. 教师点评：不同时代的计算机故障修复技巧有何区别。 3. 教师点评：故障修复规范步骤及技巧。 4. 学生互评：哪个小组找到又多又正确的问题。 5. 学生自评：工具及配件完好性。 6. 学生互评：《计算机故障修复评分表》。 7. 教师点评：部分计算机修复出错的原因，是否按步骤修复。 8. 学生互评：选取大家觉得故障修复较好的计算机。 9. 教师点评：评价是否合理；实训过程的问题。

台式电脑故障排查与修复

计算机组装与维护

① 获取台式电脑故障排查与修复任务　　② 制订计划　　③ **台式电脑故障排查与修复**　　④ 交付验收

工作子步骤	教师活动	学生活动	评价
	19. 组织清点工具及配件，指导装机记录填写。 20. 点评计算机故障修复过程。	19. 归还工具及多余配件，初步清理现场，填写故障修复记录。 20. 选出修复较规范、能正常运行的计算机。	

课时： 16 课时
1. 硬资源：能连接互联网的计算机等。
2. 软资源：计算机故障修复视频、科技强国的视频等。
3. 教学设施：投影、白板、卡片纸、A4 纸、油性笔等。
4. 计算机维修工具：常用五金工具（电烙铁、示波器、万用表、故障诊断卡、吸锡器、热风焊台等）、常用计算机配件（CPU、主板、内存、硬盘、机箱、电源等）

工作子步骤	教师活动	学生活动	评价
台式电脑故障排查与修复 4. 检查电脑故障是否已修复，能否正常运行，编写测试报告。	1. 教师指导学生上网进行 360 和超级兔子下载并完成软件安装。 2. 通过 PPT 展示 360 的使用方法。 3. 通过 PPT 展示超级兔子的使用方法。 4. 组织学生讨论对比这两种软件的性能。 5. 总结学生的对比结果。 6. 教师讲解《计算机软件保护条例》等相关法律法规，以及测试软件的使用规则。 7. 进行测试报告评价并找出存在问题。	1. 学生利用互联网进行 360 和超级兔子的下载，通过教师指导正确安装 360 和超级兔子软件。 2. 利用 360 测试优化。 3. 利用超级兔子测试优化。 4. 对测试结果进行讨论总结并且对两种软件的性能进行对比。 5. 根据对比结果编写测试报告要点。 6. 学生听讲计算机软件法律法规及测试软件的使用规则。 7. 分组编写测试报告。	1. 教师点评：学生安装软件时出现的安装问题，教师在巡回指导时指导学生完成安装。 2. 教师点评：软件运行时出现的问题，教师在巡回指导时指导学生完成安装。 3. 教师点评：学生是否正确使用测试软件。 4. 教师点评：测试报告是否合理实用。 5. 学生互评：根据计算机测试软件的性能总结的测试报告的要点是否全面。

课时： 6 课时
1. 硬资源：能连接互联网的计算机等。
2. 软资源：PPT 课件、软件安装视频、软件测试流程视频、测试报告等。
3. 教学设施：常用的计算机测试工具、投影、白板、卡片纸、A4 纸、油性笔等。

① 获取台式电脑故障
排查与修复任务　② 制订计划　③ 台式电脑故障
排查与修复　④ 交付验收

交
付
验
收

工作子步骤	教师活动	学生活动	评价
1. 完成台式计算机验收，填写客户确认表。	1. 教师以案例形式讲解整机验收细节。 2. 教师验收各小组的工作成果。 3. 听取各小组汇报情况。 4. 教师讲解客户确认表的编写。 5. 组织小组编写客户确认表。 6. 总体评价工作过程。	1. 认真听取教师讲解，熟知整机验收细节。 2. 小组展示工作成果，进行整机验收。 3. 汇报工作情况。 4. 认真听取教师讲，解熟知确认表的编写要点。 5. 编写客户确认表。 6. 小组互评客户确认表。	1. 教师点评：是否熟知整机验收细节，教师抽答点评。 2. 教师点评：对各小组的工作成果及汇报情况进行点评。 3. 学生互评：听取各组讲解各自客户确认表的完成情况并进行简评。 4. 教师点评：点评各小组的任务整体完成情况。

课时： 6 课时

1. 硬资源：能连接互联网的计算机等。
2. 软资源：验收的相关资料：行业企业安全守则与操作规范、《计算机软件保护条例》、产品说明书、工作记录表、空白的客户确认表、"8S"管理条例等。
3. 教学设施：投影、白板、卡片纸、A4 纸、油性笔等。

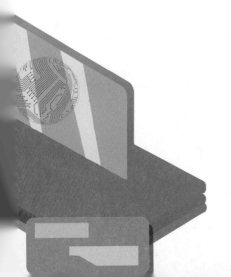

计算机组装与维护

学习任务 3：笔记本电脑升级与维护

任务描述

学习任务学时：40 课时

任务情境：

　　某公司市场部和财务部分别有 8 台 Dell 笔记本电脑和 8 台 HP 笔记本电脑，近期升级为正版 Windows 8 32 位专业版操作系统，但用户反映电脑在运行程序时反应缓慢，鼠标指针跳动，无线网络信号弱。经业务主管初步诊断，上述现象或与电脑硬件相关，建议对笔记本硬件进行升级。现要求网络管理员根据主管要求完成笔记本电脑的升级与维护。

　　网络管理员从业务主管处领取任务书，获取笔记本电脑升级流程；根据任务书的要求清点配件，准备升级工具；按照工作计划和工作流程完成笔记本的升级工作；经调试，电脑运行正常后交付客户验收，填写客户验收单；作业完成后清理现场，规范填写工作记录并提交给业务主管。

　　具体要求见下页。

安装说明：

笔记本故障初步判断：

工作流程和标准

工作环节 1

获取笔记本电脑升级与维护任务

　　根据任务要求，从部门主管处获取任务需求，根据任务书，明确工作时间和要求，与客户和业务主管等相关人员进行专业的沟通，记录关键内容，查阅企业操作规范，了解笔记本电脑存在的运行缓慢问题，获取笔记本电脑升级维护工作流程表，编写项目存档后主动分享给部门同事学习。

主要成果：

笔记本电脑升级维护工作流程表（运行表现，缓慢原因，升级流程）。

工作环节 2

制订计划

　　按照任务要求，记录笔记本电脑运行缓慢的表现：电脑在开机初期、文件移动、多文档处理和照片后期处理时反应缓慢，鼠标指针跳动，无线网络信号弱。初步分析、判断运行缓慢的原因，确定升级方法，制订升级维护步骤，编制任务计划书，报相关主管审批。

主要成果：

笔记本电脑升级任务书（缓慢表现、分析原因，确定升级方法）。

工作环节 3

笔记本电脑升级与维护

1. 从满足客户功能需求、使用价值和企业工作规范、安全性、成本效益等角度，按照工作计划和工作流程完成笔记本电脑升级与维护。实施具体内容：分析常用升级工具、配件的使用注意事项，获取升级维护所需的软硬件工具，填写升级工具领取单。增配内存，改装光驱、增配固态硬盘，优化无线网卡天线，根据需要重新安装操作系统及应用软件。

2. 按照《计算机软件保护条例》和企业作业规范，检查笔记本电脑是否完成升级维护、软件是否合法使用。对笔记本电脑软硬件使用情况进行抽样测试，确保电脑能运行顺畅，不再出现运行缓慢以及网络信号接收弱的现象。编写测试报告。

主要成果：

1. 升级工具领取单（工具名称，型号，数量）；

2. 已完成升级的笔记本电脑（运行缓慢现象已修复）；

3. 测试报告（电脑软硬件运行流畅）。

工作环节 4

交付验收

完成任务后，与用户一起对完成升级维护的笔记本电脑进行验收和确认，回答客户问题，填写客户确认表，清理工作现场，将测试报告和客户确认表提交部门主管。定期客户回访收集客户意见。

主要成果：

客户确认表（符合客户需求）。

计算机组装与维护

学习内容

知识点	1.1 电脑软硬件升级的概念	2.1 笔记本电脑运行缓慢的各种表现、产生原因； 2.2 鼠标指针跳动、无线网络信号弱的产生原因及排除方法	3.1 笔记本电脑软硬件升级的一般流程
技能点	1.1 识读任务书； 1.2 与下达任务的部门沟通了解任务信息； 1.3 与业务部门沟通了解记录升级要求	2.1 记录笔记本电脑运行程序缓慢的表现； 2.2 初步判断故障原因； 2.3 初步确定故障的排除方法； 2.4 编制任务计划书	3.1 制订升级维护流程方案
工作环节	**工作环节 1** 获取笔记本电脑升级与维护任务		**制订计划** **工作环节 2**
成果	1.1 笔记本升级与维护任务书	2.1 笔记本升级维护任务计划书	3.1 升级维护流程方案
素养	1.1 培养与人沟通的能力，培养于与客户和业务主管等相关人员进行沟通的过程； 1.2 培养阅读理解及提取关键信息的能力，培养于阅读任务书及记录任务书关键内容的工作过程中	2.1 培养信息收集与处理能力，培养于获取笔记本电脑运行缓慢的各种表现、产生原因，分析鼠标指针跳动、无线网络信号弱的产生原因及排除方法的工作过程； 2.2 培养分析、决策能力，培养于分析鼠标指针跳动、无线网络信号弱的产生原因及排除方法的工作过程中； 2.3 培养书面表达能力，培养于编制任务计划书的工作过程中	3.1 培养文书撰写能力，培养于制订升级流程方案的工作过程中

4.1 常用笔记本电脑升级工具配件的功能及特点	5.1 笔记本电脑软硬件升级维护的方法及其注意事项； 5.2 增配内存的操作方法； 5.3 改装光驱、增配固态硬盘的操作步骤； 5.4 无线网卡天线优化方法及其注意事项	6.1 笔记本电脑测试的方法； 6.2 笔记本电脑测试工具的使用知识； 6.3 测试报告编写要点	7.1 任务验收步骤； 7.2 核对验收点； 7.3 验收报告编写要点
4.1 获取笔记本电脑升级所需的软硬件并正确使用； 4.2 检查升级配件的完好性； 4.3 填写工具配件领取单	5.1 正确进行笔记本电脑硬件升级； 5.2 正确增配内存，改装光驱、增配固态硬盘； 5.3 正确进行无线网卡天线优化	6.1 测试优化； 6.2 规范性检查； 6.3 编写测试报告，总结、分享维修经验	7.1 核对配置； 7.2 功能验收； 7.3 验收报告和客户确认表的编写

工作环节 3
笔记本电脑升级维护

工作环节 4
质量自检

工作环节 5
交付验收

4.1 升级维护工具配件领取单	5.1 完成升级维护的笔记本电脑	6.1 测试报告	7.1 验收报告、客户确认表
4.2 培养严谨、规范的工匠精神，培养于对笔记本电脑升级工具及配件的选取和检查的工作过程中； 4.3 培养敬业、精业、严谨、规范、用户至上的工匠精神，培养于按照工作计划和工作流程完成笔记本电脑升级维护的工作过程中	5.1 培养敬业、精业、严谨、规范、用户至上的工匠精神，培养于按照工作计划和工作流程完成笔记本电脑升级维护的工作过程中	6.1 培养技术开源的精神，培养于对笔记本电脑维修经验的分享过程中； 6.2 培养辨识问题、解决问题的能力，培养于对笔记本电脑进行使用测试的工作过程中； 6.3 培养文书撰写能力，培养于编写测试报告的工作过程中	7.1 培养与人沟通的能力，培养于与用户一起对完成升级维护的笔记本电脑进行验收和确认的工作过程中； 7.2 培养严谨、规范的工匠精神，培养于工作现场清理的工作过程中； 7.3 培养文书撰写能力，培养于客户确认表的撰写过程中

学习任务 3：笔记本电脑升级与维护

工作子步骤	教师活动	学生活动	评价
1. 获取任务要求； 2. 与客户和业务主管沟通了解笔记本电脑存在的运行缓慢问题； 3. 填写升级与维护确认表。	1. 教师分发任务书，指导学生梳理任务书要求的关键点。 2. 根据任务书关键词内容组织学生角色扮演，指导学生了解任务信息及客户装机需求，把需求共享到网络形成资源。 3. 讲解查看笔记本电脑配置的技巧，并指导学生填写配置清单列表。 4. 讲解查看 CPU 详细参数的技巧及 CPU 硬件升级技巧。 5. 组织学生上网搜索符合高性能 CPU 的详细参数，组织学生网络提问和解答。 6. 组织全班各小组讨论各自 CPU 参数表并选出最优高性能 CPU。 7. 讲解查看内存详细参数的技巧及内存硬件升级的技巧，组织学生上网搜索内存详细参数。 8. 组织学生上网搜索符合高性能内存的详细参数。 9. 组织全班各小组讨论各自内存参数表并选出最优高性能内存。 10. 讲解查看显卡详细参数的技巧及显卡硬件升级的技巧，组织学生上网搜索显卡详细参数。 11. 组织学生上网搜索符合高性能显卡的详细参数。 12. 组织全班各小组讨论各自显卡参数表并选出最优高性能显卡。	1. 接收笔记本电脑升级与维护任务书；以小组合作讨论的形式，运用关键词法写出 3 个任务书要求的关键点，用 3 张卡片纸展示解释。 2. 以角色扮演的形式与客户沟通，收集笔记本电脑升级与维护任务需求；与下达任务部门和客户沟通了解任务需求。 3. 根据任务需求，以小组为单位查看笔记本电脑配置，把硬件配置情况罗列在配置清单列表中并展示讲解。 4. 查看笔记本电脑的 CPU 型号，针对该型号上网搜索其详细参数，将其记录在 CPU 详细参数表中并展示讲解。 5. 根据 CPU 详细参数表现有的性能参数，上网搜索符合升级要求的高性能 CPU，将其填写在 CPU 详细参数表中并展示讲解。 6. 小组讨论并相互推荐各自的最优方案，答疑其他小组提出的问题，最终选出最优高性能 CPU。 7. 查看笔记本电脑的内存型号，针对该型号上网搜索其详细参数，将其并记录在内存详细参数表中并展示讲解。 8. 根据内存详细参数表的现有性能参数，上网搜索符合升级要求的高性能内存，将其填写在内存详细参数表中并展示讲解。 9. 小组讨论并相互推荐各自的最优方案，答疑其他小组提出的问题，最终选出最优高性能内存。 10. 查看笔记本电脑的显卡型号，针对该型号上网搜索其详细参数，并记录在显卡详细参数表中，展示并讲解。 11. 根据显卡详细参数表的现有性能参数，上网搜索符合升级要求的高性能显卡并填写显卡详细参数表，展示并讲解。 12. 小组讨论并相互推荐各自的最优方案，答疑其他小组提出的问题，最终选出最优高性能显卡。	1. 教师点评：学生回答任务书中的要点问题，教师抽答点评。 2. 学生互评：小组间交换配置清单列表，相互点评各组的任务完成情况。 3. 对学生讲解的 CPU 详细参数进行点评总结。 4. 对学生讲解的高性能 CPU 详细参数进行点评总结。 5. 对学生讲解的内存详细参数进行点评总结。 6. 对学生讲解的高性能内存详细参数进行点评总结。 7. 对学生讲解的显卡详细参数进行点评总结。 8. 对学生讲解的高性能显卡详细参数进行点评总结。 9. 对学生讲解的硬盘详细参数进行点评总结。 10. 对学生讲解的高性能固态硬盘详细参数进行点评总结。 11. 对各小组根据已有的硬件详细参数表分析笔记本电脑硬件兼容性问题作出点评。 12. 对各小组填写的笔记本电脑升级与维护确认表进行点评并评出最优表格。

获取笔记本电脑升级与维护任务

| ① 获取笔记本电脑升级与维护任务 | ② 制订计划 | ③ 笔记本电脑升级维护 | ④ 交付验收 |

工作子步骤	教师活动	学生活动	评价
获取笔记本电脑升级与维护任务	13. 讲解查看硬盘详细参数的技巧; 组织学生上网搜索硬盘详细参数; 讲解硬盘硬件升级的技巧。 14. 组织学生上网搜索符合高性能固态的详细参数。 15. 组织全班各小组讨论各自固态硬盘参数表并选出最优高性能固态硬盘。 16. 组织各小组讨论笔记本电脑硬件兼容性问题。 17. 组织各小组填写笔记本电脑升级与维护确认表,并分享给部门同事交流。	13. 查看笔记本电脑的硬盘型号, 针对该型号上网搜索其详细参数, 并记录在硬盘详细参数表中, 展示并讲解。 14. 根据硬盘详细参数表的现有性能参数, 上网搜索符合升级要求的高性能固态硬盘并填写固态硬盘详细参数表, 展示并讲解。 15. 小组讨论并相互推荐各自的最优方案, 答疑其他小组提出的问题, 最终选出最优高性能固态硬盘。 16. 小组讨论高性能 CPU、内存、显卡、硬盘参数表是否符合笔记本硬件兼容性, 如出现不兼容性则讨论确认替代部件并填写部件详细参数表。 17. 填写笔记本电脑升级与维护确认表并展示讲解, 并分享给部门同事交流。	

课时: 10 课时
1. 硬资源: 能上网的计算机等。
2. 软资源: 笔记本电脑升级与维护任务书、配置清单列表、CPU 详细参数表、内存详细参数表、显卡详细参数表、硬盘详细参数表、固态硬盘详细参数表、部件详细参数表、笔记本电脑升级与维护确认表等。
3. 教学设施: 投影、白板、卡片纸、油性笔等。

计算机组装与维护

| ① | 获取笔记本电脑升级与维护任务 | ② | 制订计划 | ③ | 笔记本电脑升级维护 | ④ | 交付验收 |

工作子步骤	教师活动	学生活动	评价
制订计划	1. 按照任务要求，记录笔记本电脑运行缓慢的表现。 2. 初步分析、判断运行缓慢的原因。 3. 编制任务计划书。	1. 组织学生上网搜索笔记本电脑缓慢表现现象及产生原因。 2. 组织各小组活动，并巡回指导。 3. 组织全班讨论活动，梳理出 8 种常见的笔记本电脑运行缓慢的现象及其原因。 4. 组织学生上网搜索鼠标指针跳动现象的产生原因及排除技巧。 5. 组织各小组活动并巡回指导。 6. 组织全班讨论活动，梳理出 5 种常见的鼠标指针跳动现象的产生原因及排除技巧。 7. 组织学生上网搜索无线网络信号弱的产生原因及排除技巧。 8. 组织各小组活动并巡回指导。 9. 组织全班讨论活动梳理出 5 种常见的无线网络信号弱的产生原因及排除技巧。 10. 教师引导学生填写笔记本缓慢表现原因分析表。 11. 教师引导学生填写鼠标指针跳动原因及排除技巧分析表、无线网络信号弱的产生原因及排除技巧分析表，确定升级方法，编写笔记本电脑升级维护任务计划书并分享给部门同事交流。 12. 组织全班讨论活动梳理出 1 份最优的任务计划书，并讲解评价。 13. 组织学生上网搜索笔记本电脑升级的流程并讲解评价。	1. 每名学生独立上网搜索获取笔记本电脑运行缓慢的现象，并记录 3 种常见现象及其原因在笔记本缓慢表现原因分析表中。 2. 小组讨论组内所记录的故障现象，找出 5 种组内成员认可的缓慢现象及其原因，写在卡片纸上，并展示。 3. 全班学生讨论展示卡片上的缓慢现象，挑选出 8 种常见的笔记本电脑运行缓慢的现象及其原因。 4. 每名学生独立上网搜索鼠标指针跳动现象的产生原因，并记录 2 种产生原因及其排除技巧在鼠标指针跳动原因及排除技巧分析表中。 5. 小组讨论组内所记录的产生原因，找出 3 种组内成员认可的产生原因及其排除技巧，写在卡片纸上并展示。 6. 全班学生讨论展示卡片上的内容，挑选出 5 种常见的鼠标指针跳动的产生原因及排除技巧。 7. 每名学生独立上网搜索获取无线网络信号弱的产生原因及排除技巧，并记录 2 种产生原因及排除技巧在无线网络信号弱的产生原因及排除技巧分析表中。 8. 小组讨论组内所记录的产生原因，找出 3 种组内成员认可的产生原因及其排除技巧，写在卡片纸上并展示。 9. 全班学生讨论展示卡片上的内容，挑选出 5 种常见的无线网络信号弱的产生原因及排除技巧。 10. 每名学生根据之前所填写的表格内容，独立上网搜索笔记本电脑升级维护任务计划书的编写材料，并填写笔记本升级维护任务计划书。 11. 小组讨论组内各成员所记录的表格，找出 1 份组内成员认可的任务计划书，写在 A4 纸上并展示。 12. 全班学生讨论展示 A4 纸上的内容，挑选出 1 份最优的任务计划书。 13. 每名学生独立上网搜索笔记本电脑的升级流程，并记录在笔记本电脑升级关键步骤流程表中。	1. 教师点评：观察学生上网搜索缓慢表现现象和原因的工作状态，提出口头表扬。收集各组优点，并做集体点评。 2. 教师点评：观察学生上网搜索鼠标指针跳动现象产生原因，提出口头表扬；收集各组优点，并做集体点评。 3. 教师点评：观察学生上网搜索无线网络信号弱的产生原因及排除技巧，提出口头表扬；收集各组优点，并做集体点评。 4. 教师点评：在总结学生对问题的回答时，正确的予以肯定、鼓励，形成认知；含混不清的则予以引导，形成激疑点，为下一个问题提出铺垫。 5. 教师点评：观察学生上网搜索资讯状态，提出口头表扬；收集各组优点，并点评。 6. 教师点评：在点评学生对问题的讨论结果时，正确的予以肯定、鼓励，并做最后总结。 7. 学生自评：计划书和步骤流程是否符合要求。

获取笔记本电脑升级与维护任务 制订计划 笔记本电脑升级维护 4 交付验收

工作子步骤	教师活动	学生活动	评价
制订计划	14. 组织各小组活动并巡回指导。 15. 组织全班讨论活动梳理出 1 份最优的笔记本电脑升级关键步骤流程表，并讲解评价。	14. 小组讨论组内各成员所记录的流程表，找出 1 份组内成员认可的流程表，写在 A4 纸上，并展示。 15. 全班学生讨论展示卡片上的内容，挑选出 1 份最优的笔记本电脑升级关键步骤流程表。	

课时： 10 课时
1. 硬资源：能上网的计算机等。
2. 软资源：笔记本电脑缓慢表现原因分析表、鼠标指针跳动原因及排除技巧分析表、无线网络信号弱的产生原因及排除技巧分析表、笔记本电脑升级维护任务计划书、升级维护流程方案等。
3. 教学设施：卡片纸、油性笔、A4 纸等。

工作子步骤	教师活动	学生活动	评价
笔记本电脑升级维护	1. 按照升级任务书，分析常用升级工具、配件的使用注意事项，获取升级维护所需的软硬件工具，填写升级工具领取单。	1. 组织学生上网搜索笔记本电脑常用升级工具（各种软件及硬件配件）。 2. 组织各小组活动并巡回指导。 3. 组织全班讨论活动，梳理出 8 种常见的笔记本电脑常用升级工具（各种软件及硬件配件）。 4. 组织学生上网搜索各工具所对应的功能及特点。 5. 组织学生上网搜索笔记本电脑升级的硬件工具使用方法。 6. 组织学生上网搜索笔记本电脑升级的软件工具使用方法。 7. 教师演示如何使用笔记本电脑升级软硬件工具。 8. 组织学生上网搜索笔记本电脑升级的软硬件工具的使用注意事项。 9. 指导学生通过查阅资料选用合适的升级工具配件并确保其完好性。 10. 组织填写升级工具配件领取单，巡回指导。	1. 每名学生独立上网搜索笔记本电脑常用升级工具，并记录 3 种常见的升级工具在笔记本电脑升级软硬件工具配件表中。 2. 小组讨论组内所记录的笔记本电脑常用升级工具，找出 5 种组内成员认可的升级工具，写在卡片纸上并展示。 3. 全班学生讨论展示卡片上的升级工具，挑选出 8 种常见的笔记本电脑常用升级工具（各种软件及硬件配件），并填写在工具配件表中。 4. 根据填写好的笔记本电脑常用升级工具表，上网搜索各工具所对应的功能及特点，并展示讲解。 5. 上网搜索笔记本电脑升级的硬件工具的使用方法，并展示讲解。 6. 上网搜索笔记本电脑升级的软件工具的使用方法，并展示讲解。 7. 通过教师演示，熟知如何使用笔记本电脑升级软硬件工具。 8. 上网搜索笔记本电脑升级的软硬件工具使用的注意事项，并展示讲解。 9. 小组选用合适的笔记本电脑升级工具配件。 10. 小组讨论填写升级工具配件领取单并展示讲解。	1. 教师点评：是否识别笔记本常用升级工具，教师抽答点评。 2. 教师点评：是否正确填写笔记本电脑常用升级工具表。 3. 教师点评：学生是否正确讲解升级工具的功能特点，总结各组汇报情况的优缺点。 4. 教师点评：学生是否正确讲解升级的硬件工具使用方法，总结各组汇报情况的优缺点。 5. 教师点评：学生是否正确讲解升级的软件工具使用方法，总结各组汇报情况的优缺点。 6. 教师点评：学生是否正确讲解升级的软硬件工具的使用注意事项，总结各组汇报情况的优缺点。 7. 教师点评：根据任务要求选取填写较好的升级工具配件领取单进行点评。

课时： 6 课时
1. 硬资源：能上网计算机等。
2. 软资源：笔记本电脑升级软硬件工具配件表、升级工具配件领取单等。
3. 教学设施：卡片纸、油性笔等。

计算机组装与维护

| 1 获取笔记本电脑升级与维护任务 | 2 制订计划 | 3 笔记本电脑升级维护 | 4 交付验收 |

工作子步骤	教师活动	学生活动	评价
2. 升级笔记本电脑。	1. 组织学生上网搜索无线网卡天线的优化方法与注意事项。	1. 每名学生独立上网搜索笔记本电脑无线网卡天线的优化方法与注意事项，制作成PPT并进行组内汇报。	1. 组内互评：组内讨论并选出一份制作最好的PPT。
	2. 组织全班讨论，选出一份最优的介绍无线网卡天线的优化方法与注意事项的PPT。	2. 各小组讨论并选出制作最好PPT，进行全班汇报。	2. 教师点评：对各小组的PPT进行点评，点出关键步骤和容易出错的地方并选出一份最优的PPT。
	3. 播放增配固态硬盘视频，引导学生上网搜索增配固态硬盘的操作方法。	3. 每名学生独立上网搜索增配固态硬盘的操作方法，写在卡片纸上并在小组内展示。	
	4. 组织全班讨论，梳理出1种最优的增配固态硬盘的操作方法。	4. 全班学生讨论展示卡片上的增配固态硬盘的操作方法，挑选出1种最优的操作方法。	3. 教师点评：对各小组的卡片纸内容进行点评，选出1种常用的增配固态硬盘的操作方法。
	5. 播放增配内存视频，引导学生上网搜索增配内存的操作方法。	5. 每名学生独立上网搜索增配内存的操作方法，写在卡片纸上并在小组内展示。	
	6. 组织全班讨论，梳理出1种最优的增配内存的操作方法。	6. 全班学生讨论展示卡片上的增配内存的操作方法，挑选出1种最优的操作方法。	4. 教师点评：对各小组的卡片纸内容进行点评，选出1种常用的增配内存的操作方法。
	7. 组织讨论：笔记本电脑中的软件是否存在版本过低的问题？哪些软件需要升级？	7. 小组讨论笔记本电脑中的软件是否存在版本过低的问题？哪些软件需要升级？小组将讨论结果写在卡片纸上并展示。	
	8. 组织全班讨论，点评学生的讨论结果并总结出最优答案。	8. 全班讨论，根据老师的点评得出最优答案。	5. 教师点评：在点评学生对问题的讨论结果时，正确地予以肯定、鼓励，并做最后总结得出最优答案。
	9. 播放笔记本软件升级的视频，引导学生上网搜索笔记本电脑软件升级维护的方法及其注意事项。	9. 每名学生独立上网搜索笔记本电脑软件升级维护的方法及其注意事项，制作成PPT并在组内汇报。	
	10. 组织全班讨论，选出一份。最优的介绍笔记本电脑软件升级维护的方法及其注意事项的PPT。	10. 各小组讨论并选出制作最好PPT，进行全班汇报。	6. 组内互评：组内讨论并选出一份制作最好的PPT。
	11. 组织分发笔记本电脑升级工具配件，安排负责记录人员。	11. 按照笔记本电脑升级工具配件领取单领取工具，检查完好性并学习安全守则。	7. 教师点评：对各小组的PPT进行点评，点出关键步骤和容易出错的地方并选出一份最优的PPT。
	12. 组织学生实施对笔记本电脑无线网卡天线优化，安排观察员。	12. 第一组进行笔记本电脑无线网卡天线优化操作，第二组观察并记录。	
	13. 要求第一、二组交换及观察角色，注意设备完好性。	13. 交换第一、二小组活动。	
	14. 组织学生实施对笔记本电脑增配内存，改装光驱、增配固态硬盘，安排观察员。	14. 第一组进行笔记本电脑增配内存、改装光驱、增配固态硬盘操作，第二组观察并记录。	8. 学生自评：工具及配件完好性。
	15. 要求第一、二组交换装及观察角色，注意设备完好性。	15. 交换第一、二小组活动。	9. 学生互评：操作过程是否规范。
	16. 组织学生实施对笔记本电脑进行软件升级，安排观察员。	16. 第一组进行笔记本电脑进行软件升级操作，第二组观察并记录。	10. 学生互评：选取大家觉得升级较好的笔记本电脑。
	17. 要求第一、二组交换装及观察角色，注意设备完好性。	17. 交换第一、二小组活动。	
	18. 对笔记本电脑升级过程中遇到的疑难点进行指导并解决。	18. 集体解决剩余的在升级过程中产生的问题。	

笔记本电脑升级维护

工作子步骤	教师活动	学生活动	评价
	19. 组织清点工具及配件，指导升级记录填写。 20. 点评笔记本电脑升级过程中表现较好的小组。	19. 归还工具及多余配件，初步清理现场，填写升级过程记录。 20. 选出升级较规范，能正常运行的笔记本电脑。	10. 教师点评：评价是否合理；实训过程中存在的问题。

课时： 14 课时

1. 硬资源：能上网计算机等。

2. 软资源：笔记本电脑升级的操作视频；笔记本电脑升级的各种软件，包括系统软件和应用软件等。

3. 教学设施：卡片纸、油性笔、白板、投影、A4 纸等。

4. 笔记本升级工具：常用五金工具（螺丝刀、镊子、钳子等）、常用笔记本升级配件（CPU、主板、内存、硬盘、机箱、电源等）

3. 检查笔记本电脑升级后能否正常运行，编写测试报告。	1. 指导学生通过互联网下载 360 和超级兔子并完成软件安装。 2. 通过 PPT 展示 360 的使用方法。 3. 通过 PPT 展示超级兔子的使用方法。 4. 组织学生讨论对比这两种软件的性能。 5. 总结学生的对比结果。 6. 进行测试报告评价，找出存在问题，并分享维修经验给部门同事交流。	1. 利用互联网下载 360 和超级兔子，正确安装 360 和超级兔子软件。 2. 利用 360 测试优化。 3. 利用超级兔子测试优化。 4. 对测试结果进行讨论总结并对两种软件的性能进行对比。 5. 根据对比结果编写测试报告要点。 6. 分组编写测试报告，并分享维修经验给部门同事交流。	1. 教师点评：学生安装软件时出现的问题，教师在巡回指导时指导学生完成安装。 2. 教师点评：软件运行时出现的问题，教师在巡回指导时指导学生完成安装。 3. 教师点评：学生的测试报告是否合理实用。 4. 学生互评：根据笔记本电脑测试软件的性能总结的测试报告的要点是否全面。

课时： 6 课时

1. 硬资源：能上网的计算机等。

2. 软资源：PPT 课件、常用的计算机测试工具、软件安装视频、测试报告等。

3. 教学设施：投影、学生机、白板、卡片纸、A4 纸、油性笔等。

（左侧竖排）笔记本电脑升级维护

（右侧竖排）计算机组装与维护

| ① 获取笔记本电脑升级与维护任务 | ② 制订计划 | ③ 笔记本电脑升级维护 | ④ 交付验收 |

工作子步骤	教师活动	学生活动	评价
交付验收			
1. 完成笔记本电脑验收，填写客户确认表。	1. 以案例形式讲解整机验收细节。 2. 验收各小组的工作成果。 3. 听取各小组汇报情况。 4. 讲解客户确认表的编写。 5. 组织小组编写客户确认表。 6. 总体评价工作过程。	1. 认真听取教师讲解，熟知整机验收细节。 2. 小组展示工作成果，进行整机验收。 3. 汇报工作情况。 4. 认真听取教师讲解，熟知确认表的编写要点，编写客户确认表。 5. 小组互评客户确认表。	1. 教师点评：是否熟知整机验收细节，教师抽答点评。 2. 教师点评：对各小组的工作成果及汇报情况进行点评。 3. 学生互评：听取各组讲解各自客户确认表的完成情况并进行简评。 4. 教师点评：根据任务整体完成情况点评各小组的优缺点。

课时： 6 课时

1. 硬资源：能连接互联网的计算机等。

2. 软资源：验收的相关资料、行业企业安全守则与操作规范、《计算机软件保护条例》、产品说明书、工作记录表、空白的客户确认表等。

3. 教学设施：投影、白板、卡片纸、A4 纸、油性笔等。

考核标准

考核任务案例：台式电脑升级

情境描述：

某客户有一台式电脑，主要用于家庭办公、大型 3D 游戏娱乐、数码单反照片处理和高清电影观赏。

主要配置如下：

CPU：Intel E7400 2.8GHz（散热：超频三 青鸟）

主板：双敏狙击手 AK42 P35

内存：南亚 DDRII 1066 2G

显卡：MSIN260GTX-T2D896-OC

硬盘：西部数据 320GB 7200rpm 8M

光驱：先锋 16x DVD

电源：TT 暗黑 plus AH550P

机箱：Sliverstone 机箱

该机使用 5 年后，在游戏过程中计算机经常出现卡机、死机、蓝屏的现象，经专业人员多次诊断后仍未能找出问题原因。现客户拟趁商家年末促销时，对该计算机进行升级，预算 2000 元左右。业务主管要求你完成此任务。

任务要求：

请你根据任务的情境描述，在半天内完成：

1. 根据任务的情境描述，列出需向客户询问的信息；

2. 选择计算机升级方法（部分升级、全新购买、先售后买）并写出理由；

3. 根据你的升级方法，写出计算机升级配置单并说明理由；

4. 列出组装计算机所需的工具和软件；

5. 完成计算机的组装与调试，交付客户验收确认。

参考资料：

作业过程中，你可以使用所有的常见资料，包括：工作页、教材、产品说明书和安装手册等。

计算机组装与维护

课程 3. 小型局域网构建

学习任务 1	学习任务 2	学习任务 3
家庭多台设备无线网络构建	办公室无线网络构建	部门网络资源共享服务构建
（30）学时	（30）学时	（30）学时

课程目标

学习完本课程后，学生应当能够胜任有线或无线小型局域网的构建工作，养成礼貌待人、诚实守信、文明施工等良好的职业素养和作业规范。包括：

1. 能读懂任务书、实施方案和相关图表，勘察现场环境，与业务主管和客户进行有效沟通，记录关键内容，明确工作时间、地点和要求。

2. 能根据相关案例和模板，从客户的功能需求、使用价值和企业施工的规范性、可行性、成本效益等角度，编制材料清单，准备所需的工具、材料和设备。

3. 能根据实施方案和图纸，按照《综合布线系统工程设计规范》《国际综合布线标准》和企业作业规范，敷设线缆，装调服务器、交换机等网络设备，完成小型局域网构建，注意保护客户隐私和商业秘密。

4. 能根据实施方案和图纸，按照《综合布线系统工程验收规范》对施工项目进行自检，确定符合客户需求。

5. 能归纳总结局域网构建中常见的问题和解决思路。

6. 能为客户提供基本的咨询服务，按照"8S"管理规定及时清理现场。

学习任务 4

公司各部门间网络资源共享服务构建

（30）学时

课程内容

本课程的主要学习内容包括：

1. 宽带接入的基础知识

家用宽带网络的类型、速度和特点。

2. 局域网施工方案的编制

小型局域网构建的流程、拓扑图的绘制、IP 规划表的编制、材料清单的编制。

3. 网络设备的安装与配置

调制解调器、无线路由器、AP 和 AC、智能终端。

4. 服务器的安装和配置

计算机文件的共享、打印机的共享；

操作系统的配置：用户和组权限的配置、组策略的配置、计算机管理服务的配置、安全策略的配置。

5. 常用 Windows 测试命令的使用

常用命令：Tracert、Route、Netstat、Netsh 等；

常用网管软件：聚生网管等。

6. 局域网构建中常见问题的列举和处理

小型局域网构建

学习任务 1：家庭多台设备无线网络构建

任务描述

学习任务学时：**30** 课时

任务情境：

　　某家庭一套面积为 $100\ m^2$ 的三室两厅，已安装 ADSL 宽带。该家庭有 2 台台式计算机、1 台笔记本计算机、1 台平板计算机、3 台手机和 1 个网络电视盒，要求上述设备均能上网。现公司要求网络管理员完成此项任务。网络管理员从业务主管处领取任务书和实施方案（含拓扑图及相关图纸），查看工作现场环境，与客户沟通，明确工作时间和要求；查阅相关案例和模板，编制材料清单并交业务主管审核，检查设备和材料、准备工具；按照施工方案及相关图纸，安装、调试无线网络设备；施工完成后，运用多种方法进行质量自检，填写施工记录；经客户使用后确认，整理施工现场，填写客户确认表，并将施工记录和客户确认表提交业务主管。

　　具体要求见下页。

小型局域网构建

工作流程和标准

工作环节 1

获取任务

根据任务要求，从业务主管处领取任务书和实施方案（含拓扑图及相关图纸），查看工作现场环境，与客户沟通并提出合理建议，明确工作时间和要求，填写客户明确任务表【成果】。

主要成果：

客户明确任务表（客户个人信息，工作时间，工作要求）。

工作环节 2

制订计划

根据明确任务表，查阅相关案例和模板，编制材料清单【成果】并交业务主管审核，检查设备和材料、准备工具

主要成果：

材料清单（材料、设备、工具等规格和数量）。

工作环节 3

安装调试

按照施工方案及相关图纸，选择不同设备连接时所需的双绞线类型，制作和测试本任务所需双绞线【成果】；按拓扑图连接网络设备，配置无线路由器，设置设备有线和无线上网功能，根据现场情况，灵活完成家庭无线网络构建和调试【成果】。

主要成果：
1. 双绞线（按 568B 标准）；
2. 初步实现家庭无线网络构建。

工作环节 4

质量自检

施工完成后，运用 ping 命令和 ipconfig 命令等多种方法进行质量自检，填写施工记录【成果】；根据命令返回的故障信息，查阅相关资料，排除网络连通性中的故障，并编写施工记录。

主要成果：

施工记录（设置获取 IP 地址等信息）。

工作环节 5

交付验收

完成任务后，经客户使用后确认，整理施工现场，填写客户确认表，并将施工记录和客户确认表提交业务主管。

主要成果：验收报告。

小型局域网构建

学习内容

知识点	1.1 认知无线局域网； 1.2 网络分类； 1.3 对比无线网络与有线网络； 1.4 罗列无线网络专业术语缩略语； 1.5 填写各种接入方式的速度和特点	2.1 认知网络传输介质； 2.2 认知无线路由器； 2.3 认知网络拓扑结构	3.1 识别网线标准的线序颜色； 3.2 描述直通线和交叉线的特点和用途； 3.3 进制的转换； 3.4 IP 地址分类； 3.4 识别 IP 地址
技能点	1.1 明确工作任务； 1.2 与下达任务的部门沟通了解任务信息； 1.3 与客户沟通了解并记录关键功能需求； 1.4 根据实际情况提出合理建议	2.1 编制工具清单； 2.2 准备材料、设备和工具； 2.3 绘制家庭无线网络拓扑图	3.1 按 568B 标准制作网线（规则意识：业相关法规和操作规范）； 3.2 选取网线类型； 3.3 正确使用测试仪； 3.4 环境搭建； 3.5 无线路由器配置； 3.6 有线上网设置； 3.7 无线上网设置（技术运用：具有工利
工作环节	**工作环节 1** 获取台式计算机故障排查与修复任务	**制订计划** **工作环节 2**	**工作环节** 台式计算机障排查与修
成果	1.1 客户明确任务表	2.1 材料清单	3.1 双绞线
素养	1.1 培养与人沟通的能力，培养于与客户和业务主管等相关人员进行沟通的过程中； 1.2 培养阅读理解及提取关键信息的能力，培养于阅读任务书及记录客户沟通需求的工作过程中	2.1 培养信息收集与处理能力，培养于获取多功能一体机最新资讯、功能分类品牌工作过程中； 2.2 培养分析、决策能力及规则意识，培养于绘制网络拓扑图工作过程中	3.1 培养规则意识和规范操作能力，培行业法规实施标准网线制作和测证中； 3.2 培养技术运用能力，培养于根据情况进行有线和无线上网设置的这

4.1 识别 ping 命令的参数； 4.2 识别 ipconfig 命令的参数； 4.3 测试结果填写要点	5.1 任务测试步骤； 5.2 验收报告编写要点
4.1 有线上网连通性测试； 4.2 无线上网连通性测试； 4.3 填写测试结果	5.1 记录测试结果； 5.2 验收报告的编写

工作环节 4

质量自检

工作环节 5

交付验收

4.1 施工记录	5.1 验收报告
4.1 培养信息收集与处理能力，培养于获取多功能一体机共享服务的配置方法的过程中； 4.2 培养敬业、精业、严谨、规范、用户至上的工匠精神，培养于按照工作计划和工作流程完成网络资源共享服务构建的过程中； 4.3 培养动手实操能力，培养于网络资源共享服务构建的过程中	5.1 培养与人沟通的能力，培养于与用户一起对网络资源共享服务构建的完好性、规范性、安全性检测验收和确认的工作过程中； 5.2 培养严谨、规范的工匠精神，培养于工作现场清理的工作过程中； 5.3 培养文书撰写能力，培养于验收报告的撰写过程中

小型局域网构建

① 获取任务 **②** 制订计划 **③** 安装调试 **④** 质量自检 **⑤** 交付验收

工作子步骤	教师活动	学生活动	评价
根据任务要求，从业务主管处领取任务书和实施方案（含拓扑图及相关图纸），查看工作现场环境，与客户沟通，明确工作时间和要求，填写客户明确任务表。	1. 讲授整体网络架构方案专业术语相关基础知识。 2. 教师指导学生写出任务需求，培养学生利用已有知识给予客户问题引导建议。 3. 教师指导学生上网搜集无线局域网专业术语过程，并监督指导小组展示过程。 4. 教师讲述计算机网络分类要点。 5. 听取各小组讲解无线网络与有线网络的相关信息，查漏补缺。 6. 教师讲述 IEEE 802.11 系列协议的性能参数，组织学生主动查找本专业协议规范意识。	1. 接收任务，识读某家庭多台设备无线网络构建任务书；写出某家庭多台设备无线网络构建任务单关键信息。 2. 以角色扮演的形式，与客户沟通，收集客户的网络构建信息，与下达任务的部门和客户沟通了解任务需求。 3. 上网搜索资料，填写无线局域网专业术语表，并展示讲演。 4. 上网搜索资料，小组讨论填写计算机网络分类信息。 5. 上网搜索资料，小组讨论无线网络与有线网络的相关知识，从安装、成本、性能、安全性、灵活性五个方面，对比二者的优势和劣势，并展示讲解。 6. 上网搜索资料，填写无线网络专业术语缩略语、IEEE 802.11 系列协议的性能参数。	1. 教师点评：小组展示关键信息是否丰富全面。 2. 教师点评：学生回答任务书中的要点问题，能否合理引导客户抽取需求。 3. 教师点评：根据无线网络与有线网络的相关信息进行点评。 4. 教师点评：根据 IEEE 802.11 系列协议的性能参数进行点评。

课时： 4 课时
1. 硬资源：能上网的计算机等。
2. 软资源：某家庭多台设备无线网络构建工作任务单等。
3. 教学设施：白板笔、卡片纸、展示板、投影等。

| ① 获取任务 | ② 制订计划 | ③ 安装调试 | ④ 质量自检 | ⑤ 交付验收 |

工作子步骤	教师活动	学生活动	评价
明确任务，查阅相关案例和模板，编制材料清单并交业务主管审核后，检查设备和材料，准备工具。	1. 组织学生小组成员之间的分工活动。 2. 组织各小组活动，并巡回指导。 3. 组织全班讨论活动梳理出无线传输介质的特点和区别。 4. 组织学生上网搜索屏蔽双绞线与非屏蔽双绞线相关信息。 5. 组织各小组讨论，并巡回指导，组织全班讨论活动梳理出常见双绞线品牌。 6. 组织各小组讨论，并巡回指导。 7. 组织学生识别无线路由器连接图；讲解无线路由器 WAN 口和 LAN 口端口的用途。 8. 讲解无线路由器的品牌。 9. 讲解常见的网络拓扑结构有星型拓扑结构、环型拓扑结构、总线型拓扑结构、树型拓扑结构、网状型拓扑结构、全互联型拓扑结构等。 10. 组织学生梳理各种网络拓扑结构的优、缺点。 11. 组织学生绘制本任务的网络拓扑图。 12. 讲解功能需求、成本效益等相关知识；组织学生编制材料清单。 13. 组织各小组讨论，并巡回指导；组织学生领取所需的设备、工具。	1. 根据"某家庭多台设备无线网络构建"工作任务单的工作内容和时间要求，小组讨论制订相应的工作进度计划，确定小组成员之间的分工。 2. 查阅相关资料，讲述各类有线传输介质的特点和区别，在表中填写各种类别有线传输介质的信息，并展示讲解。 3. 查阅相关资料，了解各类无线传输介质的特点和区别，在表中填写各种类别无线传输介质的信息。 4. 查阅相关资料，填写屏蔽双绞线与非屏蔽双绞线两种双绞线的英文全称、英文缩写和特点。 5. 查阅相关资料，填写不同类型双绞线的用途和特点；根据双绞线的品牌图标，写出品牌的中文名称。 6. 小组讨论，明确本任务中所有上网设备的网络连接方式。 7. 根据无线路由器构建无线局域网络（这是家庭最常用的组网方式），查阅相关资料，简述无线路由器的主要功能。 8. 查阅相关资料，识别无线路由器连接图，并描述无线路由器两类端口的用途；根据无线路由器的品牌图标，写出品牌的中文名称；上网搜索本任务拟选用的无线路由器信息，在表中记录其详细参数。 9. 查阅相关资料，了解网络拓扑结构的基本知识，在表中填写简易拓扑图对应的网络拓扑结构的类型。 10. 根据常用的网络拓扑结构，在图中空框内补充相应内容，并写出各种网络拓扑结构的优、缺点。 11. 讨论本任务拟采用哪种类型的网络拓扑结构，绘制本任务的网络拓扑图。 12. 从客户的功能需求、成本效益等角度出发，编制材料清单，提交审核后准备所需的材料。 13. 编制设备工具清单，提交审核后准备所需的设备工具。	1. 教师点评: 观察学生小组成员之间的分工状态，提出口头表扬；收集各类有线传输介质的特点和区别信息，并做集体点评。 2. 教师点评: 观察学生上网搜索资讯的状态，提出口头表扬；收集各组无线传输介质的特点和区别，并做集体点评。 3. 小组互评: 收集各组双绞线的用途和特点，并做集体点评；表扬认识见常见双绞线品牌最多的小组。 4. 小组互评: 点评其他小组上网设备的网络连接方式，并说明理由。 5. 小组互评: 点评识别无线路由器连接图的情况。 6. 小组互评: 点评各种网络拓扑结构的优、缺点，查漏补缺。 7. 小组互评: 点评其他小组的网络拓扑图有无创新和可借鉴之处并说明理由。 8. 教师点评: 各小组材料清单。

制订计划

小型局域网构建

课时：12 课时
1. 硬资源：能上网计算机等。
2. 软资源：有线传输介质的特点和区别表、双绞线的用途和特点表、无线路由器连接图、拓扑图表、总线型网络拓扑结构图、星型网络拓扑结构图、树形网络拓扑结构图、材料清单等。
3. 教学设施：白板笔、卡片纸、展示板等。

| ① 获取任务 | ② 制订计划 | ③ 安装调试 | ④ 质量自检 | ⑤ 交付验收 |

工作子步骤	教师活动	学生活动	评价
安装调试			
1. 按照施工方案及相关图纸，选择不同设备连接时所需的双绞线类型，制作和测试本任务所需双绞线。 2. 按拓扑图连接网络设备，配置无线路由器，设置设备有线和无线上网功能。 3. 完成家庭无线网络构建和调试。	1. 讲解网线的标准及与本职业相关的法规，培养学生的规则意识。 2. 组织学生讨论，描述其网线特点和用途表。 3. 组织学生讨论，描述不同设备连接时需要选用的网线类型，并给予点评。 4. 准备和发放网线制作工具，提醒安全问题；讲解、演示网络制作过程。 5. 讲解网线测试工具的使用注意事项。 6. 指导学生通过查阅资料选用合适的网线测试工具，并确保其完好性。 7. 组织小组完成设备配置。 8. 指导各小组构建无线局域网。 9. 组织小组配置无线路由器；并讲解无线路由器各参数设置的功能。 10. 讲解 IP 地址设置相关知识。 11. 巡回指导，解答疑惑。 12. 讲解无线上网设置相关知识。 13. 组织答疑。	1. 查阅相关资料，根据国际上常用的制作网线的标准，在表中填写两种标准的线序颜色。 2. 根据网线两端线序的不同，网线分为直通线（或平行线）和交叉线两种；用直线将两种类型网线的两端线序排列连接起来，并描述其特点和用途。 3. 根据直通线和交叉线的特点和用途，讨论不同设备连接时需要选用的网线类型，并说明理由。 4. 列出本任务需要制作的网线清单；参照表中图示，简述网线的制作步骤，并按 568B 标准完成本任务所需网线的制作。 5. 小组讨论：如果接收端有的指示灯不亮，说明网线存在什么问题？应如何解决？ 6. 以小组为单位，连接无线路由器、计算机等设备，构建无线局域网，并描述设备连接过程中的注意事项。 7. 无线路由器配置，包括无线路由器连接外网方式设置和无线路由器的无线局域网络参数设置。 8. 设置无线路由器连接外网方式：PPPoE、动态 IP、静态 IP。 9. 设置无线路由器的无线局域网络参数，包括 SSID、信道、模式、频段带宽、无线安全选项等。 10. 讨论局域网中的设备获取 IP 地址的方式，一般有自动获取和指定 IP 地址两种方式，比较二者的相同点和不同点。 11. 参照 IP 地址操作步骤表中图示，简述其操作步骤，记录设置完成后的 IP 地址等参数。 12. 无线上网设置：参照无线上网设置表中图示，简述计算机无线上网设置操作步骤，记录设置完成后的无线网络信息。 13. 简述手机、平板计算机等其他常用设备无线上网的设置方法，记录设置完成后的画面。	1. 教师点评：填写两种标准的线序颜色的情况。 2. 教师点评：网线特点和用途表，教师抽答点评。 3. 教师点评：各小组选用的网线类型及网线要按标准制作的理由。 4. 学生互评：互相监督网线制作工具的正确使用情况。 5. 教师点评：根据任务要求选取填写制作的网线清单进行点评。 6. 学生自评：填写工作页上的网线制作过程步骤说明。 7. 学生互评：互相监督构建无线局域网的情况。 8. 教师点评：各小组构建无线局域网的情况。 9. 教师点评：各小组对自动获取和指定 IP 地址的解释情况。 10. 教师点评：各小组是否能灵活运用无线上网设置技术，是否具有工程思维。

课时： 18 课时

1. 硬资源：能上网的计算机等。

2. 软资源：网线特点和用途表、网线制作工具、制作的网线清单、IP 地址操作步骤表、无线上网设置表等。

3. 教学设施：网线、RJ-45 水晶头、投影、白板、卡片纸、网线制作工具、网线、网线测试工具、无线路由器等。

① 获取任务	② 制订计划	③ 安装调试	④ 质量自检	⑤ 交付验收

工作子步骤	教师活动	学生活动	评价
质量自检 1. 施工完成后，运用 ping 命令和 ipconfig 命令等多种方法进行质量自检，填写施工记录。 2. 根据命令返回的故障信息，查阅相关资料，排除网络连通性中的故障。编写施工记录。	1. 听取各小组讲解情况，查漏补缺；讲解 PING 命令。 2. 听取各小组讲解情况，查漏补缺；讲解 ipconfig 命令。 3. 听取各小组汇报有线上网情况，巡回指导填写问题及解决方案记录表。 4. 听取各小组汇报情况，巡回指导填写网络连通性表。 5. 听取各小组汇报无线上网情况，巡回指导填写网络连通性表。	1. 查阅相关资料，结合 PING 命令图示，描述 ping 命令的主要功能、语法格式、常用参数以及返回信息的含义，并展示讲解。 2. 查阅相关资料，结合 ipconfig 命令图示，描述 ipconfig 命令的主要功能、语法格式、常用参数以及返回信息的含义。 3. 在采用有线方式连接网络的计算机上，使用 ping 和 ipconfig 命令对有线上网连通性进行测试，记录并分析返回的结果信息，填写在问题及解决方案记录表上，并展示讲解。 4. 参照网络连通性表图示，利用 ping 命令检查网络连通性，记录对应的命令和返回信息表示的结果，并展示讲解。 5. 若测试中发现异常，查阅相关资料，根据返回信息排除相应的故障，并将问题及解决方案记录下来。 6. 在采用无线方式连接网络的计算机上使用 ping 和 ipconfig 命令对无线上网连通性进行测试，在问题及解决方案记录表记录，并分析返回的结果信息，并展示讲解。	1. 教师点评：对各小组的讲解情况进行点评。 2. 教师点评：对各小组的讲解情况进行点评。 3. 学生互评：听取各组讲解各自客户返回的结果信息情况并进行简评。 4. 教师点评：根据测试完成情况点评各小组的优缺点。 5. 教师点评：根据测试完成情况点评各小组的优缺点。

课时： 4 课时
1. 硬资源：能上网的计算机等。
2. 软资源：PING 命令图、ipconfig 命令图、填写问题及解决方案、网络连通性表、问题及解决方案记录表等。
3. 教学设施：投影、卡纸、记录表、卡片纸等。

工作子步骤	教师活动	学生活动	评价
交付验收 1. 完成任务后，经客户使用后确认，整理施工现场。 2. 填写客户确认表，并将施工记录和客户确认表提交业务主管。	1. 巡回指导填写测试结果，解答疑惑。 2. 巡回指导填写验收报告，指导提交施工记录，解答疑惑。	1. 根据本任务工作要求，分别对家庭中所有上网设备能否正常上网进行测试，记录测试结果并汇报。 2. 利用笔记本计算机无线连接网络，测试家庭中各方位的无线信号覆盖情况，记录测试结果并汇报。 3. 验收完毕，填写验收报告，提交施工记录等文档并汇报 4. 按照"8S"管理规定及时清理现场。	1. 学生互评：听取各组讲解验收的情况并进行简评。 2. 教师点评：根据测试完成情况点评各小组的优缺点。

课时： 2 课时
1. 硬资源：能上网的计算机等。
2. 软资源：验收报告等。
3. 教学设施：卡片纸等。

小型局域网构建

学习任务 2：办公室无线网络构建

任务描述

学习任务学时：30 课时

任务情境：

某企业有 100 名员工，在约 600 m² 的平层厂房内办公，欲以集中管理的方式实现无线网络覆盖；该企业在大楼首层还设有接待处，希望使用桥接的方式实现无线办公，现要求网络管理员完成此任务。

网络管理员从业务主管处领取任务书和实施方案（含拓扑图及相关图纸），查看工作现场环境，与客户沟通，明确工作时间和要求；查阅相关案例和模板，编制材料清单并交业务主管审核，检查设备和材料，准备工具；按照施工方案及相关图纸，安装、调试无线 AP 和 AC；施工完成后，运用多种方法进行质量自检，填写施工记录；经客户使用后确认，填写客户确认表，整理施工现场，并将施工记录和客户确认表提交业务主管。

具体要求见下页。

工作流程和标准

工作环节 1

获取任务

根据任务要求，从业务主管处领取工作任务单，与客户和业务主管等相关人员进行专业的沟通，勘察现场环境，记录关键内容，明确客户意向，填写现场勘察记录表和任务需求分析表【成果】。

主要成果：

现场勘察记录表（办公网络现状）、任务需求分析表（网络功能需求、网络管理需求、网络管理方式等）。

工作环节 2

制订计划

根据任务需求分析表，讨论制订工作进度计划【成果】，明确所需的文档资料，认知常用网络设备，确定网络总体架构，绘制网络拓扑图【成果】，制订实施方案【成果】，明确无线局域网络施工规范，编制材料清单【成果】，跟客户沟通确认后报相关主管审批。

主要成果：

工作进度计划、网络拓扑图、实施方案、材料清单。

工作环节 3

安装调试

熟知综合布线相关标准的规定，根据本任务网络拓扑图，完成线槽、机柜及各类网络设备的安装，通过 AC 集中管理平台实现 AC 对无线 AP 的集中管理，并完成各类网络设备的配置【成果】，构建无线网络。

主要成果：
完成构建的无线网络。

工作环节 4

质量自检

按照《综合布线工程验收规范》对安装工艺进行检查，填写安装工艺检验表【成果】，按照《基于以太网技术的局域网系统验收测评规范》对各类网络传输介质、网络设备进行测试，对无线网络系统连通性、无线侧性能、核心侧性能进行测试，汇总测试结果【成果】，内部初步验收完成后，填写竣工验收申请【成果】，交付用户进行检查验收。

主要成果：

安装工艺检验表、系统测试结果记录表、竣工验收申请。

工作环节 5

交付验收

5

根据任务要求讨论制订验收流程，完成各项验收测试，填写验收报告【成果】，规范归档管理施工文档，并按照"8S"管理规定及时清理现场，进行工作总结。

主要成果：验收报告。

小型局域网构建

学习内容

知识点	1.1 勘察现场的注意事项	2.1 明确办公室网络构建任务基本信息； 2.2 认知电磁辐射防护	3.1 网络设备介绍； 3.2 描述不同无线网络架构和 WDS 模式的含义、特点、技术差异； 3.2 网络设备的功能、分类、品牌、选购要求； 3.4 无线信道规划与无线网络信号覆盖范围的关系	4.1 无线局域网络施工规范； 4.2 客户的功能需求、成本
技能点	1.1 识读任务书； 1.2 与下达任务的部门沟通了解任务信息； 1.3 勘察现场环境	2.1 与客户沟通了解任务需求	3.1 获取网络设备最新资讯； 3.2 识别网络设备的功能、分类、品牌等； 3.3 明确无线 AP 安装位置； 3.4 合理选择无线网络架构和 WDS 模式类型； 3.5 绘制网络拓扑图； 3.6 编制工作进度计划	4.1 制订实施方案； 4.2 编制材料清单
工作环节		**工作环节 1** **获取任务**	**制订计划** **工作环节 2**	
成果	1.1 现场勘察记录表	2.1 任务需求分析表	3.1 工作进度计划，网络拓扑图	4.1 实施方案，材料清单
素养	1.1 培养与人沟通的能力，培养于与客户和业务主管等相关人员进行沟通的过程中； 1.2 培养阅读理解及提取关键信息的能力，培养于阅读任务书及记录任务书关键内容的工作过程中	2.1 培养信息收集与处理能力，培养于获取电磁辐射防护知识、明确任务基本信息的工作过程中	3.1 培养信息收集与处理能力，培养于获取网络设备最新资讯及设备功能、分类、品牌的工作过程中； 3.2 培养分析、决策能力，培养于绘制网络拓扑图的工作过程中	4.1 培养书面表达能力，培养于制订实施方案的工作过程中 4.2 培养沟通表达能力和……能力，培养于编制材料……工作过程中

5.1 综合布线标准； 5.2 常用线槽的型号、规格及安装方法； 5.3 机柜的技术要求、种类及施工规范； 5.4 无线 AP 安装注意事项； 5.5 AC 集中管理平台的使用	6.1 综合布线工程验收规范	7.4 WirelessMon 软件的使用方法 7.1 基于以太网技术的局域网系统验收测评规范 7.2 网络设备测试工具的使用知识； 7.3 Tracert 命令的功能、用法和命令格式	8.1 竣工验收申请表的填写要点	9.3 验收报告编写要点； 9.1 验收步骤； 9.2 核对验收点

5.1 安装线槽； 5.2 安装机柜； 5.3 安装及配置网络设备； 5.4 配置无线网络客户端	6.1 安装工艺检查； 6.2 填写安装工艺检验表	7.1 网络传输介质测试； 7.2 网络设备测试； 7.3 系统性能测试； 7.4 填写系统测试结果记录表	8.1 记录工程施工存在的问题； 8.2 按照《基于以太网技术的局域网系统验收测评规范》填写竣工验收申请表	9.1 制订验收流程； 9.2 完成各项验收测试； 9.3 验收报告的编写； 9.4 施工文档归档管理

工作环节 3 安装调试　　**工作环节 4 质量自检**　　**工作环节 5 交付验收**

5.1 完成构建的无线网络	6.1 安装工艺检验表	7.1 系统测试结果记录表	8.1 竣工验收申请	9.1 验收报告

5.1 培养信息收集与处理能力，培养于获取线槽型号规格及安装方法的过程中； 5.2 培养敬业、精业、严谨、规范、用户至上的工匠精神，培养于按照工作计划和工作流程完成无线网络构建的过程中； 5.3 培养服务社会的意识，培养于构建无线网络的过程中	7.1 培养信息收集与处理能力，培养于获取网络设备测试工具使用知识的过程中； 7.2 培养规则意识，培养于按操作手册进行系统设备测试与性能测试的过程中； 7.3 培养职业素养，培养于按规范进行竣工验收和填写验收申请表的过程中	9.1 培养与人沟通的能力，培养于与用户一起对无线网络构建的连通性、规范性、安全性进行检测验收和确认的过程中； 9.2 培养严谨、规范的工匠精神，培养于工作现场清理的过程中； 9.3 培养文书撰写能力，培养于验收报告的撰写过程中

小型局域网构建

学习任务 2：办公室无线网络构建

❶ 获取任务	❷ 制订计划	❸ 安装调试	❹ 质量自检	❺ 交付验收

	工作子步骤	教师活动	学生活动	评价
获取任务	获取任务要求，与客户和业务主管沟通，勘察现场环境，填写现场勘察记录表及任务需求分析表。	1. 教师展示工作任务：某家庭需要构建多台设备无线网络。 提示：与客户沟通，明确本任务的时间要求。 2. 教师提问：什么是计算机网络？什么是无线局域网？计算机网络可分为哪些类别？分别是什么？（按地理范围：局域网、城域网和广域网。传输介质不同：有线网络和无线网络） 3. 教师引导：学习电磁辐射防护规范。 4. 设置卡纸展示活动：从安装、成本、性能、安全性、灵活性五个方面，对比有线网络和无线网络的优势和劣势。 5. 教师展示 PPT，讲解"无线网络专业术语缩略语对应英文全称和中文全称"，然后展示打乱顺序的连线图，要求学生完成正确的连线。 6. 教师讲解"相关协议的发展历程和主要特点"。 7. 教师引导讨论：你家的无线无线网络使用哪种方法接入？（传统电话拨号、ADSL、光纤到小区、光纤到户和 Cable Modem 等）	1. 学生阅读任务单，并与客户沟通，明确本任务的时间要求。认真阅读任务单，用下划线的形式标识出该工作任务的关键词，如"无线网络"，并将客户功能需求或工作要求的关键信息整理记录在工作页表中。 2. 学生查阅资料，回答问题，并填写在工作页表格上。 3. 学生查阅资料，回答问题，并填写在工作页表格上。 4. 学生讨论，小组填写卡纸，展示，并把结果填写在工作页上。 5. 学生讨论，完成"无线网络专业术语缩略语对应英文全称和中文全称"连线图。 6. 学生听讲做笔记，填写工作页。 7. 学生讨论，并在工作页的表中填写各种接入方式的速度和特点。	1. 教师点评：时间控制、关键信息的整理。 2. 教师点评：学生回答是否准确。 3. 教师点评 - 企业责任：热爱并尊重自然，具有绿色发展理念及行动等。 4. 教师点评：小组讨论合作度、展示技能。 5. 教师点评：连线图是否正确。 6. 教师点评：工作页填写是否正确。 7. 教师点评：展示答案，自评。
	课时： 4 课时 1. 硬资源：能连接互联网的计算机等。 2. 软资源：引出问题的 PPT 等。 3. 教学设施：白板、卡片纸、投影、A4 纸、油性笔等。			

① 获取任务	② 制订计划	③ 安装调试	④ 质量自检	⑤ 交付验收

制订计划

工作子步骤	教师活动	学生活动	评价
制订实施方案，明确无线局域网络施工规范并编制材料清单，准备所需的材料、设备和工具。	1. 教师组织小组讨论，制订相应的工作进度计划，确定小组成员之间的分工。（分工可按工作内容、计划完成时间、人员安排），并填写工作页。 2. 教师展示一根网线，提问：大家认识这是什么吗？延伸出"网络传输介质"的特点和区别，并要求填写工作页。（有线传输介质有双绞线、同轴电缆、光纤等。无线网络主要采用微波通信、红外线通信和激光通信三种技术。） 3. 教师提问：我们常见的双绞线是当前主流的网络互联介质之一，你知道它的种类和品牌吗？ 4. 教师再次展示任务单，提出需明确本任务中所有上网设备的网络连接方式的要求，PPT 展示表格： 5. 教师展示无线路由器	1. 小组讨论，确定小组成员之间的分工，填写工作页并汇报。 2. 学生认真听讲并回答问题，独立上网搜索并填写工作页。 3. 学生独立上网搜索，填写工作页上的表格。 4. 学生抢答。 5. 学生听讲并做笔记，填写工作页。	1. 教师点评：小组讨论的态度、分工是否合理。 2. 教师展示正确答案："网络传输介质"的特点和区别。学生自评。 3. 教师展示正确答案，学生自评。 4. 教师点评：点评抢答，提出口头表扬；并展示答案。 5. 教师对工作页的填写进行点评。 6. 教师点评：点评抢答，提出口头表扬；并展示答案。 7. 教师点评：观察学生上网搜索资讯的状态，提出口头表扬，挑选出 5 个常见的无线路由器的相关信息进行点评并总结。 8. 教师点评：观察学生上网搜索资讯的状态，提出口头表扬，并对绘制的网络拓扑结构图进行点评总结。 9. 教师点证：听讲态度。 10. 教师点评：观察学生上网搜索资讯的状态，提出口头表扬，并对工作页的填写进行点评。 11. 教师点证：材料清单填写是否正确。

4. 教师再次展示任务单，PPT 展示表格：

设备	网络连接方式（有线或无线）
台式计算机 1	
台式计算机 2	
笔记本电脑	
平板电脑	
手机 1	
手机 2	
手机 3	
网络电视盒	

5. 教师展示无线路由器

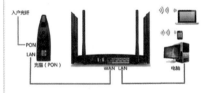

讲述：无线路由器的主要功能、无线路由器两类端口的用途。

6. 教师展示无线路由器的品牌图标，引导学生说出品牌名称。

7. 教师再次展示任务单，引导学生上网搜索本任务拟选用的无线路由器的相关信息（品牌、型号、无线传输标准、无线传输速率、无线传输频段、WAN 口数量、LAN 口数量、天线数量、尺寸、售后服务电话、质保政策、质保期限等）。

6. 抢答说出无线路由器的品牌名称。

7. 小组上网搜索信息。

小型局域网构建

工作子步骤	教师活动	学生活动	评价
制订计划	8. 教师提问：盖楼房，我们需要在真正实施前进行图纸规划，那么我们在进行网络布线前，需要进行什么呢？（绘制网络拓扑图）教师展示简易拓扑图。 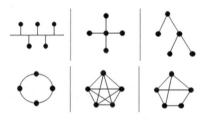 要求：上网查找资料，在卡纸上绘制出简易拓扑图对应的网络拓扑结构。 9. 小结：树型拓扑结构、网状型拓扑结构、全互联型拓扑结构等。 10. 引导学生总结6种网络拓扑结构的优缺点，并汇总填写工作页。 11. 教师引导学生为任务的实施准备材料、设备和工具，并要求规范填写以下表格： 	序号	名称	规格	数量
					8. 小组上网搜索获取简易拓扑图对应的网络拓扑结构，绘制在卡片上并展示。 9. 学生听教师小结。 10. 学生独立上网搜索6种网络拓扑结构的优缺点，并汇总填写工作页。 11. 学生着手准备材料、设备和工具，完成清单的填写。	

课时：12 课时
1. 硬资源：能连接互联网的计算机等。
2. 软资源：当前主流的网络互联介质品牌图片、"无线路由器的主要功能、无线路由器两类端口的用途"讲义等。
3. 教学设施：投影、白板、卡片纸、A4 纸、油性笔等。

| ① 获取任务 | ② 制订计划 | ❸ 安装调试 | ④ 质量自检 | ⑤ 交付验收 |

工作子步骤	教师活动	学生活动	评价
根据本任务网络拓扑图，完成线槽、机柜及各类网络设备的安装。	1. 展示在本任务中，台式计算机与无线路由器采用的网线、RJ-45 连接器。提问：同学们认识这些工具吗？网线是如何制作的？  成品网线　　　　RJ-45 连接器 2. 教师演示正确的直通线及交叉线的制作方法，讲解直通线及交叉线的特点和用途，并重复播放录好的制作视频，提供给学生参考。 布置作业：在工作页上填写"EIA/TIA 568A 与 EIA/TIA 568B 两种标准的线序颜色"表格，并描述直通线及交叉线的特点和用途。 3. 教师提问：大家知道我们机房的计算机使用的是哪种连接网线类型吗？不同的设备是否需要使用不同的连接网络类型？ 教师展示表格，引导学生回答。	1. 学生准确说出材料的名称。 2. 学生观看视频，上完搜索资讯，并完成工作页。 3. 学生思考并讨论不按规范制作网线给工程带来的不良后果。	1. 教师点评：教师抽答点评。 2. 教师展示正确答案，学生自评。 3. 教师点评：网线制作不规范会给后期信号和网络拓展带来隐患，从而引导学生在工程中融入责任意识。 4. 教师展示正确答案，学生自评。 5. 教师点评：制作网线是否符合568B 规范。 6. 教师点评：测试仪是否正确使用。 7. 教师点评：是否正确填写工作页。 8. 教师点评：是否正确填写工作页。 9. 教师提示工具的规范使用。 10. 教师指导点评各小组构建网络的过程。 11. 教师点评：是否正确填写工作页。

安装调试

设备或接口	连接网线类型（直通线或交叉线）及选择理由	设备或接口
计算机		光猫
计算机		计算机
光猫		路由器的 WAN 口
计算机		路由器的 LAN 口
路由器		路由器
计算机		交换机
交换机		交换机

| | 4. 组织学生领取"工具配件领取单"，以完成本任务所需网线的制作。
5. 教师巡回指导。 | 4. 学生领取"工具配件领取单"，动手制作网线，边制作边在工作页上作记录。
5. 学生制作网线。 | |

小型局域网构建

① 获取任务	② 制订计划	③ **安装调试**	④ 质量自检	⑤ 交付验收

工作子步骤	教师活动	学生活动	评价
安装调试	6.组织学生展示制作好的网线，提问：大家如何知道一根网线制作是否成功呢？教师展示专门测试网线连通性的测试工具——测试仪。并现场测试原先准备好的网线（有完好的，有故意设障的），提示学生观察并做好指示灯闪烁顺序的记录，讲述这些网线存在的问题，应如何解决。  7.教师要求：测试有故障的网线，需重新制作完好网线，通过测试。并查阅相关资料，简述网线连通性的其他测试方法。 8.教师布置任务：网线制作完成并测试合格后，就可以用网线将光猫、无线路由器、计算机等连接起来，构建无线局域网使用环境。 展示 PPT：讲述设备连接过程中的注意事项。包括 ① 无线路由器配置（设置 IP 地址→登录无线路由器配置界面→设置无线路由器连接外网方式→设置无线路由器的无线局域网络参数。） ② 有线上网设置（两种获取 IP 地址的方式；本任务中计算机有线上网获取 IP 地址的方式。） ③ 无线上网设置（无线上网设置操作步骤；手机、平板计算机等其他常用设备无线上网的设置方法。） 9.组织小组领取工具，按要求进行网络构建，注重工程思维培养。 10.教师巡回指导。 11.指导学生完成工作页相关表格填写。	6. 学生思考，观察教师演示并作记录。使用测试仪测试自己制作的网线，上网搜索资讯，掌握网线存在的问题及其解决方法。 7. 测试有故障的网线，重新制作网线并测试通过。上网查找其他测试网线连通性的方法。 8.了解设备连接过程中的注意事项，掌握无线路由器配置、有线上网设置和无线上网设置。 9.各小组禽工具，按要求用网线将光猫、无线路由器、计算机等连接起来，构建无线局域网使用环境。 10.小组协作，完成无线局域网构建。 11.正确填写工作页。	

课时： 18 课时
1. 硬资源：能连接互联网的计算机等。
2. 软资源：计算机直通线及交叉线的制作方法视频、"设备连接过程中的注意事项"讲义等。
3. 教学设施：网线、RJ-45 连接器、测试仪、光猫、无线路由器、投影、白板、卡片纸、A4 纸、油性笔等。

① 获取任务　② 制订计划　③ 安装调试　④ 质量自检　⑤ 交付验收

工作子步骤	教师活动	学生活动	评价
质量自检 利用 ping 命令和 ipconfig 命令测试计算机的网络连通情况。	1. 教师提问：在完成本任务中所有网络设备连接和配置后，如何获知计算机的网络连通情况？ 　教师展示 PPT，讲述学习 ping 和 ipconfig 命令，描述 ping 命令的主要功能、语法格式、常用参数以及返回信息的含义。 2. 教师选取一小组网络构建成果，按《基于以太网技术的局域网系统验收测评规范》现场测试有线上网的连通性，并演示记录返回的 IP 地址、子网掩码默认网关等信息，检查 IP 参数设置是否成功。 3. 若测试中发现异常，根据返回信息排除相应的故障，并将问题及解决方案记录下来。 4. 组织小组现场测试本组构建的有线网络的连通性。 5. 教师现场测试无线网络的连通性。 6. 若测试中发现异常，根据返回信息排除相应的故障，并将问题及解决方案记录下来。 7. 组织小组现场测试本组构建的无线网络的连通性。	1. 学生思考回答问题，并认真听讲做笔记。 2. 学生观察演示。 3. 学生记录排除相应故障的方法。 4. 小组现场测试本组构建的有线网络的连通性，并查阅相关资料，根据返回信息排除相应的故障，将问题及解决方案记录下来。 <table><tr><td>序号</td><td>问题</td><td>解决方案</td></tr><tr><td></td><td></td><td></td></tr><tr><td></td><td></td><td></td></tr><tr><td></td><td></td><td></td></tr></table> 5. 学生观察演示。 6. 学生记录排除相应故障的方法。 7. 小组现场测试本组构建的无线上网的连通性，并查阅相关资料，根据返回信息排除相应的故障，将问题及解决方案记录下来。	1. 教师点证：听讲态度。 2. 教师点证：从崇尚实践的角度点评各组观察教师演示的态度。 3. 是否认真记录排除相应故障的方法。 4. 小组现场测试的合作度。 5. 观察教师演示的态度。 6. 是否认真记录排除相应故障的方法。 7. 小组现场测试的合作度。

课时：4 课时
1. 硬资源：能连接互联网的计算机等。
2. 软资源："学习 ping 和 ipconfig 命令"讲义、工作记录表、"8S"管理条例等。
3. 教学设施：投影、白板、卡片纸、A4 纸、油性笔等。

工作子步骤	教师活动	学生活动	评价
交付验收 编写验收报告，按照"6S"管理规定及时清理现场。	1. 教师展示根据本任务工作任务单的要求，验收服务器各项服务是否正常，并记录。 <table><tr><td>验收服务</td><td>是否正常</td><td>问题记录</td></tr><tr><td>资源共享服务</td><td>□是　□否</td><td></td></tr><tr><td>网络多功能一体机扫描服务</td><td>□是　□否</td><td></td></tr><tr><td>网络多功能一体机打印服务</td><td>□是　□否</td><td></td></tr></table> 2. 组织学生对本任务编写验收报告。 3. 组织学生对本任务编写客户确认表。 4. 组织学生汇报本任务实施情况。 5. 教师对小组汇报情况进行总体评价。 6. 提示"8S"管理现场环境。 7. 布置课后作业：帮助身边的人组建无线网络，服务社会。	1. 学生观看教师演示。 2. 学生编写验收报告。 3. 编写客户确认表。 4. 学生编制 PPT，汇报本任务实施情况（整个任务实施的过程：包括分工，工具的使用，网络的构建，故障的排除，涉及的知识点，小组合作情况，时间控制，存在问题，改进措施等）。 5. 学生听讲。 6. 学生对现场环境进行清理。 7. 以兴趣小组形式帮助同学、老师组装无线网络。	1. 教师点证：听讲态度。 2. 教师点证：验收报告编写是否规范。 3. 教师点证：客户确认表编写是否规范。 4. 学生互评：听取各组讲解各自客户确认表的完成情况并进行简评。 5. 教师点评：根据任务整体完成情况点评各小组的优缺点。 6. 教师点证：现场整理情况。 7. 教师点证：小组后续跟进情况汇。

课时：2 课时
1. 软资源：验收报告、客户确认空白表、8S 管理规定等。

小型局域网构建

学习任务 3：部门网络资源共享服务构建

学习任务学时：30 课时

任务情境：

某企业市场部有 10 台计算机和 1 台打印机，共用 1 个互联网出口。现要求网络管理员把该部门内所有计算机联网，实现互联互通、资源共享。

网络管理员从业务主管处领取任务书和实施方案（含拓扑图及相关图纸），勘察现场环境，与客户沟通，明确工作时间和要求；查阅相关案例和模板，编制材料清单并交业务主管审核，检查设备和材料，准备工具；按照实施方案及相关图纸，安装、调试网络设备；施工完成后进行质量自检，填写施工记录；经客户使用后确认，整理施工现场，填写客户确认表，并将施工记录和客户确认表提交业务主管。

具体要求见下页。

小型局域网构建

工作流程和标准

工作环节 1

与客户作装机前沟通

根据任务要求，从业务主管处领取任务书，与客户和业务主管等相关人员进行专业的沟通，记录关键内容，明确客户意向，严格保密客户资料、客户意向等相关信息，填写某企业某部门网络资源共享服务构建项目工作任务单【成果】。

主要成果：

某企业某部门网络资源共享服务构建项目工作任务单（客户资料，施工单位资料，严格建设目标以及进度安排）

工作环节 2

制订工作计划

1. 根据"某企业某部门网络资源共享服务构建项目"工作任务单的工作内容和时间要求，小组讨论制订相应的工作进度计划，确定小组成员之间的分工，制订工作计划表【成果】，报相关主管审批。

2. 从客户的功能需求、成本效益等角度，编制材料清单并提交审核后，编制所需的材料清单、设备清单和工具清单。【成果】

主要成果：

1. 工作计划表（工作内容，计划完成时间，人员安排）；

2. 材料清单（名称，规格，数量）；

3. 设备清单（名称，规格，数量）；

4. 工具清单（名称，规格，数量）。

工作环节 3

安装调试

1. 配置文件夹共享：为了解决资源共享的问题，可以在服务器中通过共享文件夹的方式进行文件分享，客户机可以通过网络访问共享文件夹查看共享的文件。完成配置文件夹共享操作，通过"密钥体制"对共享文件进行加密解密（保密意识）【成果】。

2. 配置打印机共享：网络打印机目前有两种接入方式，一种是打印机自带打印服务器，打印服务器上有网络接口，只需插入网线分配 IP 地址即可；另一种是打印机使用外置的打印服务器，打印机通过并口或 USB 接口与打印服务器连接，打印服务器再与网络连接。完成打印机共享操作【成果】。

3. 安装并配置 DNS 服务器：为了能让客户机用域名访问服务器的共享资源，可以在服务器中配置 DNS 服务，负责 jyw.com 域的解析，同时为局域网访问 Internet 提供域名解析缓存。DNS 服务器【成果】。

学习任务 3：部门网络资源共享服务构建

工作环节 4

质量自检

部门网络资源共享服务构建完成后，应按照工作任务单的要求对各项服务进行全面检测，并如实记录测试结果；若发现异常，及时排除相应的故障，并将问题及解决方案记录下来，实行严格的质量检测责任（企业责任）。在确保测试结果达到设计要求后，形成施工记录，以便交付验收。

主要成果：

自检测试记录（服务器测试，打印机测试，DNS 服务测试，DHCP 服务测试）。

工作环节 5

交付验收

部门网络资源共享服务自检合格后，即可交付使用、验收。

主要成果：

验收报告（验收情况，验收结论）。

工作环节 3

安装调试

4.安装并配置 DHCP 服务器：本次任务中，为了减少配置客户机 IP 地址的工作量，可以在服务器中配置 DHCP 服务，为服务器自动分配固定的 IP 地址 192.168.1.100，为客户机自动分配 IP 地址 192.168.1.10 ～ 192.168.1.99。

主要成果：

1.已共享文件夹（共享用户，共享权限）；

2.已共享的打印机（打印机已添加，已添加的打印机进行共享）；

3.DNS 服务器（DNS 服务器已添加，DNS 服务器正向区域、反向区域已配置，域名解析已配置）；

4.DHCP 服务器（DHCP 服务器已添加，DHCP 地址池已配置，DHCP 客户机已成功分配到 IP 地址）。

学习内容

知识点	1.1 识别 Windows Server 网络操作系统专业术语； 1.2 认识其他网络操作系统	2.1 人员安排及分工的技巧	3.1 常用服务器品牌和性能参数； 3.2 Windows Server 2008 R2 7 个不同版本的功能和用途； 3.3 认识打印机不同的品牌及类型； 3.4 网络设备名称； 3.5 客户的功能需求、成本效益	4.1 文件夹共享权限； 4.2 密钥体制订义； 4.3 密钥体制技术分类； 4.4 密钥体制技术组成
技能点	1.1 识读任务书； 1.2 与企业相关部门了解任务信息； 1.3 明确客户意向； 1.4 严格保密客户资料、客户意向相关信息	2.1 识读任务单； 2.2 小组讨论进行分工	3.1 制订工作计划； 3.2 认知服务器及网络操作系统； 3.3 认识打印机； 3.4 识读网络拓扑图； 3.5 制订材料清单； 3.6 制订设备清单； 3.7 制订工具清单	4.1 创建共享文件夹； 4.2 访问共享文件夹； 4.3 文件的加密与解密
工作环节	**工作环节 1** **获取任务**		**制订计划** **工作环节 2**	
成果	1.1 某企业某部门网络资源共享服务构建项目工作任务单	2.1 工作计划表	3.1 准备材料、设备、工具、材料清单、设备清单、工具清单	4.1 已共享文件夹
素养	1.1 培养与人沟通的能力； 1.2 培养阅读与提取关键字的能力； 1.3 培养信息安全素养，培养于保护客户资料中	2.1 培养分工合作的能力； 2.2 培养分类收集资料、整理数据的能力		

			8.1 用户共享资源的测试方法； 8.2 网络打印机配置的测试方法； 8.3 DHCP 服务器配置的测试方法； 8.4 DNS 服务器配置的测试方法； 8.5 测试结果填写要点	9.1 任务验收步骤； 9.2 核对验收点； 9.3 验收报告编写要点
5.1 网络打印机接入方式	6.1 DNS 域名空间； 6.2 DNS 正向区域与方向区域； 6.3 学习 nslookup 命令	7.1 DHCP 服务器优点； 7.2 ipconfig 命令； 7.3 DHCP 租约更新机制		
5.1 安装并设置共享打印机 5.2 客户机添加网络打印机	6.1 添加"DNS 服务器"角色； 6.2 创建正向区域； 6.3 创建反向区域； 6.4 添加主机域名记录； 6.5 配置 DNS 客户机； 6.7 查询域名解析结果； 6.8 用域名访问服务器共享资源	7.1 创建 DHCP 作用域； 7.2 配置 DHCP 客户机； 7.3 查询地址租约信息	8.1 测试用户资源共享权限； 8.2 测试网络打印机打印情况； 8.3 测试 DHCP 动态获取 IP 地址情况； 8.4 测试 DNS 服务； 8.5 填写测试结果； 8.6 实行严格的质量检测责任	9.1 完成各项验收测试； 9.2 验收报告的编写； 9.3 制作并提交演示文稿

工作环节 3 安装调试

工作环节 4 质量自检

工作环节 5 交付验收

5.1 已共享的打印机	6.1 DNS 服务器	7.1 DHCP 服务器	8.1 自检测试记录	9.1 验收报告
5.1 培养分工合作的能力； 5.2 培养分类收集资料、整理数据的能力			8.1 培养自我检查的职业素养； 8.2 培养质量自检的能力素养	9.1 培养填写验收表格的能力素养； 9.2 培养验收展示的素养

小型局域网构建

学习任务 3：部门网络资源共享服务构建

① 获取任务　② 制订计划　③ 安装调试　④ 质量自检　⑤ 交付验收

工作子步骤	教师活动	学生活动	评价
获取任务			
识读任务书，与企业相关部门了解任务信息，明确客户意向。	1. 讲授 Windows server 网络操作系统专业术语的相关基础知识。 2. 指导学生填写工作页内 Windows server 网络操作系统专业术语的含义。 3. 指导学生上网搜集 Windows server 网络操作系统专业术语的过程，并监督指导小组展示过程。 4. 组织学生角色扮演，指导学生了解客户项目需求。 5. 强调客户信息与客户意向保密的重要性。 6. 分发任务书，讲述工作任务单要点。 7. 提问学生掌握工作任务单中的要点问题。 8. 分发并演示如何填写工作任务单。	1. 学生听讲 Windows server 网络操作系统专业术语相关基础知识。 2. 小组利用老师讲述的内容及网络资源查找，在工作页上填写 Windows server 网络操作系统专业术语的含义。 3. 小组利用卡片纸写出 Windows server 网络操作系统专业术语并展示，小组成员分别派代表口述专业术语。 4. 学生 2 人相互角色扮演施工人员和客户企业相关部门负责人，与客户沟通，查阅相关资料，收集客户的构建意向。 5. 严格保密客户资料、客户意向等相关信息（保密意识）。 6. 小组接收识读任务书，与下达任务的部门和客户沟通了解任务需求。 小组记录工作任务单要点。 7. 小组领取工作任务单，熟知工作任务单的填写要求。 8. 小组使用 Windows server 网络操作系统专业术语填写工作任务单。	1. 教师点评：小组展示 Windows server 网络操作系统专业术语是否丰富全面。 2. 教师点评：学生回答任务书中的要点问题，教师抽答点评。 3. 小组互评：工作任务单要点记录是否详细。 4. 教师点评：根据任务要求选取填写较好的工作任务单进行点评。

课时： 3 课时

1. 硬资源：能上网的计算机等。
2. 软资源：任务书等。
3. 教学设施：白板笔、卡片纸、展示板、投影、教师机、海报纸、A4 纸等。

| ① 获取任务 | ② 制订计划 | ③ 安装调试 | ④ 质量自检 | ⑤ 交付验收 |

工作子步骤	教师活动	学生活动	评价
根据任务单，制订工作计划表，准备材料清单、设备清单、工具清单。	1. 讲解人员安排及分工技巧，并组织学生分小组进行分工。 2. 组织学生上网搜索不同类型的服务器。 3. 组织各小组活动并巡回指导。 4. 组织全班讨论活动，梳理不同类型服务器最突出的优缺点。 5. 组织学生上网搜索常见服务器的品牌。 6. 组织各小组讨论并巡回指导。 7. 组织全班讨论活动，梳理出最适合本次任务的服务器品牌。 8. 组织学生上网搜索不同类型的服务器。 9. 组织各小组活动并巡回指导。 10. 组织全班讨论活动，梳理不同类型服务器最突出的优缺点。 11. 组织学生上网进行搜索 Windows Server 2008 R2 7 个不同版本的功能和用途。 12. 组织各小组活动并巡回指导。 13. 组织全班讨论活动，梳理最适合本次任务的 Windows Server 2008 R2 版本。 14. 组织学生上网搜索常见打印机的品牌及其类型。 15. 组织各小组讨论并巡回指导。	1. 每个小组根据任务单进行人员安排，完成工作计划表。 2. 每名学生独立上网搜索获取不同服务器类型的优缺点，并记录工作页。 3. 小组讨论组内不同服务器的优缺点，找出组内成员都认可的优缺点，写在卡片纸上并展示。 4. 全班学生讨论展示卡片上的优缺点，挑选出不同类型服务器最突出的优缺点。 5. 每名学生独立上网搜索获取 5 个常见服务器的品牌及其性能参数，并记录工作页。 6. 小组讨论组内常见服务器的品牌及其性能参数，找出最适合本次任务的服务器品牌及其性能参数，写在卡片纸上并展示。 7. 全班学生讨论展示卡片上的服务器品牌及其性能参数，挑选出最适合本次任务的服务器品牌。 8. 小组讨论组内不同服务器的优缺点，找出组内成员都认可的优缺点，写在卡片纸上并展示。 9. 全班学生讨论展示卡片上的优缺点，挑选出不同类型服务器最突出的优缺点。 10. 每名学生独立上网搜索获取 5 个常见服务器的品牌及其性能参数，并记录工作页。 11. 每名学生独立上网搜索获取 Windows Server 2008 R2 7 个不同版本的功能和用途，并记录工作页。 12. 小组讨论组内 Windows Server 2008 R2 7 个不同版本的功能和用途，找出最适合本次任务所使用的版本，写在卡片纸上并展示。 13. 全班学生讨论展示卡片上的 Windows Server 2008 R2 版本，挑选最适合本次任务的版本。 14. 每名学生独立上网搜索获取不同打印机的品牌及类型，并记录工作页。 15. 小组讨论组内不同类型打印机的特点，挑出最适合本次任务的打印机类型，写在卡片纸上并展示。	1. 教师点评：观察学生上网搜索资讯的状态，提出口头表扬。收集各组优点并做集体点评。表扬被挑选到较多卡片的小组并给适当奖励。 2. 小组互评：点评其他小组的服务器品牌，选出最适合本次任务的服务器品牌并说明理由。 3. 教师点评：观察学生上网搜索资讯的状态，提出口头表扬。收集各组优点并做集体点评。表扬被挑选到较多卡片的小组并给适当奖励。 4. 小组互评：点评其他小组的 Windows Server 2008 R2 版本，选出最适合本次任务的 Windows Server 2008 R2 版本，并说明理由。 5. 小组互评：点评其他小组的打印机类型，选出最适合本次任务的打印机类型并说明理由。

制订计划

小型局域网构建

学习任务 3：部门网络资源共享服务构建

① 获取任务　② 制订计划　③ 安装调试　④ 质量自检　⑤ 交付验收

工作子步骤	教师活动	学生活动	评价
制订计划	16. 组织全班讨论活动，梳理出最适合本次任务的打印机类型。 17. 巡回指导。 18. 组织学生独立从客户的功能需求、成本效益等角度分析需要的材料。 19. 组织各小组讨论并巡回指导。 20. 组织全班讨论活动，梳理出最适合本次任务的材料。 21. 组织学生独立从客户的功能需求、成本效益等角度分析需要的设备。 22. 组织各小组讨论并巡回指导。 23. 组织全班讨论活动，梳理出最适合本次任务的设备。 24. 组织学生从客户的功能需求、成本效益等角度分析需要的工具。 25. 组织各小组讨论并巡回指导。 26. 组织全班讨论活动，梳理出最适合本次任务的工具。	16. 全班学生讨论展示卡片上的打印机类型，挑选出最适合本次任务的打印机类型。 17. 根据网络拓扑图规划，在工作页上填写网络拓扑图上的配件名称。 18. 每名学生独立从客户的功能需求、成本效益等角度分析需要的材料，并填写在工作页材料清单上。 19. 小组讨论组内每位同学的材料清单，选出最适合的材料写在卡片纸上并展示。 20. 全班学生讨论展示卡片上的材料，挑选出最适合本次任务的材料。 21. 每名学生独立从客户的功能需求、成本效益等角度分析需要的设备，并填写在工作页设备清单上。 22. 小组讨论组内每位同学的材料清单，选出最适合的设备写在卡片纸上并展示。 23. 全班学生讨论展示卡片上的设备，挑选出最适合本次任务的设备。 24. 每名学生独立从客户的功能需求、成本效益等角度分析需要的工具，并填写在工作页工具清单上。 25. 小组讨论组内每位同学的材料清单，选出最适合的工具写在卡片纸上并展示。 26. 全班学生讨论展示卡片上的工具，挑选出最适合本次任务的工具。	6. 教师点评：网络拓扑图上的配件名称。 7. 教师点评：观察学生上网搜索资讯的状态，提出口头表扬。收集各组优点并做集体点评。表扬被挑选到较多卡片的小组并给适当奖励。 8. 教师点评：观察学生上网搜索资讯的状态，提出口头表扬。收集各组优点并做集体点评。表扬被挑选到较多卡片的小组并给适当奖励。 9. 教师点评：观察学生上网搜索资讯的状态，提出口头表扬。收集各组优点并做集体点评。表扬被挑选到较多卡片的小组并给适当奖励。

课时： 13 课时

1. 硬资源：能上网计的算机等。
2. 软资源：记录服务器类型的工作页、记录 Windows Server 2008 R2 版本的工作页、记录打印机品牌及类型的工作页、记录网络拓扑图的工作页、记录材料清单的工作页、记录设备清单的工作页等。
3. 教学设施：白板笔、卡片纸、展示板等。

| | 1 获取任务 | 2 制订计划 | 3 安装调试 | 4 质量自检 | 5 交付验收 |

工作子步骤	教师活动	学生活动	评价
1. 共享文件夹。	1. 以实际操作的形式演示如何创建共享文件夹并设置共享权限。 2. 组织学生按照工作页所示，按步骤创建共享文件夹，并巡回指导。 3. 组织学生独立上网搜索其他搜索共享文件夹的方法。 4. 组织学生独立上网搜索文件夹的共享权限含义。 5. 教师讲解"密钥体制"知识。 6. 以实际操作的形式演示如何加密和解密共享文件夹。 7. 以实际操作形式演示如何访问共享文件夹。 8. 组织学生按照工作页所示，按步骤访问共享文件夹，并巡回指导。	1. 认真观看教师演示，熟知如何创建共享文件夹并设置共享权限。 2. 每名同学按照工作页所示，按步骤创建共享文件夹。 3. 每名学生独立上网搜索其他搜索共享文件夹的方法，并记录工作页。 4. 每名学生独立上网搜索文件夹的共享权限含义，并记录工作页。 5. 通过教师讲解"密钥体制"熟知加密和解密知识。 6. 使用"密钥体制"加密和解密共享文件夹。 7. 认真观看教师演示，熟知如何访问共享文件夹。 8. 小组内分别访问组内成员的共享文件夹，并进行小组互评。	1. 教师点评：观察学生上网搜索资讯状态，提出口头表扬。收集各个同学的优点，并做点评。表扬成功完成任务的同学，并给适当奖励。 2. 小组互评：点评其他小组的共享文件夹创建情况，选出完成的最好的小组，并说明理由。

课时： 2.5 课时
1. 硬资源：能上网计算机等。
2. 软资源：记录创建共享文件夹的工作页等。
3. 教学设施：白板笔、展示板等。

2. 共享打印机。	1. 以实际操作的形式演示安装并设置共享打印机。 2. 组织学生按照工作页所示，按步骤安装并设置共享打印机，并巡回指导。 3. 组织学生独立上网搜索网络打印机接入方式。 4. 以实际操作的形式演示客户机添加网络打印机。 5. 组织学生按照工作页所示，按步骤测试网络打印机是否连接正常，并巡回指导。	1. 认真观看教师演示，熟知如何安装并设置共享打印机。 2. 每名同学按照工作页所示，按步骤安装并设置共享打印机。 3. 每名学生独立上网搜索网络打印机接入方式，并记录工作页。 4. 认真观看教师演示，熟知如何在客户机添加网络打印机。 5. 小组内分别查看组内成员网络打印机是否连接正常，并进行小组互评。	1. 教师点评：观察学生上网搜索资讯的状态，提出口头表扬。收集各个同学的优点，并做点评。表扬成功完成任务的同学，并给适当奖励。 2. 小组互评：点评其他小组的共享文件夹创建情况，选出完成的最好的小组，并说明理由。

课时： 2.5 课时
1. 硬资源：能上网的计算机等。
2. 软资源：记录创建共享打印机的工作页等。
3. 教学设施：白板笔、展示板等。

安装调试

小型局域网构建

① 获取任务 ② 制订计划 ③ **安装调试** ④ 质量自检 ⑤ 交付验收

工作子步骤	教师活动	学生活动	评价
3.DNS 服务器安装配置。	1. 组织学生独立上网搜索域名空间的根域、一级域、二级域、主机名的含义与示例，并对示例进行讲解。 2. 教师实际操作演示添加"DNS 服务器"角色。 3. 组织学生独立上网搜索 DNS 管理器正向区域与反向区域的含义。 4. 教师实际操作演示创建正向区域，巡回指导。 5. 教师实际操作演示创建反向区域，巡回指导。 6. 教师实际操作演示添加主机域名记录，巡回指导。 7. 教师实际操作演示配置 DNS 客户机，巡回指导。 8. 组织学生独立上网搜索 nslookup 命令的语法格式和常用参数。 9. 视频展示查询域名解析结果的操作。 10. 教师以实际操作的形式演示用域名访问服务器共享资源，巡回指导。	1. 每名学生独立上网搜索域名空间的根域、一级域、二级域、主机名的含义与示例，并记录工作页。 2. 认真观看教师演示，熟知如何添加"DNS 服务器"角色。 3. 每名学生独立上网搜索 DNS 管理器正向区域与反向区域的含义，并记录工作页。 4. 认真观看教师演示，熟知如何创建正向区域。 5. 认真观看教师演示，熟知如何创建反向区域。 6. 认真观看教师演示，熟知如何添加主机域名记录。 7. 认真观看教师演示，熟知如何配置 DNS 客户机。 8. 学生独立上网搜索 nslookup 命令的语法格式和常用参数，并记录工作页。 9. 每名学生使用 nslookup 命令查询域名解析结果，并记录工作页。 10. 认真观看教师演示，熟知如何用域名访问服务器共享资源。	1. 教师点评：观察学生上网搜索资讯的状态，提出口头表扬。 2. 教师点评：通过巡回指导观察学生掌握操作的情况，对同学们出现的问题进行讲解和点评。表扬成功完成任务的同学并给适当奖励。

课时： 5 课时
1. 硬资源：能连接互联网的计算机等。
2. 软资源：《小型局域网构建》工作页、参考教材、常用的计算机软件（系统软件、应用软件）等。
3. 教学设施：投影、教师机、白板、A4 纸等。

4.DHCP 服务器安装配置。	1. 教师实际操作演示用域名访问服务器共享资源。 2. 教师实际操作演示配置 DHCP 客户机。 3. 组织学生独立上网搜索 ipconfig 命令的常用参数及功能。 4. 视频展示查询地址租约信息的操作。 5. 组织学生独立上网搜索 ipconfig 命令的常用参数及功能。	1. 观看教师演示，熟知如何用域名访问服务器共享资源。 2. 观看教师演示，正确配置 DHCP 客户机。 3. 每名学生独立上网搜索 ipconfig 命令的常用参数及功能，并记录工作页。 4. 每名学生使用 ipconfig 命令查询地址租约信息，并记录工作页。 5. 每名学生独立上网搜索 DHCP 租约更新机制，并记录工作页。	1. 教师点评：通过巡回指导观察学生掌握操作的情况，对同学们出现的问题进行讲解和点评。表扬成功完成任务的同学并给适当奖励。 2. 教师点评：观察学生上网搜索资讯的状态，提出口头表扬。

课时： 2.5 课时
1. 硬资源：能连接互联网的计算机等。
2. 软资源：《小型局域网构建》工作页、参考教材、常用的计算机软件（系统软件、应用软件）等。
3. 教学设施：投影、教师机、白板、A4 纸等。

| ① 获取任务 | ② 制订计划 | ③ 安装调试 | ④ 质量自检 | ⑤ 交付验收 |

	工作子步骤	教师活动	学生活动	评价
质量自检	测试用户资源共享权限，测试网络打印机打印情况，测试DHCP动态获取IP地址情况，测试DNS服务，填写测试结果。	1. 讲解用户共享资源的测试方法，巡堂指导。 2. 讲解网络打印机配置的测试方法，巡堂指导。 3. 讲解DHCP服务器配置的测试方法，巡堂指导。 4. 讲解DNS服务器配置的测试方法，巡堂指导。 5. 提醒学生质量检测的重要性。	1. 认真听取教师讲解，熟知用户共享资源的测试方法，并进行测试并记录。 2. 认真听取教师讲解，熟知网络打印机配置的测试方法，并进行测试并记录。 3. 认真听取教师讲解，熟知DHCP服务器配置的测试方法，并进行测试并记录。 4. 认真听取教师讲解，熟知DNS服务器配置的测试方法，并进行测试并记录。 5. 学生实行严格的质量检测责任，不能有丝毫马虎。	1. 教师点评：是否熟知测试的方法及细节，教师抽答点评。

课时： 2 课时
1. 硬资源：能上网计算机等。
2. 软资源：《小型局域网构建》工作页、参考教材等。
3. 教学设施：投影、教师机等。

	工作子步骤	教师活动	学生活动	评价
交付验收	完成各项验收测试，编写验收报告，制作并提交演示文稿。	1. 讲解交付验收验收细节。 2. 验收各小组的工作成果。 3. 听取各小组汇报情况。 4. 组织学生进行自评和互评。 5. 对各小组的任务完成情况进行评价。	1. 通过教师讲解，熟知验收要求。 2. 验收完毕，小组填写验收报告。 3. 小组制作并提交演示文稿。 4. 每位同学进行自我评价、小组内评价、小组间评价。 5. 认真听取老师点评。	1. 教师点评：是否熟知验收细节，教师抽答点评。 2. 学生自评：听取各组讲解各自验收报告完成情况并进行自评。 3. 学生互评：听取各组讲解各自验收报告的完成情况并进行简评。 4. 教师点评：根据任务整体完成情况点评各小组的优缺点。

课时： 2 课时
1. 硬资源：能连接互联网的计算机等。
2. 软资源：《小型局域网构建》工作页、参考教材、验收报告、考核评价空白表等。
3. 教学设施：投影、教师机、白板、海报纸、卡片纸、A4 纸等。

小型局域网构建

学习任务 4：公司各部门间网络资源共享服务构建

任务描述

学习任务学时：**30** 课时

任务情境：

　　某公司行政部、财务部、技术部、市场部各有 5 台计算机，集中配有 1 台多功能一体机和 2 台移动终端设备，并共用一个互联网出口。现要求网络管理员把公司内所有设备联网，实现互联互通和资源共享（文件、打印、扫描共享）。

　　网络管理员从业务主管处领取任务书和实施方案（含拓扑图及相关图纸），查看工作现场环境，与客户沟通，明确工作时间和要求；查阅相关案例和模板，编制材料清单和 IP 规划表并交业务主管审核；检查设备和材料，准备工具；按照施工方案及相关图纸，安装、调试网络设备；施工完成后进行质量自检，填写施工记录；经客户使用后确认，整理施工现场，填写客户确认表，并将施工记录和客户确认表提交业务主管。

　　具体要求见下页。

小型局域网构建

课程 3. 小型局域网构建

工作流程和标准

工作环节 1

获取任务

根据任务要求,从业务主管处领取工作任务单,与客户和业务主管等相关人员进行专业的沟通,记录关键功能需求,明确客户意向,严格保密客户资料、客户意向相关信息,认知上网行为管理软件,填写任务需求分析表【成果】。

主要成果:

任务需求分析表。

工作环节 2

制订计划

根据任务需求分析表,讨论制订工作进度计划【成果】,熟知多功能一体机的功能和分类,制订 IP 地址规划方案【成果】,绘制本任务网络拓扑图【成果】,掌握网管软件的使用,明确客户的功能需求和成本效益要求,编制材料清单【成果】,准备所需的材料、设备和工具,跟客户沟通确认,报相关主管审批。

主要成果:

工作进度计划、网络拓扑图、规划方案、材料清单。

工作环节 3

安装调试

按照工作进度计划,完成用户资源共享权限配置,按照密码安全策略设置客户账号密码,查阅相关资料,熟知 route、netstat、netsh 命令各参数的功能,在服务器安装多功能一体机并设置共享,在客户机添加网络多功能一体机,完成多功能一体机共享服务配置,完成网管软件安装和配置,并对客户机设置不同的策略限制。

主要成果:

完成网络资源共享服务构建。

工作环节 4

质量自检

4

公司各部门网络资源共享服务构建完成后，应按照工作任务单的要求对各项服务进行全面检测，并如实记录测试结果【成果】；若发现异常，及时排除相应的故障，并将问题及解决方案记录下来。在确保测试结果达到设计要求后，形成施工记录【成果】，以便交付验收。

主要成果：测试结果、施工记录。

工作环节 5

交付验收

5

根据任务要求讨论制订验收流程，完成各项验收测试，填写验收报告【成果】，规范归档管理施工文档，并按照"8S"管理规定及时清理现场，进行工作总结。

主要成果：验收报告。

小型局域网构建

学习内容

知识点	1.1 上网行为管理软件的简介	2.1 多功能一体机的品牌、功能和分类； 2.2 IP 地址规划知识	3.1 聚生网管软件的认知； 3.2 客户的功能需求、成本效益
技能点	1.1 识读任务书； 1.2 与下达任务的部门沟通了解任务信息； 1.3 与客户沟通并记录关键功能需求； 1.4 严格保密客户资料、客户意向等相关信息	2.1 获取多功能一体机的最新资讯； 2.2 制订工作进度计划； 2.3 绘制网络拓扑图	3.1 制订网络规划方案； 3.2 编制材料清单
工作环节	工作环节 1 获取任务	制订计划 工作环节 2	
成果	1.1 任务需求分析表	2.1 工作进度计划，网络拓扑图	3.1 实施方案，材料清单
素养	1.1 培养与人沟通的能力，培养于与客户和业务主管等相关人员进行沟通的过程中； 1.2 培养阅读理解及提取关键信息的能力，培养于阅读任务书及记录客户沟通需求的过程中； 1.3 培养信息安全素养	2.1 培养信息收集与处理能力，培养于获取多功能一体机最新资讯、功能、分类、品牌等的过程中； 2.2 培养分析、决策能力，培养于绘制网络拓扑图的过程中	3.1 培养书面表达能力，培养于制订实的过程中； 3.2 培养沟通表达能力和书面撰写能于编制材料清单的过程中

4.1 共享权限的操作方法； 4.2 多功能一体机共享服务的配置方法； 4.3 聚生网管软件安装和配置方法； 4.4 客户机策略限制的设置方法； 4.5 route、netstat、netsh 命令各参数的功能； 4.6 密码安全策略设置方法	5.1 用户资源共享权限的测试方法； 5.2 一体机扫描和打印服务的测试方法； 5.3 测试结果填写要点	6.1 任务验收步骤； 6.2 核对验收点； 6.3 验收报告编写要点
4.1 配置用户资源共享权限； 4.2 安装并共享多功能一体机； 4.3 安装并配置聚生网管软件； 4.4 用设置复杂密码验证能否登录共享资源	5.1 测试用户资源共享权限； 5.2 测试网络多功能一体机扫描和打印服务； 5.3 填写测试结果	6.1 完成各项验收测试； 6.2 编写验收报告； 6.3 制作并提交演示文稿

工作环节 3
安装调试

工作环节 4
质量自检

工作环节 5
交付验收

4.1 完成网络资源共享服务构建	5.1 测试结果	6.1 验收报告
4.1 培养信息收集与处理能力，培养于获取多功能一体机共享服务的配置方法的工作过程中； 4.3 培养敬业、精业、严谨、规范、用户至上的工匠精神，培养于按照工作计划和工作流程完成网络资源共享服务构建的工作过程中； 4.3 培养动手实操能力，培养于网络资源共享服务构建的工作过程中； 4.4 培养信息安全意识，培养于使用安全策略设置密码的过程中	5.1 培养信息收集与处理能力，培养于获取用户资源共享权限的测试方法的工作过程中； 5.2 培养动手实操能力，培养于用户资源共享权限测试和网络多功能一体机扫描和打印服务测试的工作过程中； 5.3 培养文案撰写能力，培养于填写测试结果记录表的工作过程中	6.1 培养与人沟通的能力，培养于与用户一起对网络资源共享服务构建的完好性、规范性、安全性检测验收和确认的工作过程中； 6.2 培养严谨、规范的工匠精神，培养于工作现场清理的工作过程中； 6.3 培养文书撰写能力，培养于验收报告的撰写过程中

小型局域网构建

学习任务 4：公司各部门间网络资源共享服务构建

获取任务

工作子步骤	教师活动	学生活动	评价
1. 读懂工作任务单，与客户进行沟通，记录关键功能需求，明确工作时间和要求。	1. 教师展示工作任务：公司各部门间网络资源共享服务构建。 要求阅读"某公司各部门间网络资源共享服务构建项目"工作任务单，根据实际情况，模拟工作场景，补充工作任务单中的相关内容。 提示：与客户沟通，明确本任务的时间要求。 教师强调客户信息与客户意向保密的重要性。 2. 教师提问：大家了解目前市场上上网行为管理软件有哪些吗？ 3. 教师展示 PPT，讲述下列上网行为管理软件的简介。（聚生网管、网络执法官、网络企鹅、网络警、网络妈妈、网路岗、防蹭网大师、SiteView 网络管理软件、开心老板局域网管理专家、Easy 网管） 4. 设置小组展示活动：教师挑选两个小组完成的工作页成果，组织小组讲解展示。	1. 学生阅读任务单并与客户沟通，明确本任务的时间要求。 严格保密客户资料、客户意向等相关信息（保密意识）。 2. 学生查阅资料，回答问题，并填写在工作页表格上。 3. 学生认真听讲，并能上网搜索资讯，在工作页上记录笔记。 4. 学生展示工作页成果。	1. 教师点评：时间控制、关键信息的整理。 2. 教师点评：学生回答是否准确。 3. 教师点评：填写是否正确。 4 教师点评：小组讨论合作度、展示技能。

课时： 4 课时
1. 硬资源：能连接互联网的计算机等。
2. 软资源：引出问题的 PPT 等。
3. 教学设施：投影、白板、卡片纸、A4 纸、油性笔等。

制订计划

工作子步骤	教师活动	学生活动	评价
1. 制订工作进度计划，编制材料清单，准备所需的材料、设备和工具。	1. 教师组织小组讨论，制订相应的工作进度计划，确定小组成员之间的分工。（分工可按工作内容、计划完成时间、人员安排），并填写工作页。 2. 教师展示多功能一体机图片，提问：大家认识这是什么吗？延伸出"多功能一体机常见的功能和分类"，并要求上网搜索资讯，填写工作页。（多功能一体机是集打印和复印等于一体的多功能办公器材） 3. 教师展示多功能一体机知名品牌图标，提问：你知道它们对应的品牌的中文名称吗？ 要求：小组经过讨论，在卡纸上描述出来并张贴。 	品牌图标	hp invent	brother	Canon Delighting You Always
中文名称			
品牌图标	EPSON	SAMSUNG	FUJI xerox
中文名称			
品牌图标	lenovo	Panasonic	TOSHIBA
中文名称			| 4. 教师再次展示任务单，提问：本任务使用的多功能一体机的品牌和功能是什么？ 5. 教师提问：本任务所有计算机采用的是静态 IP 地址还是动态获取 IP 地址？（答案：静态 IP 地址）因此需要合理规划 IP 地址。 讲述：根据任务需要制订 IP 地址规划方案，合理规划 IP 地址，以免 IP 冲突。 6. 教师组织：根据前面讲述的制订 IP 地址的规划方案，小组合作在卡纸上完成本任务网络拓扑图的绘制。	1. 小组讨论，确定小组成员之间的分工（可与前面任务每人的分工不一样），填写工作页并汇报。 2. 学生听讲并回答问题，独立上网搜索，填写工作页。 3. 小组讨论，上网搜索，在卡纸上描述出来并张贴。 4. 学生抢答。 5. 学生抢答，并认真听讲、做笔记。 6. 小组合作在卡纸上完成本任务网络拓扑图的绘制。	1. 小组讨论的态度、分工是否合理。 2. 展示正确答案："网络传输介质"的特点和区别。自评。 3. 展示正确答案，小组互评。 4. 教师点评：点评抢答，提出口头表扬；并展示答案。 5. 对回答加以肯定。 6. 教师指导本任务网络拓扑图的绘制。 7. 教师点评：小组讨论合作度、展示技能，网络拓扑图成果绘制的正确性。

① 获取任务	② 制订计划	③ 安装调试	④ 质量自检	⑤ 交付验收

工作子步骤	教师活动	学生活动	评价
制订计划	7. 设置小组展示活动：教师挑选两个小组完成的网络拓扑图成果，组织小组讲解展示。 8. 教师提问：一个班集体，需要班干部设定管理制度进行有效管理，才能使班集体顺利成长。那么我们的上网行为需要怎么管理呢？大家了解目前应用比较广泛的上网行为管理软件吗？ 要求：上网搜索资讯，了解目前应用比较广泛的上网行为管理软件。 9. 教师要求：上网下载聚生网管软件，并在工作页上记录软件信息（包括版本、更新时间、文件名称、文件大小、下载网站、中／英文版、支持系统）。 10. 教师再次展示任务单，要求从客户的功能需求、成本效益等角度，编制材料清单。 11. 教师挑选两个小组编制的材料清单，要求展示、讲解。 12. 教师小结：每个小组材料清单提交审核通过。准备所需的材料、设备及工具，并认真填写在工作页的清单上。	7. 学生展示网络拓扑图成果并讲解。 8. 小组上网搜索资讯，了解目前应用比较广泛的上网行为管理软件。 9. 学生上网下载聚生网管软件，并在工作页上记录软件信息。 10. 小组编制材料清单。 11. 被挑选出来的小组进行展示，每个小组根据教师的点评进行修改。 12. 小组讨论，根据任务所需要的材料、设备及工具，汇总填写工作页。	8. 教师点评：观察学生上网搜索资讯的状态，提出口头表扬。 9. 教师点评：操作是否规范。 10. 教师点评：是否按要求编制材料清单。 11. 教师点评：是否按要求编制材料清单。 12. 教师对小组的讨论度及清单的填写进行指导评价。

课时： 8 课时
1. 硬资源：能连接互联网的计算机等。
2. 软资源：多功能一体机图片、"多功能一体机常见的功能和分类"讲义、多功能一体机知名品牌图标等。
3. 教学设施：投影、白板、卡片纸、A4 纸、油性笔等。

工作子步骤	教师活动	学生活动	评价
安装调试	完成聚生网管软件安装和配置，并对客户机设置不同的策略限制。 1. 教师提问：大家认为客户机通过服务器实现文件共享服务，最重要的是什么？（答案：不同的共享文件夹针对不同的用户设置不同的权限，确保文件共享的安全性。） 2. 教师演示如何正确配置用户资源共享权限，并重复播放录好的制作视频。 布置作业：正确地配置用户资源共享权限，在工作页上简述其操作步骤并列表记录用户名和密码。 要求： ① 创建多个用户； ② 创建多个共享文件夹； ③ 访问共享文件夹。 密码安全策略设置方法如下： ① 密码必须符合复杂性要求，不能过于简单。 ② 密码使用期限设定。 ③ 密码不能小于 8 位。 3. 教师挑选两个小组"配置用户资源共享权限"的工作成果，组织小组展示讲解，并引导排除故障。 4. 教师演示安装并共享多功能一体机。 5. 组织学生领取工具，完成"安装并共享多功能一体机"任务，并在工作页上简述其操作步骤。教师巡回指导。 要求： ① 安装多功能一体机并设置共享； ② 客户机添加网络多功能一体机。	1. 学生抢答。 2. 学生观看视频，上网搜索资讯，并完成工作页。 通过教师讲解"密码安全策略设置"熟知设置方法。 通过教师演示，熟知密码安全策略设置的操作方法。 3. 小组展示，并在教师的提示下排除故障。 4. 学生观察教师演示。 5. 小组领取工具，着手开展任务实施。	1. 教师点评：教师抽答点评。 2. 教师巡回指导。 3. 点评小组"配置用户资源共享权限"工作成果。 4. 观察学生态度。 5. 学生领取工具是否有礼貌。 6. 观看演示是否认真。 7. 操作是否规范。 8. 点评小组"安装并配置聚生网管软件"工作成果。 9. 点评工作页填写是否正确。

小型局域网构建

教学活动

课程 3. 小型局域网构建
学习任务 4：公司各部门间网络资源共享服务构建

① 获取任务	② 制订计划	③ 安装调试	④ 质量自检	⑤ 交付验收

工作子步骤	教师活动	学生活动	评价
安装调试	6. 教师边操作边演示如何安装和配置聚生网管软件。 7. 组织小组根据教师的演示安装并配置聚生网管软件。 要求： ① 在服务器上安装聚生网管软件，并简述其操作步骤。 ② 第一次启动聚生网管软件，参照图示并根据局域网环境进行配置，简述其操作步骤。 ③ 使用聚生网管软件，对局域网中一台客户机（IP 地址为 192.168.1.20）做策略限制。 ④ 使用聚生网管软件，通过"指派策略"，把设置好的策略指派给其他客户机。参照图示，简述其操作方法，并记录策略指派情况。 8. 教师挑选两个小组的"安装并配置聚生网管软件"工作成果，组织小组展示讲解，并引导排除解决问题。 9. 教师提问：大家总结一下常用网络测试命令有哪些？	6. 学生认真观看教师演示。 7. 小组按要求安装并配置聚生网管软件。 8. 小组展示并讲解安装和配置聚生网管软件的工作成果。 9. 按要求上网搜索资讯，了解 route 命令、netstat 命令、netsh 命令各参数的功能，完成工作页表格的填写。	
	课时： 16 课时 1. 硬资源：能连接互联网的计算机等。 2. 软资源："配置用户资源共享权限"视频等。 3. 教学设施：投影、白板、卡片纸、A4 纸、油性笔等。		
质量自检	测试用户资源共享权限及网络多功能一体机扫描和打印服务，并排除出现的故障。	1. 教师提问：在完成本任务中公司各部门网络资源共享服务构建完成后，应按照工作任务单的要求对各项服务进行全面检测，并如实记录测试结果。若发现异常，及时排除相应的故障，并将问题及解决方案记录下来。 要求： ① 测试用户资源共享权限，并排除出现的故障。 ② 测试网络多功能一体机扫描和打印服务，并排除出现的故障。 教师巡回指导。 2. 教师挑选两个小组测试的工作成果，指导小组展示讲解。	1. 小组现场测试本组构建的用户资源共享权限、网络多功能一体机扫描和打印服务；查阅相关资料，根据返回信息排除相应的故障，并将问题及解决方案记录下来。 2. 小组展示讲解。	1. 教师点评：小组合作态度及解决问题的能力。 2. 教师点评：小组展示和讲解情况。
	课时： 8 课时 1. 硬资源：能连接互联网的计算机等。 2. 教学设施：投影、白板、油性笔等。		
交付验收	1.编写验收告，按照"6S"管理规定及时清理现场。	1. 教师展示如何编写验收报告 要求：根据本任务工作任务单的要求，验收服务器各项服务是否正常，并记录出现的问题。 2. 组织学生对本任务编写验收报告。 3. 组织学生对本任务编写客户确认表。 4. 组织学生汇报本任务实施情况。 5. 教师对小组汇报情况进行总体评价。 6. 提示"8S"管理现场环境。	1. 学生观看教师演示。 2. 学生编写验收报告。 3. 编写客户确认表。 4. 学生编制 PPT，汇报本任务实施情况（整个任务实施的过程包括分工，工具的使用，网络的构建，故障的排除，涉及的知识点，小组合作情况，时间控制，存在问题，改进措施等）。 5. 学生听讲。 6. 学生对现场环境进行清理。	1. 教师点评：听讲态度。 2. 教师点评：编写验收报告是否规范。 3. 教师点评：编写客户确认表是否规范。 4. 学生互评：听取各组讲解各自客户确认表的完成情况并进行简评。 5. 教师点评：根据任务整体完成情况，点评各小组的优缺点。
	课时： 4 课时 1. 软资源：验收报告、客户确认空白表、8S 管理规定等。		

课程 3.《小型局域网构建》

考核标准

考核任务案例：某装饰有限公司设计部局域网构建

情境描述：

某装饰有限公司设计部原有一台用于编辑处理办公文档、图纸设计等工作的台式计算机 A1，并连接有一台型号为 HP LaserJet 1200 的打印机。因公司业务发展，设计部新增 6 台台式计算机、4 台笔记本计算机和 2 台移动终端。

在工作中，设计部员工发现由于无网络环境，导致内部文件共享和网络打印、网络即时通信等功能均无法实现，工作效率低下。

设计部将此问题反映到公司 IT 部门，IT 部门建议为设计部组建一个小型办公网络，接入公司网络，以实现设计部所有终端设备能够使用内部文件共享、网络打印机和访问互联网。现公司安排你来负责该项工作。

任务要求：

请你根据任务的情境描述，按照《国际综合布线标准》（TIA/EIA 568-B）和企业作业规范，在半天内完成：

1. 根据任务的情境描述，列出需向设计部门询问的信息；

2. 绘制网络拓扑图，列出所需的工具和设备；

3. 为设计部分配网关，编制 IP 规划表，并说明理由；

4. 配置文件共享、网络打印和网络限速功能；

5. 测试所建网络功能，记录测试过程及结果。

小型局域网构建

课程 4. 计算机网络综合布线实施

学习任务 1	学习任务 2
办公室网络综合布线实施	同楼层新增网络综合布线实施
（20）学时	（20）学时

课程目标

学习完本课程后，学生应当能够胜任网络综合布线和测试验收等工作任务，并严格执行行业企业安全管理制度、行业标准和"8S"管理规定，养成吃苦耐劳、诚实守信、爱护设备等良好的职业素养。包括：

1. 能读懂任务书、实施方案和相关图表，勘察施工现场环境，与客户和业务主管等相关人员进行有效沟通，明确施工时间和要求，并绘制施工平面图；

2. 能根据实施方案的材料清单，检查设备性能与材料数量，准备布线工具。

3. 能根据实施方案和图纸，按照《综合布线系统工程设计规范》《国际综合布线标准》等标准和规范，正确使用布线工具，在规定的时间内完成综合布线施工。

4. 能根据实施方案和图纸，选择合适的测试工具，按《综合布线系统工程验收规范》对网络的连通性、功能性进行测试，检查设备、信息点和线槽安装、标签制作的规范性，填写施工记录并及时提交业务主管，必要时向客户提供提供验收、使用和改造等咨询服务。

5. 能列出常用布线工具和材料，归纳影响网络性能的关键参数，总结综合布线各子系统的特性。

6. 能遵守职业道德，具有一定的环保意识和成本意识，养成爱护设备设施、节约用电用料和文明施工等良好的职业素养。

5. 能完成维护验收，必要时向客户提供日常运行维护方案和改造建议，编写适用于中小型企业的局域网日常运行维护方案，能学会自己作为公司代表，与客户交接各种内容问题，从中积累未来创业经验。

6. 能分析运行维护过程的不足，提出改进措施，总结技术要点。

学习任务 3	学习任务 3
跨楼层网络布线实施	建筑群网络综合布线实施
（20）学时	（20）学时

课程内容

本课程的主要学习内容包括：

1. 图纸的识读与绘制

图纸的识读：综合布线系统图、建筑平面图、网络拓扑图；

图纸的绘制：施工平面图、信息点分布图。

2. 综合布线系统的认知

工作区子系统；水平（配线）子系统；垂直（干线）子系统；管理间子系统；设备间子系统；建筑群子系统；进线间子系统。

3. 布线设备的选择与使用

布线工具：常用五金工具；压线钳、剥线器、光纤剥线钳、光纤切割刀、横向开缆刀、老虎钳、斜口钳、尖嘴钳、打线刀、裁管刀、寻线器、弯管器、穿线器、冲击钻、手电钻；线缆测试工具（Fluke线缆测试仪等）、绘图软件（Visio、AutoCAD 等）；

材料：双绞线、跳线、光缆、尾纤、线槽、拉线管、线管、桥架；

布线设备：耦合器、光纤切割机、角磨机、光纤熔接机、机柜、配线架、理线架、标签打印机。

4. 综合布线常用理线的技巧与检查方法

理线方法：八字盘线法、阿咪索理线法等；

检查方法：穷举法、抽样法等；

故障诊断与排除法：排除法、替换法。

5. 综合布线的实施

管槽安装：线管、线槽、桥架、机柜、面板与底盒等；

线缆：双绞线制作、光缆熔接；

标识：标签的制作。

6. 综合布线的验收

线缆测试工具的使用、施工记录的填写。

7. 职业素养的养成

成本意识、环保意识、工作规范意识。

学习任务 1：办公室网络综合布线实施

任务描述

学习任务学时：**20** 课时

任务情境：

　　某企业财务办公室原有一个信息点，现因工作需要增加 4 个信息点，为实现计算机之间互访和资源共享，需要组建一个小型办公网络，业务主管已完成布线实施方案。现需网络管理员按标准完成布线施工。

　　网络管理员从业务主管处领取任务单，明确工作时间和要求；根据相关图纸，查看施工现场，编制信息点数统计表，检查设备和材料，准备工具；根据施工方案进行施工，安装信息点、敷设管道、端接线缆等；完成布线后，选择合适的测试工具，完成布线系统的连通性、功能性测试及规范性检查，填写施工记录交业务主管。

　　具体要求见下页。

计算机网络综合布线实施

工作流程和标准

工作环节 1

勘察现场，与客户进行沟通

根据任务要求，从部门主管处领取任务书，勘查工作环境，明确布线施工标准和施工所需工具和材料，填写施工所需材料和工具用量统计表【成果】。

主要成果：
施工材料用量统计表。

工作环节 2

编制施工图

2

按照布线实施方案，结合施工材料用量统计表，绘制工程施工图【成果】。准备工程施工材料和工具，编制信息点数统计表【成果】，报相关主管审批。

主要成果：
1. 工程施工图；
2. 信息点数统计表。

工作环节 3

工程安装实施

1. 按照《综合布线系统工程设计规范 GB50311-2017》规定，根据施工图，安装好信息面板和电源插座、线槽及相关配件，完成综合布线管道敷设。

2. 完成管道布线实施，并按照标准端接线缆。

3. 按照《综合布线系统工程验收规范 GB50311-2017》和企业作业规范，检查通信链路是否畅通。选取合适的检查仪器，对链路进行测试。编写测试报告【成果】。

主要成果：

1. 已完成布线的链路信道；

2. 测试报告（通信链路连通性、规范性、安全性）。

工作环节 4

交付验收

完成任务后，与用户一起对办公室综合布线实施任务进行验收和确认，回答客户问题，填写客户确认表和工作日志【成果】，清理工作现场，将测试报告和客户确认表提交部门主管。

主要成果：

1. 已完成布线的链路信道；

2. 测试报告（通信链路连通性、规范性、安全性）。

学习内容

知识点	1.1 任务单的识读; 1.2 综合布线国家标准; 1.3 常用工具分类; 1.4 工作环境认知	2.1 施工图基础知识; 2.2 信息网络布线结构知识; 2.3 常用布线工具识别	3.1 常用工具安全使用注意事项
技能点	1.1 交接任务; 1.2 综合布线常用术语; 1.3 查找软件说明书; 1.4 文档分类保存; 1.5 考察工作环境	2.1 会用专业化语言描述信息网络布线; 2.2 常用工具使用方法; 2.3 施工图识读	3.1 编写施工流程; 3.2 施工甘特图
工作环节	**工作环节 1** 勘察现场,与客户进行沟通	**编制施工图** **工作环节 2**	
成果	1.1 施工所需工具和材料用量统计表	2.1 编制的信息点数统计表	3.1 编写的工程施工图
素养	1.1 培养与人沟通的能力,培养于与客户和业务主管等相关人员进行沟通的过程中; 1.2 培养阅读理解及提取关键信息的能力,培养于阅读任务书及记录任务书关键内容的工作过程中	2.1 培养信息收集与处理能力,培养于获取常用布线工具安全使用知识、编制信息点数据统计表的工作过程中	3.1 培养分析、决策能力,培养于编写施工流程的工作过程中; 3.2 培养书面表达及文本撰写能力,培养于编写工程施工图程的工作过程中

1 底盒种类及安装方法； 2 线槽及附件种类安装知识； 3 信息网络布线国家设计和安装规范； 4 信息模块端接知识学习	5.1 检测工具操作知识； 5.2 测试报告解读； 5.3 综合布线检测验收规范	6.1 答疑注意事项； 6.2 8S 管理标准； 6.3 验收细则； 6.4 验收要点
1 底盒安装； 2 线槽敷设； 3 布线实施； 4 信息模块端接	5.1 检测常用工具操作技能； 5.2 检测链路的连通性	6.1 与客户一起验收项目； 6.2 展示与检测已经完成布线的链路信道； 6.3 清理工作现场； 6.4 填写客户确认表和工作日志

工作环节 3
工程安装实施

工作环节 4
交付验收

已完成布线的链路信道	5.1 编写的检测报告	6.1 客户验收表和工作日志
树立服务社会意识，能按照计划分阶段分步骤地规范完成布线实施； 树立综合布线系统工程设计规范操作意识，能熟练按照相关规范条例和施工图完成布线实施工作，培养实践意识	5.1 树立综合布线系统工程设计规范操作意识，能熟练按照相关规范条例和企业作业标准完成检测工作； 5.2 培养辨识问题、解决问题的能力，培养于检测链路的连通性的工作过程中； 5.3 培养文书撰写能力，培养于编写测试报告的工作过程中	6.1 培养与人沟通的能力，培养于与用户一起对办公室综合布线实施进行验收和确认的工作过程中； 6.2 培养严谨、规范的规则意识，培养于工作现场清理的工作过程中； 6.3 培养文书撰写能力，培养于客户确认表的撰写过程中

计算机网络综合布线实施

课程 4. 计算机网络综合布线实施
学习任务 1：办公室网络综合布线实施

① 勘察现场，与客户进行沟通　　**②** 编制施工图　　**③** 工程安装实施　　**④** 交付验收

工作子步骤	教师活动	学生活动	评价
1. 领取任务书，与客户沟通，了解客户需求，填写施工所需工具和材料用量统计表。	1. 分发学习任务书。 2. 点评综合布线任务书要点；提问学生掌握任务书中的要点问题。 3. 引入任务背景，使用头脑风暴法引导学生查找并学习综合布线概念、专业术语相关基础知识。 4. 指导学生上网搜集综合布线专业术语，并监督指导小组展示过程。 5. 指导学生填写工作页内综合布线的定义和注意事项。 6. 组织学生模拟客户需求分析，指导学生了解客户办公室网络综合布线需求。 7. 分发并演示如何填写施工所需工具和材料用量统计表。	1. 小组接收识读任务书。 2. 小组学习并记录综合布线任务书要点、关键字；用 3 张卡片展示。 3. 学生利用网络自主学习综合布线基本概念、专业术语相关基础知识。 4. 小组利用卡片纸写出综合布线专业术语并展示，小组成员分别派代表口述专业术语。 5. 小组利用网络查找资源，并在工作页上填写综合布线的定义和注意事项。 6. 学生 2 人相互角色扮演客户，与客户沟通，查阅相关资料，收集客户的办公室综合布线需求信息，学生向部门主管（可由教师扮演）咨询任务需求，将要点记录在任务单上。 7. 小组领取施工所需工具和材料用量统计表，熟知表的填写要求，并使用综合布线专业术语填写表。	1. 小组互评：任务书要点记录是否详细。 2. 教师点评：学生回答任务书中的要点问题，教师抽答点评。 3. 教师点评：小组展示综合布线专业术语是否丰富全面。 4. 教师点评：根据任务要求选取填写较好的施工所需工具和材料用量统计表进行点评。

课时：6 课时
1. 硬资源：能上网的计算机等。
2. 软资源：GB50311-2016、《综合布线系统工程设计规范》等。
3. 教学设施：白板笔、卡片纸、展示板、投影、教师机、白板、海报纸、A4 纸等。

工作子步骤	教师活动	学生活动	评价
2. 查阅相关操作规范和案例并存档以备参考。	1. 布置查阅 GB 50311-2016《综合布线系统工程设计规范》的任务。 2. 组织评选合适的案例并存档。 3. 监督学生是否按照"8S"管理条例整理现场，是否有团队合作精神、沟通表达、自主学习等能力。	1. 学生学习查阅 GB 50311-2016《综合布线系统工程设计规范》，从多方面查找综合布线实施相关操作规范及案例。 2. 小组展示并分类对操作规范和案例进行存档。 3. 学生学习"8S"管理条例，清理工作现场。	1. 小组互评：案例是否合理实用。

课时：6 课时
1. 硬资源：能连接互联网的计算机等。
2. 软资源：《计算机网络综合布线实施》工作页、3.GB 50311-2016《综合布线系统工程设计规范》等。
3. 教学设施：投影、白板、张贴纸、清洁工具套装等。

左侧竖排：勘察现场，与客户进行沟通

基准学时：20

1 勘察现场，与客户进行沟通　2 编制施工图　3 工程安装实施　4 交付验收

编制施工图

工作子步骤	教师活动	学生活动	评价
1. 按照任务要求，根据勘察现场情况，制订信息点数统计表，编写工程施工图。	1. 组织引导学生利用网络资源搜索综合布线常见的问题，并在工作页上登记。 2. 组织全班讨论活动，梳理出常见的综合布线施工安全问题。 3. 组织学生上网搜索常见的综合布线绘图软件。 4. 组织各小组讨论，并巡回指导 5. 组织全班讨论，梳理出常见 2 个中文授权版绘图软件。 6. 播放综合布线视频，提出编写施工流程图，制订方案。	1. 每名学生独立上网搜索获取常见的综合布线施工安全问题至少 3 个，填写记录常见问题登记表。写在卡片上并展示。 2. 小组讨论组内所有综合布线施工安全问题，找出 8 个组内成员认可的综合布线施工安全及问题分析，写在卡片纸上并展示。 3. 每名学生独立上网搜索 2 款常见的综合布线绘图软件。 4. 小组讨论组内所有综合布线绘图软件，写在卡片上并展示。 5. 全班学生讨论展示卡片上的综合布线施工绘图软件，挑选出 2 个绘图软件。 6. 观察综合布线操作教学视频，写出综合布线关键步骤流程，制订方案。	1. 教师点评：观察学生上网搜索综合布线常见的问题，并提出口头表扬。收集各组优点并做集体点评。表扬被挑选到较多卡片的小组并给适当奖励。 2. 教师点评：观察学生上网搜索绘图软件，提出口头表扬。收集各组优点并做集体点评。表扬被挑选到较多卡片的小组并给适当奖励。 3. 教师点评：施工流程图的优缺点。 4. 小组互评：点评其他小组施工流程图是否合理，并说明理由。 5. 教师点评：学生的施工流程图是否符合性价比要求。学生能否正确根据客户要求制作综合布线方案。 6. 教师点评：施工流程图，评选最优综合布线方案。

课时： 6 课时

1. 硬资源：能上网的计算机等。
2. 软资源：GB50311-2016、《综合布线系统工程设计规范》等。
3. 教学设施：白板笔、卡片纸、展示板、投影、教师机、白板、海报纸、A4 纸等。

① 勘察现场，与客户进行沟通　　**②** 编制施工图　　**③** 工程安装实施　　**④** 交付验收

工程安装实施

工作子步骤	教师活动	学生活动	评价
1. 按照施工所需工具和材料用量统计表领取施工工具、材料和相关设备。	1. 教师以图片形式展现综合布线常用工具。 2. 教师讲解信息网络布线国家设计和安装规范。 3. 教师以表格问题形式巩固学生对综合布线工具的熟知及如何安全使用综合布线工具。 4. 组织小组填写工具配件领取单。 5. 讲解综合布线所涉及的方法以及注意事项，点出关键步骤和容易出错的地方。 6. 监督学生是否按照"8S"管理条例整理现场，是否有团队合作精神、沟通表达、自主学习等能力。	1. 识别综合布线常用工具。学生掌握安全使用常用工具。 2. 学生听讲信息网络布线国家设计和安装规范，回答关于综合布线的认知问题。 3. 通过图片视频获取常用工具的功能特点。 4. 各小组填写工具配件领取单。 5. 各小组使用九宫格法找出综合布线布线中接头端接较为重要的方法及其注意事项。 6. 学生学习"8S"管理条例，清理工作现场。	1. 教师点评：是否识别综合布线常用工具，教师抽答点评。 2. 教师点评：是否熟知工具的使用方法及综合布线事项，教师抽答点评。 3. 教师点评：根据任务要求选取填写较好的工具材料领取单进行点评。 4. 学生自评：填写工作页工具功能及特点章节并与参考答案比较。 5. 教师点评：哪些步骤容易对综合布线造成损害，出错后会造成何种问题。

课时：4 课时

1. 硬资源：能连接互联网的计算机、《综合布线》参考教材、《综合布线评分表》等。
2. 软资源：常用五金工具（螺丝刀、电动起子、铁锤等）、常用布线工具（压线钳、剥线器、光纤剥线钳、光纤切割刀、横向开缆刀、老虎钳、斜口钳、尖嘴钳、打线刀、裁管刀、寻线器、弯管器、穿线器、冲击钻、手电钻等）、线缆测试工具（Fluke 线缆测试仪等）、绘图软件（Visio、AutoCAD 等）、诊断工具（诊断卡等）等。
3. 教学设施：投影仪、教师机、白板、海报纸、卡片纸、A4 纸、清洁工具套装等。

2. 按照工程施工图进行工程施工。 3. 检查安装完成的数据链路信道通信质量是否符合标准，编写测试报告。	1. 播放综合布线视频，组织讨论综合布线施工中的技巧，教育学生需具备利用所学技术、经验、信息等要素向社会提供智慧服务的意识（服务社会素养）。 2. 教师讲授综合布线软件的安装过程，对班级学生进行分组合作，引导学生绘制出综合布线软件的安装步骤。 3. 引导学生讨论不同综合布线端接的技巧。组织学生综合布线操作，安排观察员。 4. 组织现场纪律，要求第一、二组交换装及观察角色，注意设备完好性。 5. 抽取综合布线过程中遇到的疑难点指导解决。	1. 各小组观看综合布线视频，讨论案例其中的优点及不足，掌握综合布线中的技巧。理解当代青年需具备利用所学技术、经验、信息等要素向社会提供智慧服务的意识。 2. 各小组学生对综合布线软件进行安装。 3. 各小组讨论综合布线软件的安装过程，下载并安装之前讨论选出的绘图软件，写出综合布线软件的操作步骤。 4. 实施综合布线，完成任务。 5. 学生学习综合布线检测验收规范（规则意识素养）和测试报告编写要点，编写测试报告。	1. 教师点评：综合布线端接技术要点。 2. 学生互评：《综合布线评分表》。 3. 学生互评：哪个小组找到又多又正确的问题。 4. 学生自评：工具及配件完好性。 5. 教师点评：评价是否合理。实训过程的问题。

工作子步骤	教师活动	学生活动	评价
工程安装实施	6. 组织清点工具及配件，指导综合布线记录填写。 7. 教师讲解综合布线检测验收规范（规则意识素养），监督学生是否按照"8S"管理条例整理现场，是否有团队合作精神、沟通表达、自主学习等能力。	6. 各小组分组学习《综合布线评分表》，填写《综合布线评分表》。 7. 学生学习"8S"管理条例，清理工作现场。	6. 教师点评：学生搜索相关资料是否丰富全面。学生在综合布线施工过程中是否操作规范。安装完成后，是否具有"8S"职业素养。 7. 学生自评：填写工作页线槽安装章节并以参考答案提交。

课时： 4 课时

1. 硬资源：能连接互联网的计算机、《综合布线》参考教材、《综合布线评分表》等。
2. 软资源：常用五金工具（螺丝刀、电动起子、铁锤等）、常用布线工具（压线钳、剥线器、光纤剥线钳、光纤切割刀、横向开缆刀、老虎钳、斜口钳、尖嘴钳、打线刀、裁管刀、寻线器、弯管器、穿线器、冲击钻、手电钻等）、5. 线缆测试工具（Fluke线缆测试仪等）、绘图软件（Visio、AutoCAD等）、诊断工具（诊断卡等））等。
3. 教学设施：投影仪、教师机、白板、海报纸、卡片纸、A4纸、清洁工具套装等。

工作子步骤	教师活动	学生活动	评价
交付验收	1. 完成工程施工后，填写客户确认表。 1. 教师以案例形式讲解综合布线验收细节。 2. 教师验收各小组的工作成果，听取各小组汇报情况。 3. 教师讲解客户确认表的编写。 4. 组织小组编写客户确认表。 5. 总体评价工作过程。 6. 监督学生是否按照"8S"管理条例整理现场，是否有团队合作精神、沟通表达、自主学习等能力。	1. 通过教师讲解，熟知综合布线验收细节。 2. 小组展示工作成果，进行综合布线汇报。 3. 通过教师讲解熟知客户确认表的编写要点。 4. 编写客户确认表。 5. 小组互评客户确认表。将测试报告和客户确认表提交"部门主管"。 6. 学生学习"8S"管理条例，清理工作现场。	1. 教师点评：是否熟知综合布线验收细节，教师抽答点评。 2. 教师点评：对各小组的工作成果及汇报情况进行点评。 3. 学生互评：听取各组讲解各自客户确认表的完成情况并进行简评。 4. 教师点评：根据任务整体完成情况点评各小组的优缺点。

课时： 4 课时

1. 硬资源：能连接互联网的计算机、《综合布线》参考教材、《综合布线评分表》等。
2. 软资源：线缆测试工具（Fluke线缆测试仪等）、绘图软件（Visio、AutoCAD等）、诊断工具（诊断卡等）等。
3. 教学设施：投影仪、教师机、白板、海报纸、卡片纸、A4纸等。

计算机网络综合布线实施

学习任务 2：同楼层新增网络综合布线实施

任务描述

学习任务学时：20 课时

任务情境：

　　某企业办公楼需增加一个配线间，此配线间汇聚了 70 个网络信息点和语音信息点，要求能与同层原有的机房实现资源共享，业务主管已完成施工方案，现需网络管理员按作业标准完成布线施工。

　　网络管理员从业务主管处领取任务单，明确工作时间和要求；根据相关图纸，查看施工现场，编制信息点数统计表，检查设备和材料，准备工具；根据施工方案进行施工，敷设管道、端接线缆、安装机柜和配线架等；完成布线后，选择合适的测试工具，完成布线系统的连通性、功能性的测试以及规范性的检查，并填写施工记录交业务主管。

　　具体要求见下页。

工作流程和标准

工作环节 1

勘察现场，与客户进行沟通

　　根据任务要求，从部门主管处领取任务书，勘查工作环境，明确布线施工标准和施工所需工具和材料，填写施工所需材料和工具用量统计表【成果】。

主要成果：

施工材料用量统计表（材料完整，数量合理）。

工作环节 2

制订工程实施流程

　　按照布线实施方案，结合施工材料用量统计表，绘制工程实施流程（含工程施工图）【成果】。准备工程施工材料和工具，编制施工进度表（甘特图）【成果】，报相关主管审批。

主要成果：

1. 工程实施流程（含工程施工图）；

2. 施工进度表（甘特图）。

工作环节 3

工程安装实施

1. 按照《综合布线系统工程设计规范 GB50311-2017》规定，根据工程实施流程，组织相关的网络管理人员安装机柜、交换机、配线架、理线架等，团队合作完成综合布线管道敷设。

2. 完成管道布线实施，并按照标准端接线缆（规则意识：规范操作）。

3. 按照标准对端口进行标识（规则意识：规范操作）。

4. 按照《综合布线系统工程验收规范 GB50311-2017》和企业作业规范，检查通信链路是否畅通。选取合适检查仪器，对配线架链路进行测试。编写测试报告【成果】。

主要成果：

1. 已完成的配线间；

2. 测试报告（通信链路连通性、规范性、安全性）。

工作环节 4

交付验收

完成任务后，与用户一起对实施任务进行验收和确认，回答客户问题，填写客户确认表和后期维护合同【成果】，清理工作现场，将测试报告和客户确认表提交部门主管。

主要成果：

1. 客户确认表（符合客户需求）。

2. 后期维护合同（维护时间，维护内容，维护要求）。

学习内容

知识点	1.1 设备间基础知识; 1.2 任务单的识读	2.1 机柜种类、功能介绍; 2.2 配线架种类、功能介绍	3.1 语音配线架基础知识、超 5 类配线架、6 类配线架端接正确制作标签; 3.2 110 配线架基础知识、六类非屏蔽模块、六类屏蔽模块端接; 3.3 机柜安装; 3.4 交换设备安装固定
技能点	1.1 填写任务单; 1.2 编写设备间重要设备清单	2.1 查阅相关操作规范和案例并存档以备参考; 2.2 用专业化语言描述配线架功能; 2.3 查找机柜、配线架等价格	3.1 与客户沟通,明确工作时间和协助要求; 3.2 编写工程实施流程(含工程施工甘特图)
工作环节	**工作环节 1** 勘察现场,与客户进行沟通		**制订工程实施流程** **工作环节 2**
成果	1.1 任务单	2.1 施工材料用量统计表(材料完整,数量合理)	3.1 工程实施流程
素养	1.1 培养与人沟通的能力,培养于与客户和业务主管等相关人员进行沟通的过程中; 1.2 培养阅读理解及提取关键信息的能力,培养于阅读任务书及记录任务书关键内容的工作过程中	2.2 培养信息收集与处理能力,培养于获取机柜、配线架等价格的工作过程中; 2.2 培养分析、决策能力,培养于分析施工材料用量统计表的工作过程中	3.1 培养敬业、精业、严谨、规范、用户至上的工匠精神,培养于按照工作计划和工作流程完成设备间新增信息点网络布线流程的工作过程中; 3.2 培养团队合作精神,培养于工程实施流程中

4.1 交换设备的安装方法； 4.2 配线架信息模块的端接方法； 4.3 配线架、理线架安装方法； 4.4 机柜的作用	5.1 什么是测试报告	6.1 任务验收步骤； 6.2 国标布线实施验收标准要点； 6.3 客户确认表编写要点
4.1 按照工程流程进行布线实施； 4.2 端接配线架信息点、理线； 4.3 线槽敷设、布线实施	5.1 填写测试报告	6.1 与用户一起对施工完的链路信道进行连通性、规范性、安全性检测验收； 6.2 展示与讲解工作要点； 6.3 填写客户确认表和测试报告； 6.4 清理工作现场

工作环节 3

工程安装实施

工作环节 4

交付验收

4.1 已完成信息网络布线的配线间	5.1 测试报告	6.1 客户确认表 6.2 后期维护合同
4.1 培养敬业、精业、严谨、规范、用户至上的工匠精神，培养于按照工作计划和工作流程完成设备间新增信息点网络布线的工作过程中； 4.2 培养团队合作精神，培养于工程实施流程中		6.1 培养与人沟通的能力，培养于与用户一起对施工完的链路信道进行连通性、规范性、安全性检测验收和确认的工作过程中； 6.2 培养严谨、规范的工匠精神，培养于工作现场清理的工作过程中； 6.3 培养文书撰写能力，培养于客户确认表的撰写过程中

计算机网络综合布线实施

① 勘察现场，与客户
进行沟通 ② 制订工程实施流程 ③ 工程安装实施 ④ 交付验收

工作子步骤	教师活动	学生活动	评价
1. 领取任务书，与客户沟通，了解客户需求，填写施工材料用量统计表。	1. 教师分发学习任务书。 2. 教师点评综合布线实施任务书要点，提问学生掌握任务书中的要点问题。 3. 引入任务背景，使用头脑风爆法引导学生查找并学习配线架种类、功能介绍、设备间相关基础知识，并引导学生学会以小组合作的形式开展此项任务（团队合作：善于沟通）。 4. 指导学生上网搜集机柜、配线架，在工作页上填写机柜、配线架的定义和安装注意事项，并善于引导每个小组展示搜索到的资料分享（团队合作：互帮互助）。 5. 指导学生填写工作页内综合布线实施的定义和注意事项。 6. 组织学生模拟客户需求分析，指导学生了解客户综合布线实施需求。 7. 分发并演示如何填写施工材料用量统计表（材料完整，数量合理）。	1. 小组接收识读综合布线实施任务书。 2. 小组学习并记录综合布线实施任务书要点、关键字。用 3 张卡片展示。 3. 学生利用网络自主学习配线架种类、功能介绍、设备间等相关基础知识，以小组合作的形式开展此项任务（团队合作：善于沟通）。 4. 小组利用卡片纸写出设备间内设备并展示，小组成员分别派代表口述专业术语。在自己小组主动展示搜索到的资料分享（团队合作：互帮互助）。 5. 小组上网查找机柜、配线架的定义和安装注意事项，并记录在工作页上。 6. 学生 2 人相互角色扮演客户，与客户沟通，查阅相关资料，收集客户的综合布线实施信息，学生向部门主管（可由教师扮演）咨询任务需求，将要点记录在任务单上。 7. 小组领取施工材料用量统计表，熟知统计表的填写要求。使用综合布线实施专业术语填写施工材料用量统计表（材料完整，数量合理）。	1. 小组互评：任务书要点记录是否详细。 2. 教师点评：学生回答任务书中的要点问题，教师抽答点评。 3. 教师点评：小组展示综合布线实施机柜、配线架的定义和安装注意事项是否丰富全面 4. 教师点评：根据任务要求选取填写较好的施工材料用量统计表进行点评。

勘察现场，与客户进行沟通

课时： 6 课时

1. 硬资源：能上网的计算机等。
2. 软资源：.GB50311-2016、《综合布线系统工程设计规范》等。
3. 教学设施：白板笔、卡片纸、展示板、投影仪、综合布线实施任务书、白板、海报纸、施工材料用量统计空白表等。

① 勘察现场，与客户进行沟通	② 制订工程实施流程	③ 工程安装实施	④ 交付验收

	工作子步骤	教师活动	学生活动	评价
勘察现场，与客户进行沟通	2. 查阅相关操作规范和案例并存档以备参考。	1. 教师布置查阅 GB 50311-2016《综合布线系统工程设计规范》的任务。 2. 组织评选合适的案例并存档。 3. 监督学生是否按照"8S"管理条例整理现场，是否有团队合作精神、沟通表达、自主学习等能力。	1. 学生学习查阅 GB 50311-2016《综合布线系统工程设计规范》，从多方面查找综合布线实施相关操作规范及案例。 2. 小组展示并分类对操作规范和案例进行存档。 3. 学生学习"8S"管理条例，清理工作现场。	1. 小组互评：案例是否合理实用。

课时：6 课时
1. 硬资源：能上网计算机等。
2. 软资源：GB50311-2016、《综合布线系统工程设计规范》等。
3. 教学设施：白板笔、卡片纸、展示板、投影、综合布线实施任务书、白板、海报纸、施工材料用量统计空白表等。

	工作子步骤	教师活动	学生活动	评价
制订工程实施流程	1. 按照任务要求，制订紧急预案，并记录在软件预装手册上，按照综合布线实施意向表，制订综合布线实施方案。(6节)	1. 组织引导学生利用网络资源搜索 110 配线架基础知识、六类非屏蔽模块、六类屏蔽模块端接、安装基础知识，并在工作页上登记。 2. 组织全班讨论活动梳理出常见的施工安全及问题分析。 3. 组织学生上网搜索主意配线架基础知识、超 5 类配线架、6 类配线架端接基础知识。 4. 组织各小组讨论，并巡回指导。 5. 组织全班讨论，梳理出常见正确制作标签。 6. 播放综合布线实施视频，提出书写步骤流程，制订方案。	1. 每名学生独立利用网络资源搜索获取 110 配线架基础知识、六类非屏蔽模块、六类屏蔽模块端接、安装基础知识，并填写记录常见问题登记表。 2. 小组讨论组内所有施工安全问题，找出各个小组内成员认可的施工安全故障现象及问题分析，写在卡片纸上，并展示。 3. 每名学生独立利用网络资源搜索获取主意配线架基础知识、超 5 类配线架、6 类配线架端接，并填写在工作页登记表中写在卡片上，并展示。 4. 全班学生讨论展示卡片上正确制作标签。 5. 观察综合布线实施操作教学视频，写出同楼层新增网络综合布线实施关键步骤流程，制订方案。	1. 教师点评：观察学生上网搜索五类线端接、110 配线架常见种类、安装基础知识的问题，并提出口头表扬。悼念各组优点，并做集体点评。表扬被 rit 挑选到较多卡片的小组，并给适当奖励。 2. 教师点评：观察学生上网搜索正确制作标签，提出口头表扬。悼念各组优点，并做集体点评。表扬被挑选到较多卡片的小组，并给适当奖励。 3. 教师点评：学生的综合布线实施方案是否符合性价比要求。学生能否正确根据客户要求制作综合布线实施方案。 4. 教师点评：观察步骤流程评选综合布线实施方案。

课时：6 课时
1. 硬资源：能上网的计算机等。
2. 软资源：GB50311-2016、《综合布线系统工程设计规范》等。
3. 教学设施：白板笔、卡片纸、展示板、投影仪、综合布线实施任务书、白板、海报纸、施工材料用量统计空白表等。

计算机网络综合布线实施

① 勘察现场，与客户 ② 制订工程实施流程 ③ 工程安装实施 ④ 交付验收
进行沟通

工作子步骤	教师活动	学生活动	评价
1. 按照综合布线实施方案，识别常用综合布线实施工具、材料和配件。 2. 填写工具配件领取单。	1. 教师以图片形式展现综合布线实施常用工具（移动硬盘、U盘、螺丝刀、镊子、钳子、扎线带、剪刀、尖嘴钳等）。 2. 教师以表格问题形式巩固学生对综合布线实施工具的熟知及如何安全使用综合布线实施工具。 3. 组织小组填写工具配件领取单。 4. 讲解综合布线实施所涉及的方法以及注意事项，点出关键步骤和容易出错的地方。 5. 监督学生是否按照"8S"管理条例整理现场，是否有团队合作精神、沟通表达、自主学习等能力。	1. 通过图片视频获取常用工具的功能特点。 2. 识别综合布线实施常用工具，掌握安全使用常用工具的技能，回答关于综合布线实施的认知问题。 3. 各小组填写工具配件领取单。 4. 各小组使用九宫格法找出综合布线设备间中较为重要的方法及其注意事项。 5. 学生学习"8S"管理条例，清理工作现场。	1. 教师点评：是否识别综合布线实施常用工具，教师抽答点评。 2. 教师点评：是否熟知工具的使用方法及综合布线实施事项，教师抽答点评。 3. 教师点评：根据任务要求选取填写较好的工具材料领取单进行点评。 4. 学生自评：填写工作页工具功能及特点章节并与参考答案比较。 5. 教师点评：哪些步骤容易对综合布线实施造成损害，出错后会造成何种问题。

课时： 6 课时
1. 硬资源：能上网的计算机等。
2. 软资源：GB50311-2016、《综合布线系统工程设计规范》等。
3. 教学设备：白板笔、卡片纸、展示板、投影、综合布线实施任务书、白板、海报纸、施工材料用量统计空白表等。

3. 正确运行工具材料进行施工。 4. 检查计算机综合布线实施是否正常，编写测试报告。	1. 引导学生讨论不同综合布线线槽、设备间网络设备的安装方法技巧播放综合布线实施视频，组织讨论综合布线实施中的技巧。 2. 组织学生综合布线网络测试仪实施操作，安排观察员。 3. 组织现场纪律，要求第一、二组交换装及观察角色，注意设备完好性。 4. 抽取综合布线实施过程中遇到的疑难点指导解决。 5. 组织清点工具及配件，指导综合布线实施记录填写。 6. 点评综合布线实施操作过程，发现没有找到施工绘图软件的小组，给予指导。	1. 各小组观看综合布线实施视频，讨论案例其中的优点及不足，掌握综合布线实施中的技巧。 2. 各小组观看综合布线实施视频，分组学习《综合布线实施评分表》。 3. 各小组讨论综合布线网络测试仪使用方法，写出网络测试仪的操作步骤。 4. 各小组学生进行综合布线工程施工，完成任务。 5. 测试报告编写要点，编写测试报告。 6. 学生学习"8S"管理条例，清理工作现场。	1. 教师点评：设备间网络设备安装的方法技巧。 2. 学生互评：《综合布线实施评分表》 3. 学生互评：哪个小组找到又多又正确的问题 学生自评：工具及配件完好性 4. 教师点评：评价是否合理。实训过程的问题

工程安装实施

 勘察现场，与客户 进行沟通　②制订工程实施流程　③工程安装实施　④交付验收

工作子步骤	教师活动	学生活动	评价
工程安装实施	1. 按照任务要求，根据勘察现场情况，制订信息点数统计表，编写工程施工图。（6节）	7. 教师讲授综合布线工程施工，对班级学生进行分组合作，引导学生进行综合布线工程施工（楼层布线）。 8. 监督学生是否按照"8S"管理条例整理现场，是否有团队合作精神、沟通表达、自主学习等能力。		5. 教师点评：学生搜索相关资料是否丰富全面。学生在综合布线工程施工过程中是否操作规范。安装完成后，是否具有"8S"职业素养。 6. 学生互评：根据综合布线工程施工方法总结出实用的方法。 7. 学生自评：填写工作页综合布线工程施工章节并以参考答案提交。

课时： 13 课时
1. 硬资源：能上网计算机等。
2. 软资源：GB50311-2016、《综合布线系统工程设计规范》等。
3. 教学设施：白板笔、卡片纸、展示板、投影仪、综合布线实施任务书、白板、海报纸、施工材料用量统计空白表等。

交付验收	1. 完成综合布线实施后，运行计算机，填写客户确认表。	1. 教师以案例形式讲解综合布线实施细节。 2. 教师验收各小组的工作成果，听取各小组汇报情况。 3. 教师讲解客户确认表的编写。 4. 组织小组编写客户确认表。 5. 总体评价工作过程。 6. 监督学生是否按照"8S"管理条例整理现场，是否有团队合作精神、沟通表达、自主学习等能力。	1. 通过教师讲解，熟知综合布线实施操作细节。 2. 小组展示工作成果，进行综合布线实施汇报。 3. 通过教师讲解熟知确认表的编写要点。 4. 编写客户确认表和后期维护合同。 5. 小组互评客户确认表。将测试报告和客户确认表提交"部门主管"。 6. 学生学习"8S"管理条例，清理工作现场。	1. 教师点评：是否熟知综合布线实施细节，教师抽答点评。 2. 教师点评：对各小组的工作成果及汇报情况进行点评。 3. 学生互评：听取各组讲解各自客户确认表的完成情况并进行简评。 4. 教师点评：根据任务整体完成情况点评各小组的优缺点。

课时： 4 课时
1. 硬资源：能上网计算机等。
2. 软资源：GB50311-2016、《综合布线系统工程设计规范》等。
3. 教学设施：白板笔、卡片纸、展示板、投影、综合布线实施任务书、白板、海报纸、施工材料用量统计空白表等。

计算机网络综合布线实施

学习任务 3：跨楼层网络布线实施

任务描述

学习任务学时：**20** 课时

任务情境：

　　某企业办公楼楼高 2.8m，为实现 2 ～ 3 层各办公室的数据传输，要求搭建一条通道，并在 2 层和 3 层增设管理间，使 2 ～ 3 层办公室内计算机成为一个整体网络，业务主管已经完成施工方案。现在需要网络管理员按作业要求进行综合布线施工。

　　具体要求见下页。

设备清单:

工作流程和标准

工作环节 1

勘察现场，与客户进行沟通

根据任务要求，从业务主管处领取任务书，与客户和业务主管等相关人员进行专业的沟通，记录关键内容，明确客户意向，标记 7 大子系统。

主要成果：

在施工结构图中标注 7 大子系统（建筑物子系统、工作区子系统、进线间子系统、垂直子系统、水平子系统、设备间子系统、管理间子系统）。

工作环节 2

制订工作计划

根据施工拓扑图，统计设备清单和材料清单，填写工具清单（设备和材料要完整）。

主要成果：

1. 设备清单（配线架，交换机等）；

2. 材料清单（室内光缆、热缩套管、酒精、清洁纸、扎带、标签纸、光纤跳线、耦合器、机柜螺丝等）；

3. 工具清单（米勒钳、剥线钳、卷尺、开缆刀、剪刀、手电钻、光纤熔接机等）。

学习任务 3：跨楼层网络布线实施

工作环节 3

工程安装实施

1. 学习使用光纤熔接机进行光纤熔接；

2. 光纤配线架盘纤；

3. 按照信息网络布线标准规范进行跨楼层网络布线实施，在室内光缆的敷设实施中培养审美观。

主要成果：

1. 光纤熔接的要素：开缆、切割、清洁、熔接、加热；

2. 24 口 12 口 SC 光纤配线架盘纤（盘纤要点：椭圆形、S 形）；

3. 施工人员分配表；

4. 施工完成图；

5. 测试报告（通光检测）。

工作环节 4

交付验收

完成任务后，与用户一起对完成的跨楼层网络布线进行验收和确认，回答客户问题，填写客户确认表，清理工作现场，将测试报告和客户确认表提交部门主管。（团队合作：善于沟通）

主要成果：

客户确认表（符合客户需求）。

计算机网络综合布线实施

学习内容

知识点	1.1 任务单的识读; 1.2 光纤色谱; 1.3 光线配线架; 1.4 工作环境认知	2.1 光纤熔接; 2.2 认识各种室内光缆; 2.3 认识光缆配套材料; 2.4 设备安装	3.1 常用工具安全使用注意事项; 3.2 光纤盘纤; 3.3 任务分工
技能点	1.1 交接任务; 1.2 GB50312-2016; 1.3 查找软件说明书; 1.4 文档分类保存; 1.5 考察工作环境	2.1 室内光缆开缆; 2.2 常用工具使用方法; 2.3 施工图识读	3.1 编写施工流程; 3.2 编写施工进度计划; 3.3 盘纤盒内光纤的处理

工作环节

工作环节 1
勘察现场,与客户进行沟通

编制施工图
工作环节 2

成果	1.1 施工所需工具和材料用量统计表	2.1 编制信息点数统计表	3.1 编写工程施工图
素养	1.1 培养与人沟通的能力,培养于与客户和业务主管等相关人员进行沟通的过程中; 1.2 培养阅读理解及提取关键信息的能力,培养于阅读任务书及记录任务书关键内容的工作过程中	2.1 培养信息收集与处理能力,培养于获取常用布线工具安全使用知识、编制信息点数据统计表的工作过程中	3.1 培养分析、决策能力,培养于编写施工流程的工作过程中; 3.2 培养书面表达及文本撰写能力,培养于编写工程施工图的工作过程中

4.1 施工标准规范； 4.2 盘纤要点； 4.3 设备安装规范	5.1 GB50312-2016 验收规范； 5.2 世界技能大赛信息网络布线项目评价标准规范； 5.3 测试工具的使用方法	6.1 验收要点； 6.2 验收细则； 6.3 8S 管理标准； 6.4 答疑注意事项
4.1 室内光缆的敷设（审美情趣：布线排序）； 4.2 室内光缆的端接（审美情趣：布线排序）； 4.3 设备安装（审美情趣：设备摆放的位置美观）； 4.4 光纤熔接	5.1 检测常用工具操作技能； 5.2 检测链路的连通性； 5.3 编写测试报告； 5.4 FLUKE 测试工具的操作	6.1 与客户一起验收项目； 6.2 展示与检测已经完成布线的链路信道； 6.3 清理工作现场； 6.4 填写客户确认表和工作日志

工作环节 3
工程安装实施

工作环节 4
质量自检、交付验收

4.1 已完成布线的链路信道	5.1 编写检测报告	6.1 客户验收表和工作日志
4.1 培养严谨、规范的工匠精神，培养于对底盒安装、信息模块端接等的工作过程中； 4.2 培养审美观，培养于室内光缆的敷设实施过程中	5.1 培养敬业、精业、严谨、规范、用户至上的工匠精神，培养于对常用网络布线工具功能使用的工作过程中； 5.2 培养辨识问题、解决问题的能力，培养于对链路的连通性进行检测的工作过程中； 5.3 培养文书撰写能力，培养于编写测试报告的工作过程中	6.1 培养与人沟通的能力，培养于与用户一起对办公室综合布线实施进行验收和确认的工作过程中； 6.2 培养严谨、规范的工匠精神，培养于工作现场清理的工作过程中； 6.3 培养文书撰写能力，培养于客户确认表的撰写过程中

计算机网络综合布线实施

学习任务 3：跨楼层网络布线实施

①获取工作任务 → ②制订工作计划 → ③工程实施 → ④质量自检、交付验收

	工作子步骤	教师活动	学生活动	评价
获取工作任务	1. 领取任务书，分析任务，识读施工图。	1. 讲授世界技能大赛信息网络布线项目对本任务的施工要求。 2. 指导学生了解常用的综合布线工具、材料。 3. 指导学生收集室内光缆并展示分享。 4. 分发跨楼层网络综合布线实施工作业任务，解读任务要点。 5. 组织学生学习如何开缆（开缆顺序）。 6. 讲解并演示光纤熔接机的正确操作方法，培养学生规则意识。	1. 学生听讲世界技能大赛信息网络布线项目对本任务的施工要求。 2. 学生上网查找综合布线施工常用工具、材料。 3. 学生上网查找有关室内光缆的知识并展示分享。 4. 接收任务，识读跨楼层网络综合布线实施工作任务。 5. 学习室内光缆的开缆操作。 6. 学习光纤熔接机的使用规范操作。	1. 教师点评：小组展示收集到的综合布线素材（工具、材料）。 2. 教师点评：学生回答任务书中的要点问题，教师抽答点评。 3. 教师点评：对小组开缆操作进行点评。

课时： 4 课时

1. 硬资源：能上网的计算机等。
2. 软资源：综合布线常用施工工具、综合布线常用材料等。
3. 教学设施：白板笔、卡片纸、展示板、投影、装机任务书、世界技能大赛视频资料等。

	工作子步骤	教师活动	学生活动	评价
制订工作计划	1. 人员分工。 2. 领取工具材料。 3. 熟悉工具材料。 4. 学习施工标准。	1. 组织学生进行成员分工。 2. 组织各小组活动并巡回指导。 3. 组织全班讨论分析本任务的重点材料。 4. 组织学生上网搜索常见的室内光缆。 5. 组织各小组讨论并巡回指导。 6. 组织各小组学习国标GB50311-2016 综合布线施工规范。 7. 指导小组成员进行室内光缆的开缆及正确使用光纤熔接机。	1. 小组成员进行人员分工安排，明确人员职责。 2. 小组填写施工工具清单。 3. 小组填写施工材料清单。 4. 每名学生独立上网搜索室内光缆，记录特点，并填写工作页。 5. 小组讨论并归纳出室内光缆的共性。 6. 全班学生讨论学习 GB50311-2016 综合布线施工规范。 7. 小组学习室内光缆的开缆操作及光纤熔接机的使用。	1. 教师点评：观察学生上网搜索资讯的状态，提出口头表扬。收集各组优点，并做集体点评。表扬在这次任务中表现比较主动积极的小组，并给适当奖励。 2. 小组互评：结合本组所收集的资料，点评其他小组的所收集的室内光缆。

课时： 12 课时

1. 硬资源：能上网的计算机等。
2. 软资源：综合布线常用施工工具、综合布线常用材料等。
3. 教学设施：白板笔、卡片纸、展示板、投影、装机任务书、世界技能大赛视频资料等。

基准学时：20

① 获取工作任务　② 制订工作计划　③ 工程实施　④ 质量自检、交付验收

工作子步骤	教师活动	学生活动	评价
工程实施 1. 领取工具、设备、材料。 2. 按施工图进行项目实施。	1. 指导小组完成任务分工。 2. 组织学生领取网络设备。 3. 组织各小组领取施工工具。 4. 组织各小组领取材料。 5. 指导各小组完成光缆敷设。 6. 指导学生完成机架设备的安装。 7. 指导学生完成网络配线架的端接。 8. 指导各小组完成语音配线架的端接。 9. 指导小组完成光纤配线架的端接。 10. 指导小组制作并粘贴标签。	1. 安排好小组内人员分工，明确每个成员的工作。 2. 领取机柜、配线架、理线架、交换机等网络设备。 3. 领取施工工具。 4. 根据材料清单领取任务材料。 5. 小组成员根据施工图敷设室内光缆 6. 根据施工图在机架上安装网络设备。 7. 根据施工图完成网络配线架的端接。 8. 根据施工图完成语音配线架的端接。 9. 根据施工图完成光纤配线架的端接。 10. 制作并粘贴标签。	1. 教师点评：是否识别计算机常用组装工具，教师抽答点评。 2. 教师点评：是否熟知计算机常用组装工具的功能特点，教师抽答点评。 3. 教师点评：是否熟知计算机常用组装工具的使用方法及装机事项，教师抽答点评。 4. 学生互评：互相监督组装工具的正确使用方法。 5. 教师点评：根据任务要求选取填写较好的工具材料领取单进行点评。 6. 学生自评：填写工作页组装工具功能及特点章节并与参考答案比较。

课时： 12 课时
1. 硬资源：多媒体电脑等。
2. 软资源：世界技能大赛视频资料、施工图、GB50312-2016 综合布线验收规范等。
3. 教学设施：机柜、机架、配线架、交换机、12 芯室内单模光缆、光纤热缩套管、光纤熔接机、扎带、标签纸、开缆刀、酒精、耦合器、机柜螺丝 13. 手电钻、语音配线架等。

| 质量自检、交付验收

1. 完成跨楼层网络综合布线施工验收，填写客户确认表。 | 1. 以案例形式讲解整机验收细节。

2. 巡回指导，并验收各小组的工作成果 PPT。

3. 听取各小组汇报情况。

4. 教师讲解验收表的编写。

5. 组织小组编写验收表，总体评价工作过程。 | 1. 总结本小组在本次工作任务执行中的优点与不足，并形成文字。
2. 小组合作制作工作成果 PPT 并汇报工作情况。

3. 听取教师讲解，并记录验收表的编写要点。
4. 编写客户确认表，小组互评客户验收表。 | 1. 教师点评：是否熟知本工作任务的验收细节，教师抽答点评。
2. 教师点评：对各小组的工作成果及汇报情况进行点评。
3. 学生互评：听取各组讲解各自客户确认表的完成情况并进行简评。
4. 教师点评：根据任务整体完成情况点评各小组的优缺点。 |

课时： 12 课时
1. 硬资源：多媒体电脑等。
2. 软资源：世界技能大赛视频资料、施工图、GB50312-2016 综合布线验收规范等。
3. 教学设施：机柜、机架、配线架、交换机、12 芯室内单模光缆、光纤热缩套管、光纤熔接机、扎带、标签纸、开缆刀、酒精、耦合器、机柜螺丝 13. 手电钻、语音配线架等。

计算机网络综合布线实施

学习任务 4：建筑群网络综合布线实施

任务描述

学习任务学时：**20** 课时

任务情境：

　　某企业有两栋办公楼，按网络综合布线方案规划，中心机房设在第一栋，第二栋配置若干配线间，现要求网络管理员按标准完成综合布线施工。

　　网络管理员从业务主管处领取任务单，明确工作时间和要求；根据相关图纸，查看施工现场，编制信息点数统计表，检查设备和材料，准备工具；根据施工方案进行施工，熔接光纤、敷设管道、端接线缆等；完成布线后，选择合适的测试工具对布线系统进行连通性、功能性测试及规范性检查，填写施工记录交业务主管。

　　具体要求见下页。

计算机网络综合布线实施

工作流程和标准

工作环节 1

获取任务

根据任务要求，从业务主管处领取任务书，与客户和业务主管等相关人员进行专业的沟通，记录关键内容，明确客户意向，学习光缆的编制方法和编码的含义

主要成果：

光纤色谱顺序（蓝、橙、绿、棕、灰、白、红、黑、黄、紫、粉、青）。

工作环节 2

制订工作计划

2

根据施工拓扑图，统计设备清单和材料清单，填写工具清单（设备、材料痛苦过工具清单要罗列完整）。

主要成果：

1. 设备清单（配线架，ODF 配线箱、FoClouse 等）；
2. 材料清单（室外光缆、热缩套管、酒精、清洁纸、扎带、标签纸、光纤跳线、耦合器、机柜螺丝等）；
3. 工具清单（米勒钳、剥线钳、卷尺、开缆刀、剪刀、手电钻、光纤熔接机等）。

工作环节 3

工程实施安装

1. 学习室外光缆的开缆操；

2. ODF 配线箱；

3. 按照信息网络布线标准规范，结合世界技能大赛信息网络布线项目技术标准进行建筑群网络综合布线实施。

主要成果：

1. 室外光缆的结构；

2. 48 口 ODF 配线箱盘纤（盘纤要点：椭圆形、S 形，单个熔接盘可以顺利拉出）；

3. 施工人员分配表。

工作环节 4

交付验收

工程施工完成后，运用 FLUKE（福禄克）检测工具自检，完成任务后，与用户一起对建筑群网络综合布线进行验收和确认，回答客户问题，填写客户确认表，清理工作现场，将测试报告和客户确认表提交部门主管。

主要成果：

1. 测试报告（通光检测）；

2. 客户确认表（符合客户需求）。

计算机网络综合布线实施

学习内容

知识点	1.1 任务单的识读; 1.2 光纤色谱; 1.3 光线配线架; 1.4 工作环境认知	2.1 光纤清洁要点; 2.2 室外光缆的分类; 2.3 认识光缆配套材料; 2.4 光缆接头盒的特点	3.1 常用工具安全使用注意事项; 3.2 光纤盘纤要点; 3.3 任务分工
技能点	1.1 交接任务 1.2 GB50312-2016; 1.3 查找软件说明书; 1.4 文档分类保存; 1.5 考察工作环境	2.1 室外光缆的开缆; 2.2 常用工具使用方法; 2.3 施工图识读	3.1 编写施工流程; 3.2 编写施工进度计划; 3.3 光缆接头盒内光纤的处理
工作环节	**工作环节 1** 勘察现场,与客户进行沟通	**制订工作计划** **工作环节 2**	
成果	1.1 施工所需工具和材料用量统计表	2.1 编制信息点数统计表	3.1 编写工程施工图
素养	1.1 培养与人沟通的能力,培养于与客户和业务主管等相关人员进行沟通的过程中; 1.2 培养阅读理解及提取关键信息的能力,培养于阅读任务书及记录任务书关键内容的工作过程中	2.1 培养信息收集与处理能力,培养于获取常用布线工具安全使用知识、编制信息点数据统计表的工作过程中	3.1 培养分析、决策能力,培养于编写施工流程的工作过程中; 3.2 培养书面表达及文本撰写能力,培养于编写工程施工流程的工作过程中

学习任务 4：建筑群网络综合布线实施

4.1 施工标准规范； 4.2 盘纤要点； 4.3 设备安装规范	5.1.GB50312-2016 验收规范； 5.2 世界技能大赛信息网络布线项目评价标准规范； 5.3 测试工具的使用方法	6.1 验收要点； 6.2 验收细则； 6.3 8S 管理标准； 6.4 答疑注意事项
4.1 室外光缆的敷设； 4.2 室外光缆的端接； 4.3 设备安装； 4.4 室外光缆的接续	5.1 检测常用工具操作技能； 5.2 检测链路的连通性； 5.3 编写测试报告； 5.4 FLUKE（福禄克）测试工具的操作	6.1 与客户一起验收项目； 6.2 展示与检测已经完成布线的链路信道； 6.3 清理工作现场； 6.4 填写客户确认表和工作日志

工作环节 3
工程安装实施

工作环节 4
交付验收

4.1 已完成布线的链路信道	5.1 编写检测报告	6.1 客户验收表和工作日志
4.1 培养严谨、规范的工匠精神，培养于对底盒安装、信息模块端接等的工作过程中； 4.2 培养严谨、规范的工匠精神，培养于室外光线的敷设与设备安装过程中	5.1 培养技术精益的工匠精神，培养于世界技能大赛信息网络布线项目评价标准规范的测试过程中； 5.2 培养辨识问题、解决问题的能力，培养于检测链路的连通性的工作过程中； 5.3 培养文书撰写能力，培养于编写测试报告的工作过程中	6.1 培养与人沟通的能力，培养于与用户一起对办公室综合布线实施进行验收和确认的工作过程中； 6.2 培养严谨、规范的工匠精神，培养于工作现场清理的工作过程中； 6.3 培养文书撰写能力，培养于客户确认表的撰写过程中

计算机网络综合布线实施

1 获取工作任务 　 **2** 制订工作计划 　 **3** 工程实施 　 **4** 质量自检、交付验收

	工作子步骤	教师活动	学生活动	评价
获取工作任务	领取任务书，分析任务，识读施工图。	1. 讲授世界技能大赛信息网络布线项目对本任务的施工要求。 2. 指导学生了解常用的综合布线工具、材料。 3. 指导学生收集室外光缆并展示分享。 4. 分发建筑群网络综合布线实施工作任务，并解读任务要点。 5. 组织学生学习如何开缆。 6. 讲解并演示光纤接续盒的正确使用方法。	1. 学生听讲世界技能大赛信息网络布线项目对本任务的施工要求。 2. 学生上网查找综合布线施工常用工具、材料。 3. 学生上网收集有关室外光缆的知识并展示分享。 4. 接收任务，识读建筑群网络综合布线实施工作任务。 5. 学习室外光缆的开缆操作。 6. 学习光纤接续盒的的使用。	1. 教师点评：小组展示收集到的综合布线素材（工具、材料）。 2. 教师点评：学生回答任务书中的要点问题，教师抽答点评。 3. 教师点评：对小组开缆操作进行点评。

课时： 4 课时
1. 硬资源：多媒体计算机等。
2. 软资源：综合布线常用施工工具、综合布线常用材料、世界技能大赛 Model 3 光缆布线系统视频资料等。
3. 教学设施：工作页、展示板、投影等。

	工作子步骤	教师活动	学生活动	评价
制订工作计划	1. 人员分工。 2. 领取工具材料。 3. 熟悉工具材料。 4. 学习施工标准。	1. 组织学生进行成员分工。 2. 组织各小组活动并巡回指导。 3. 组织全班讨论分析本任务的重点材料。 4. 组织学生上网搜索常见的室外光缆。 5. 组织各小组讨论并巡回指导。 6. 组织各个小组学习国标 GB50311-2016 综合布线施工规范。 7. 指导小组成员进行室外光缆的开缆及正确使用光纤熔接机。	1. 小组成员进行人员分工安排，明确人员职责。 2. 小组填写施工工具清单。 3. 小组填写施工材料清单。 4. 每名学生独立上网搜索室外光缆，记录特点，并填写工作页。 5. 小组讨论并归纳出室外光缆的共性。 6. 全班学生讨论学习 GB50311-2016 综合布线施工规范。 7. 小组学习室外光缆的开缆操作及光纤熔接机的使用。	1. 教师点评：观察学生上网搜索资讯状态，提出口头表扬。收集各组优点，并做集体点评。表扬在这次任务中表现比较主动积极的小组，并给适当奖励。 2. 小组互评：结合本组所收集的资料，点评其他小组的所收集的室外光缆。

课时： 10 课时
1. 硬资源：多媒体计算机等。
2. 软资源：综合布线常用施工工具、综合布线常用材料、世界技能大赛 Model 3 光缆布线系统视频资料等。
3. 教学设施：工作页、展示板、投影仪等。

① 获取工作任务　② 制订工作计划　③ 工程实施　④ 质量自检、交付验收

工作子步骤	教师活动	学生活动	评价
1. 领取工具、设备、材料。 2. 按施工图进行项目实施。	1. 指导小组完成任务分工。 2. 组织学生领取网络设备。 3. 组织各小组领取施工工具。 4. 组织各小组领取材料。 5. 指导各小组完成光缆敷设。 6. 指导学生完成机架设备的安装。 7. 指导学生完成网络配线架的端接。 8. 指导各小组完成语音配线架的端接。 9. 指导小组完成光纤配线架的端接。 10. 指导小组制作并粘贴标签。	1. 安排好小组内人员分工，明确每个成员的工作。 2. 领取机柜、配线架、理线架、交换机等网络设备。 3. 领取施工工具。 4. 根据材料清单领取任务材料。 5. 小组成员根据施工图敷设室外光缆。 6. 根据施工图在机架上安装网络设备。 7. 根据施工图完成网络配线架的端接。 8. 根据施工图完成语音配线架的端接。 9. 根据施工图完成光纤配线架的端接。 10. 制作并粘贴标签。	1. 教师点评：是否识别计算机常用组装工具，教师抽答点评。 2. 教师点评：是否熟知计算机常用组装工具的功能特点，教师抽答点评。 3. 教师点评：是否熟知计算机常用组装工具的使用方法及装机事项，教师抽答点评。 4. 学生互评：互相监督组装工具的正确使用方法。 5. 教师点评：根据任务要求选取填写较好的工具材料领取单进行点评。 6. 学生自评：填写工作页"组装工具功能及特点"章节并与参考答案比较。

课时： 12 课时
1. 硬资源：多媒体电脑、世界技能大赛视频资料等。
2. 软资源：施工图、GB50312-2016 综合布线验收规范等。
3. 教学设施：布线工具材料（机柜、机架、配线架、交换机、12 芯室外单模光缆、光纤热缩套管、光纤熔接机、扎带、标签纸、开缆刀、酒精、耦合器、机柜螺丝，手电钻、语音配线架）等。

工作子步骤	教师活动	学生活动	评价
1. 完成建筑群网络综合布线实施验收，填写客户确认表。	1. 讲解 FLUKE（福禄克）测试工具的操作。 2. 以案例形式讲解整机验收细节。 3. 巡回指导，并验收各小组的工作成果 PPT。 4. 听取各小组汇报情况。 5. 教师讲解验收表的编写。 6. 组织小组编写验收表，总体评价工作过程。	1. 学习掌握、FLUKE（福禄克）测试工具的操作。 2. 总结本小组在本次工作任务执行中的优点与不足，并形成文字。 3. 小组合作制作工作成果 PPT 并汇报工作情况。 4. 听取教师讲解，并记录验收表的编写要点。 5. 编写客户确认表，小组互评客户验收表。	1. 教师点评：是否熟知本工作任务的验收细节，教师抽答点评。 2. 教师点评：对各小组的工作成果及汇报情况进行点评。 3. 学生互评：听取各组讲解各自客户确认表的完成情况并进行简评。 4. 教师点评：根据任务整体完成情况点评各小组的优缺点。

课时： 2 课时
1. 硬资源：《综合布线系统工程验收规范》、GB50312-2016 等。
2. 软资源：世界技能大赛信息网络布线评价标准规范等。

工程实施

质量自检、交付验收

计算机网络综合布线实施

考核标准

考核任务案例：企业网络综合布线

情境描述：

　　某大型设备制造企业因业务扩展需要，在与原厂房相距 100 m 处新建一平层厂房（外墙混凝土，内墙环保砖），其中间隔依次为：设备间 5 m×3 m，行政办公区 5 m×12 m，经理室 5 m×8 m 和会议室 5 m×10 m。

　　根据网络系统设计方案要求，新厂房网络需从原厂房的机房接入设备间，主干网络带宽千兆，百兆交换到桌面；厂房出入口配备一个网络监控摄像头，设备间配备两台网络数码复合机和一台 FTP 服务器，行政办公区 8 个位置各配备一个信息点和语音点，经理室配备两个信息点和一个语音点，会议室配备三个信息点，辅以

参考资料：

　　完成上述任务时，你可以使用所有的常见教学资料，例如：工作页、教材、产品说明书、产品安装手册、产品配置手册、运行维护文档、网络设备配置文档和服务器配置文档等。

任务要求：

　　请你根据任务的情境描述，查阅网络系统设计方案，按照《国际综合布线标准》《综合布线系统工程设计规范》《综合布线系统工程验收规范》和《建筑物防雷设计规范》等标准和规范，完成厂房的网络综合布线任务。

1. 根据上述情境描述，列出需向客户询问的信息；

2. 按照新厂房的房间尺寸要求，按 50:1 的比例绘制施工平面图，在图上规范标示信息点分布，编制信息点点数统计表；

3. 从网络系统设计方案的材料清单中，分类编制施工的设备、工具和材料清单，并简要说明用途；

4. 写出整体施工流程，完成其中从会议室到设备间的布线施工任务；

5. 检测从会议室到设备间线缆的性能，并记录传输阻抗、延时与近端串扰等指标。

课程 5. 网络服务器安装与调试

学习任务 1	学习任务 2	学习任务 3
网络中心机房 Internet 代理服务器安装与调试	网络中心机房 DHCP 服务器安装与调试	网络中心机房 MS-SQL 数据库服务器安装与调试
（16）学时	（16）学时	（24）学时

课程目标

学生学习完本课程后，应当能够胜任常用网络服务器的安装与调试，并严格执行行业安全管理制度和"6S"管理规定，具备独立分析与解决专业问题的能力。包括：

1. 能读懂任务书和项目设计方案，勘察现场环境，与客户和项目经理等相关人员进行专业、有效的沟通，明确工作目标、内容和要求；

2. 能从满足客户使用价值、经济性、安全性、稳定性等需求角度制订网络服务器装调实施方案；查验服务器，准备工具和材料；

3. 能根据实施方案，参阅产品说明书和安装手册，参照《信息安全等级保护管理办法》等相关标准规范，安装 KVM 系统和网络服务器软硬件，配置服务和调试系统；

4. 能选择合适的测试工具，参照《信息安全等级保护管理办法》，运用多种方法对网络环境的连通性、安全性、稳定性等指标进行测试，撰写测试报告和工作日志；

5. 能按"6S"管理规定整理工作现场，必要时向客户提供验收答疑服务；

6. 能归纳总结网络服务器安装与调试中常见的问题，并写出解决方法。

学习任务 4

网络中心机房 Linux、MySQL、Apache 和 PHP 服务器安装与调试

（24）学时

学习任务 5

网络中心机房办公系统服务器安装与调试

（40）学时

课程内容

本课程的主要学习内容包括：

1. 网络服务器的认知

网络服务器类型：应用层次、处理器架构和外观；

服务器与个人电脑的区别：硬件结构、性能、RAS 特性；

服务器的品牌：IBM、HP、联想、浪潮等；

服务器的功能：存储、运算、数据共享、网络服务等；

服务器操作系统的基础知识：Windows Server、Linux、Unix。

2. 服务器安装与调试实施方案的制订

3. 服务器的安装

服务器安装：机柜空间分配、导轨支架安装、服务器配件安装、服务器上架等；KVM 设备的安装；线缆的连接；UPS 和电源的安装；通电测试；磁盘阵列的配置（RAID 0、RAID 1 等）；服务器操作系统的安装。

4. 服务器的配置与调试

网络操作系统的配置：磁盘管理、用户和组权限配置、组策略配置、服务配置、安全策略配置等；

网络服务的安装与配置：IIS、POP3、SMTP、DNS、DHCP、域控制器等；

应用软件的安装与配置：MS-SQL Server、MySQL、Apache、CMS 系统、ERP 系统等。

5. 服务器的测试与备份

网络服务功能、性能的测试；网络操作系统的手动备份与自动备份；数据库的备份。

6. 职业素质的养成

遵守《信息安全等级保护管理办法》。

网络服务器安装与调试

学习任务 1：网络中心机房 Internet 代理服务器安装与调试

任务描述

学习任务学时：16 课时

任务情境：

现公司为了让员工能访问互联网，保障上网的便利性和安全性，让内部所有计算机均能通过代理服务器访问互联网，需要安装并调试 Internet 代理服务器。

网络管理员从项目经理处领取任务书和项目设计方案，与项目经理沟通，明确任务要求，约定装调时间；查看现场工作环境，查验设备，确保设备符合装调要求；制订经济、合理的网络服务器安装与调试实施方案；准备工具和软件；安装网络服务器的软件、配置服务和调试系统；检测与验证服务器的连通性、安全性和稳定性，撰写测试报告和工作日志；将测试报告提交项目经理。

具体要求见下页。

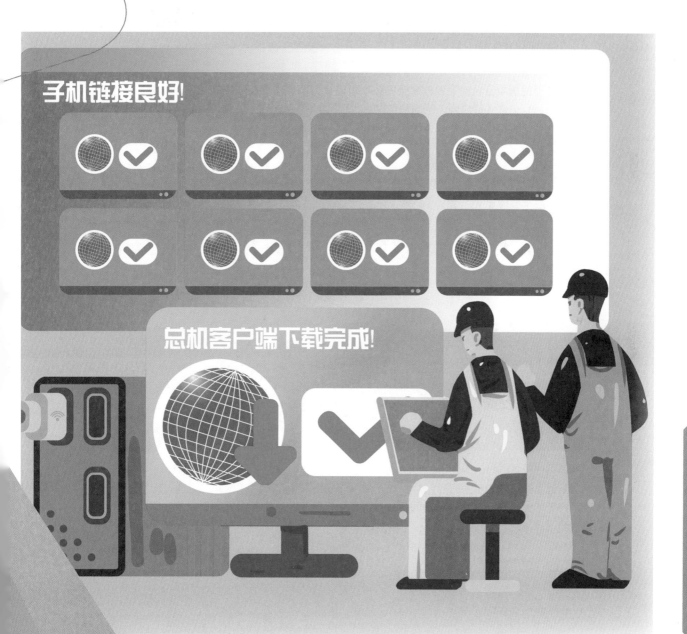

网络服务器安装与调试

工作流程和标准

工作环节 1

获取任务

网络管理员从项目经理处领取任务书和项目设计方案，与项目经理等相关人员进行专业的沟通，记录关键内容，明确任务需求，填写客户需求分析表【成果】。

主要成果：

客户需求分析表（服务器操作系统、代理软件、网络访问方式、客户端操作系统、客户端域环境等）。

工作环节 2

制订计划

网络管理员对中心机房进行现场勘查，并填写现场勘察报告【成果】。之后，网络管理员结合用户需求分析和机房的现场勘察报告对设备进行选型，选择合适的网络设备，填写网络设备选型表【成果】。

主要成果：

1.勘察报告（机房空间大小、机房电源、机房温/湿度系统、机房防火系统、机房防静电地板）；

2.网络设备选型表（设备型号、品牌、ＣＰＵ类型、硬盘接口类型、内存类型、数量）。

工作环节 3

安装调试

1. 设备购置好后，网络管理员开始进行设备的安装与调试，首先对服务器规划设计，完成 IP 规划表【成果】。

2. 服务器安装：安装好网络操作系统，配置网络、设置防火墙等。

3. 客户端安装：安装客户端操作系统，进行客户端网络配置、http 代理配置、foxmail 邮件代理配置、ftp 代理配置等操作，填写客户端代理配置表。

4. 设备的调试：网络管理员完成服务器及客户端的安装之后，对设备进行连接性的测试【成果】和功能性的测试【成果】，进行质量自检。

主要成果：

1. IP 规划表（设备、ＩＰ地址、子网掩码、网关、ＤＮＳ服务器）；

2. 客户端代理配置表（网络配置、http 代理配置、foxmail 邮件代理配置、ftp 代理配置）；

3. 连接性测试（测试目的、测试标准、测试环境、测试方法与步骤）；

4. 功能性测试（测试目的、测试标准、测试方法与步骤）。

工作环节 4

交付验收

在项目功能测试没有问题后，网络管理员对项目涉及的所有文档进行检查核对及整理打包，形成项目功能验收表【成果】，转交给项目经理，最后填写工程实施信息记录表【成果】。

主要成果：

1. 项目功能验收表（需求内容、验证步骤、验证结果、是通过）；

2. 工程实施信息记录表（项目名称、设备移交、账户移交、文档移交、项目完工简介、反馈意见、基础维护培训、工程师签字、项目经理签字）。

网络服务器安装与调试

学习内容

知识点	1.1 任务清单识读； 1.2 工作环境认知； 1.3 项目工作流程	2.1 现场勘查注意事项； 2.2 现场勘查的项目	3.1 服务器设备型号参数； 3.2 机柜设备型号参数； 3.3 设备安装说明	4.1 IP 地址的划分； 4.2 网络规划流程
技能点	1.1 领取任务书； 1.2 设计项目方案； 1.3 填写客户需求分析表； 1.4 考察工作环境	2.1 现场勘查流程； 2.2 填写勘查报告	3.1 设备购买流程； 3.2 填写网络设备选型表； 3.3 准备安装工具	4.1 规划服务器 IP 地址； 4.2 填写 IP 规划表
工作环节	**工作环节 1** **获取任务**		**制订计划** **工作环节 2**	
成果	1.1 客户需求分析表	2.1 现场勘查报告	3.1 网络设备选型表	4.1 网络规划表
素养	1.1 培养与人沟通的能力，培养于与客户和业务主管等相关人员进行沟通的过程中； 1.2 培养阅读理解及提取关键信息的能力，培养于阅读任务书及记录任务书关键内容的工作过程中	2.1 培养信息收集与处理能力，培养于现场勘查的工作过程中； 2.2 培养书面表达能力，培养于编写勘察报告的工作过程中	3.1 培养信息收集与处理能力，培养于获取网络设备信息的工作过程中； 3.2 培养分析、决策能力，培养于分析硬件的兼容性和性价比的工作过程中； 3.3 培养书面表达能力，培养于制订升级计划的工作过程中	4.1 培养敬业、精业、严谨、规范、用户至上的工匠精神，培养于按照工作计划和工作流程完成设备安装和软件维护流程的工作过程中

5.1 服务器安装流程； 5.2 服务器安装说明书	6.1 客户端代理软件类型； 6.2 系统数据备份； 6.3 客户端安装步骤； 6.4 代理服务器安装调试工具的使用	7.1 测试流程； 7.2 测试要求； 7.3 测试方法	8.1 验收要点； 8.2 验收细则； 8.3 管理标准； 8.4 答疑注意事项	9.1 施工记录要求； 9.2 施工记录细则
5.1 系统的配置； 5.2 防火墙的设置	6.1 客户端的配置； 6.2. 安装代理服务器软件； 6.3. 填写客户端代理配置表	7.1 连接性测试； 7.2 功能性测试； 7.3 填写连接性测试表； 7.4 填写功能性测试表	8.1 与客户一起验收项目； 8.2 展示与讲解安装的设备及软件； 8.3 清理工作现场； 8.4 填写项目功能验收表	9.1 整理施工资料； 9.2 填写工程实施信息记录表

工作环节 3 安装调试

工作环节 4 交付验收

5.1 服务器安装	6.1. 客户端客户端代理配置表	7.1 设备调试表	8.1 项目功能验收表	9.1 工程实施信息记录表
5.1 培养敬业、精业、严谨、规范、用户至上的工匠精神，培养于按照工作计划和工作流程完成设备安装和软件维护的工作过程中	6.1 培养敬业、精业、严谨、规范、用户至上的工匠精神，培养于按照工作计划和工作流程完成设备安装和软件维护的工作过程中	7.1 培养敬业、精业、严谨、规范、用户至上的工匠精神，培养于对常用工具软件功能检测的过程中； 7.2 培养辨识问题、解决问题的能力，培养于对常用工具软件调试的过程中； 7.3 培养文书撰写能力，培养于编写测试报告的工作过程中	8.1 培养与人沟通的能力，培养于与用户一起对新购计算机常用工具软件安装进行验收和确认的工作过程中； 8.2 培养严谨、规范的工匠精神，培养于清理工作现场的过程中； 8.3 培养文书撰写能力，培养于客户确认表的撰写过程中	9.1 培养敬业、精业、严谨、规范、用户至上的工匠精神，培养于记录施工信息的过程中； 9.2 培养文书撰写能力，培养于填写施工记录的过程中

网络服务器安装与调试

计算机网络应用 \ 181

① 获取任务　**②** 制订计划　**③** 安装调试　**④** 交付验收

工作子步骤	教师活动	学生活动	评价
获取任务 1. 领取任务书。 2. 明确客户项目需求。 3. 填写客户需求分析表。	1. 分发任务书；讲述项目实施流程。 2. 组织学生角色扮演；指导学生了解客户对网络服务器的安装需求情况。 3. 组织学生模拟部门负责人介绍现有网络服务器的组成情况。 4. 分发服务器安装需求清单。 5. 组织学生编写、设计项目方案。 6. 组织学生搜集常见网络服务器的常见工作环境。 7. 组织学生模拟客户需求分析。 8. 指导填写客户需求分析表。	1. 接收任务，识读项目任务书，写出项目实施流程。 2. 以角色扮演的形式与客户沟通，收集客户需求的信息，与下达任务的部门和客户沟通了解任务需求。 3. 认真模拟部门负责人对网络服务器进行介绍，同时安排一位同学配合部门负责人对网络服务器现状进行检查，将相关结果记录在任务单上。 4. 接收任务清单，识读服务器安装需求表。 5. 设计项目方案。 6. 分组搜集常见网络服务器的常见工作环境要求，并将搜集内容记录在卡片纸上展示并讲解。 7. 向部门主管(可由教师扮演)咨询任务需求。 8. 填写客户需求分析表。	1. 教师点评：学生回答任务书中的要点问题，教师抽答点评。 2. 小组互评：网络服务器特点和功能安装要求是否详细记录。 3. 教师点评：方案设计是否合理。 4. 教师点评：客户需求分析表填写是否正确。

课时：120min
1. 硬资源：投影、计算机、白纸、签字笔等。
2. 软资源：工作页、工具书、数字化资源等。

制订计划 1. 按照客户需求分析表及任务要求，进行现场勘查和设备选型。 2. 编写勘察报告和网络设备选型表。	1. 讲解现场勘查要点和注意事项。 2. 组织学生对实训机房进行模拟现场勘查。 3. 对勘查后的现场进行"8 S"管理。 4. 组织学生填写现场勘查报告。 5. 讲解服务器和机柜等网络设备的相关性能知识。 6. 分发设备选型情景任务书，组织学生根据给定情景进行设备选型。 7. 组织学生使用网络查找设备安装基本流程。 8. 组织学生使用网络查找并下载常见网络设备安装说明书。 9. 组织学生填写设备选型表。	1. 记录现场勘查的要点及注意事项。 2. 分组实训：以实训机房为模板，模拟现场勘查，并记录相关参数。 3. 填写现场勘察报告。 4. 记录服务器及设备机柜的类型、功能、各组件参数。 5. 每组给予 10000 元的预算，进行服务器等设备选型。 6. 每组给予千人规模学校中心机房建设情景进行服务器等设备选型。 7. 展示不同情景下的设备选型表。 8. 记录设备安装流程。 9. 通过网络查找设备安装说明书。 10. 填写本次任务设备选型表。	1. 小组互评：勘查结果是否准确，勘查报告填写是否合理。 2. 教师点评：服务器选型是否符合要求。 3. 教师点评：机柜选型是否符合要求。 4. 小组互评：设备安装说明书是否简单易懂。 5. 教师点评：设备选型是否符合任务需求。

课时：120min
1. 硬资源：投影仪、连上互联网的计算机、白纸、签字笔、卷尺等。
2. 软资源：工作页、工具书、数字化资源等。

| 1 获取任务 | 2 制订计划 | 3 安装调试 | 4 质量自检 | 5 交付验收 |

工作子步骤	教师活动	学生活动	评价
1. 备份客户数据文档。 2. 按实施流程和规范完成网络服务器的安装和测试。 3. 填写客户端代理配置表。	1. 组织学生使用工作页学习网络规划流程。 2. 讲解网络IP地址划分要点及划分规则。 3. 组织学生进行服务器的IP地址的划分。 4. 组织学生填写服务器IP地址规划表。 5. 组织学生通过工作页的阅读,画出服务器的安装要点和注意事项。 6. 使用旋转木马法让学生在组内说出服务器的安装注意事项。 7. 播放服务器和网络机柜的安装视频,并组织学生记录安装主要步骤要点。 8. 组织学生分组实训,收集学生在安装过程中出现的故障并引导其排查解决。 9. 组织学生对安装现场进行8S管理。 10. 向学生说明代理软件的安装、作用和如何选择代理软件。 11. 组织学生使用网络搜索代理软件,并比较代理软件之间的特点,最后选出合适的代理软件。 12. 讲解数据备份的重要性和操作流程。 13. 组织学生在客户端备份数据。 14. 组织学生安装客户端代理软件。 15. 组织学生填写客户端代理配置表。	1. 记录网络规划流程。 2. 记录IP地址划分要点。 3. 规划服务器的IP地址。 4. 填写IP地址规划表。 5. 记录服务器的安装要点和注意事项。 6. 观看设备安装视频。 7. 分组对机房机柜内的服务器进行安装实训。 8. 记录客户端代理软件安装的要点。 9. 每组上网搜索3个常用代理服务器软件。 10. 记录数据备份的重要性和操作流程。 11. 分组操作: 使用备份软件,备份客户端数据。 12. 分组操作: 安装客户端代理软件。 13. 填写客户端代理配置表。	1. 小组互评: IP地址规划是否合理。 2. 教师点评: 是否能正确地说出服务器的安装注意事项。 3. 教师点评: 代理软件的选择是否合理。 4. 教师评价: 客户端代理配置表填写情况。

课时: 160min
1. 硬资源: 投影、连上互联网的计算机、白纸、签字笔等。
2. 软资源: 工作页、工具书、数字化资源、服务器代理软件等。

工作子步骤	教师活动	学生活动	评价
4. 对安装好的服务器设备进行性能测试。 5. 填写相关测试表。	1. 介绍有关验收要点。 2. 组织学生查找有关测试网络连接性的方法。 3. 组织学生完成网络服务器功能的测试。 4. 组织学生测试。 5. 讲解企业作业规范的相关内容。 6. 教师使用PPT展示并介绍客户对服务器设备的使用效果,组织学生测试服务器设备使用效果。 7. 分发测试报告,组织学生填写。	1. 听取教师介绍测试方法和要求。 2. 上网搜集有关服务器安装测试的方法,收集相关资料并分类存档。 3. 使用测试方法完成对服务器设备的连接性测试。 4. 使用测试方法完成对服务器设备的功能性测试。 5. 了解相应企业作业规范的相关内容。 6. 听取教师展示服务器设备的使用效果并完成测试。 7. 识读测试报告,并完成测试和填写。	1. 小组互评: 测试网络服务器是否正确。 2. 教师评价: 学生对客户端的配置是否合理。 3. 教师评价: 学生对测试表的填写情况。

课时: 80min
1. 硬资源: 投影、连上互联网的计算机、白纸、签字笔等。
2. 软资源: 工作页、工具书、数字化资源等。

网络服务器安装与调试

安装调试

① 获取任务 ② 制订计划 ③ 安装调试 ④ 交付验收

工作子步骤	教师活动	学生活动	评价
1. 与用户一起对网络服务器设备的安装任务进行验收。 2. 填写项目验收表。	1. 以案例形式讲解网路服务器验收细节。 2. 验收各小组的工作成果。 3. 听取各小组汇报情况。 4. 讲解项目验收表的编写。 5. 组织小组编写项目验收表。 6. 总体评价工作过程。	1. 认真听取教师讲解，熟知网络服务器验收细节。 2. 小组展示工作成果，进行整机验收。 3. 汇报工作情况。 4. 认真听取教师讲解，熟知验收表的编写要点。 5. 编写项目验收表。 6. 小组互评项目验收表。	1. 教师点评：是否熟知服务器验收细节，教师抽答点评。 2. 教师点评：对各小组的工作成果及汇报情况进行点评。 3. 学生互评：听取各组讲解各自项目验收表的完成情况并进行简评。 4. 教师点评：根据任务整体完成情况点评各小组的优缺点。

课时：80min
1. 硬资源：投影、连上互联网的计算机、白纸、签字笔、白板等。
2. 软资源：工作页、工具书、数字化资源等。

3. 整理施工资料。 4. 填写施工信息记录表。	1. 带领学生整理施工过程所用资料。 2. 讲解施工记录细则。 3. 讲解工程实施信息记录表的编写。	1. 组织整理项目实施过程中的资料并分类存档。 2. 认真听取教师讲解，熟知施工记录细则。 3. 小组完成工程实施信息记录表。	教师点评：根据任务完成整体情况点评各小组的优缺点

课时：40min
1. 硬资源：投影仪、连上互联网的计算机、白纸、签字笔、白板等。
2. 软资源：工作页、工具书、数字化资源等。

交付验收

网络服务器安装与调试

学习任务 2：网络中心机房 DHCP 服务器安装与调试

任务描述

学习任务学时：16 课时

任务情境：

公司为了在局域网中实现 IP 动态分配，各用户统一使用域账号登录入网，现要求网络管理员安装 Windows 操作系统、配置 DHCP 服务器。

网络管理员从项目经理处领取任务书和项目设计方案，查看现场工作环境，查验设备，确保设备符合 DHCP 服务器和域控服务器的要求；根据项目设计方案要求，制订经济、实用的网络服务器安装与调试实施方案；准备工具和软件；安装网络服务器的软件、配置服务和调试系统；检测与验证服务器的连通性、功能性、安全性和稳定性，撰写测试报告和工作日志；将测试报告和客户确认表提交项目经理。

具体要求见下页。

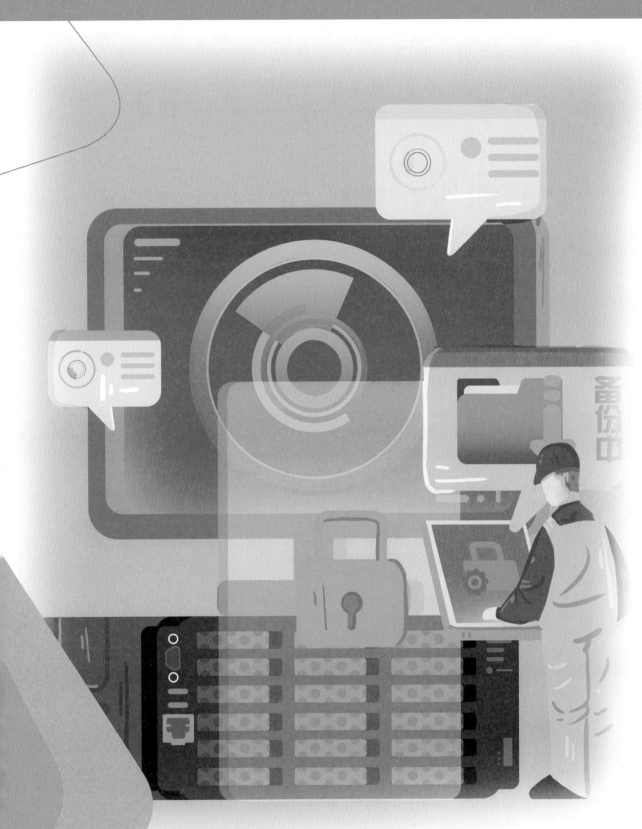

工作流程和标准

工作环节 1

获取任务

网络管理员从项目经理处领取任务书和项目设计方案，与项目经理等相关人员进行专业的沟通，记录关键内容，明确任务需求，填写网络中心机房 DHCP 服务器安装与调试项目任务单【成果】。

主要成果：

项目任务单（建设单位基本信息、客户基本信息、建设目标以及进度安排、验收项目）。

工作环节 2

制订计划

网络管理员根据项目经理提供的项目设计方案，制作项目需求分析表【成果】，提炼本项目的重点需求条目。

主要成果：

项目需求分析表（服务器操作系统、服务、网络访问方式、客户端操作系统、客户端域环境、客户端功能需求、工期要求）。

工作环节 3

DHCP 服务器安装

1. 服务器规划设计：在安装之前，网络管理员需要对公司现有的 IP 地址进行规划，形成 IP 地址规划表【成果】；然后对 DHCP 地址进行规划，形成 DHCP 地址池规划表【成果】。

2. 服务器安装配置操作：网络管理员对网络服务器进行 DHCP 功能的安装，在 DHCP 服务安装后，创建了一个新域，配置 DHCP 服务，填写 DHCP 服务配置表【成果】。

3. 客户端安装配置操作：网络管理员将客户端加入创建的域中，并设置通过网络自动获取 IP 地址。

主要成果：

1. ＩＰ地址规划表（设备、ip 地址、子网掩码、网关、DNS 服务器）；

2. DHCP 地址池规划表（地址池范围、网关、DNS）；

3. DHCP 服务配置表（域名、服务器 IP、地址池范围、租期）。

工作环节 4

质量自检

网络管理员完成 DHCP 服务、客户端的安装和配置，在交与项目经理前，自己对项目进行连通性测试【成果】和功能性测试【成果】。

主要成果：

1. 连通性测试（测试目的、测试标准、测试环境、测试方法与步骤、测试结果）；

2. 功能性测试（测试目的、测试标准、测试环境、测试方法与步骤、测试结果）。

工作环节 5

交付验收

在项目功能测试没有问题后，网络管理员对项目涉及的所有文档进行检查核对及整理打包，形成项目功能验收表【成果】，转交给项目经理，最后填写工程实施信息记录表【成果】。

主要成果：

1. 项目功能验收表（需求内容、验证步骤、验证结果、是否通过）；

2. 工程实施信息记录表（项目名称、设备移交、账户移交、文档移交、项目完工简介、反馈意见、基础维护培训、工程师签字、项目经理签字）。

网络服务器安装与调试

学习内容

知识点	1.1 任务清单识读; 1.2 工作环境认知; 1.3 项目工作流程	2.1 识读项目设计方案; 2.2 项目实施流程; 2.3 整理客户需求; 2.4 选用合适的网络操作系统	3.1 IP 地址的划分; 3.2 网络规划流程	4.1 地址池的分配; 4. DHCP 的配置
技能点	1.1 领取任务书; 1.2 设计项目方案; 1.3 记录关键内容; 1.4 填写项目任务单	2.1 提取项目需求要点; 2.2 分析项目实施环境; 2.3. 填写项目需求分析表	3.1 规划服务器 IP 地址; 3.2 填写 IP 规划表	4.1 规划地址池 IP; 4.2 填写 DHCP 地址池规划表
工作环节	**工作环节 1** **获取任务**	**工作环节 2** **制订计划**	**工作环节 3** **DHCP 服务器安装**	
成果	1.1 项目任务单	2.1 项目需求分析表	3.1 IP 地址规划表	4.1 DHCP 地址池规划表
素养	1.1 培养与人沟通的能力,培养于与客户和业务主管等相关人员进行沟通的过程中; 1.2 培养阅读理解及提取关键信息的能力,培养于阅读任务书及记录任务书关键内容的工作过程中	2.1 培养信息收集与处理能力,培养于获取项目需求的工作过程中; 2.2 培养分析、决策能力,培养于进行需求分析的工作过程中; 2.3 培养书面表达能力,培养于制订升级计划的工作过程中	3.1 培养敬业、精业、严谨、规范、用户至上的工匠精神,培养于按照工作计划和工作流程完成 DHCP 服务安装和维护流程的工作过程中	4.1 培养敬业、精业、严谨、规范、用户至上的工匠精神,培养于按照工作计划和工作流程完成 DHCP 服务安装和维护流程的工作过程中

5.1 DHCP 服务器测试工具的使用须知; 5.2 DHCP 服务器调试工具的种类	6.1 测试流程; 6.2 测试要求; 6.3 测试方法	7.1 测试流程; 7.2 测试要求; 7.3 测试方法	8.1 验收要点; 8.2 验收细则; 8.3 管理标准; 8.4 答疑注意事项	9.1 施工记录要求; 9.2 施工记录细则
5.1 安装 DHCP 服务器; 5.2 设置 DHCP 服务器; 5.3 检查配置正确性; 5.4 填写 DHCP 服务配置表	6.1 连通性测试 6.2 填写连通性测试表	7.1 填写连通性测试表	8.1 与客户一起验收项目; 8.2 展示与讲解安装的服务器功能; 8.3 清理工作现场; 8.4 填写项目功能验收表	9.1 整理施工资料; 9.2 填写工程实施信息记录表

工作环节 5

交付验收

质量自检

工作环节 4

5.1 DHCP 服务配置表	6.1 连通性测试表	7.1 功能性测试表	8.1 项目功能验收表	9.1 工程实施信息记录表
5.1 培养敬业、精业、严谨、规范、用户至上的工匠精神,培养于按照工作计划和工作流程完成 DHCP 服务安装和维护流程的工作过程中	6.1 培养敬业、精业、严谨、规范、用户至上的工匠精神,培养于对常用工具软件功能检测的工作过程中; 6.2 培养辨识问题、解决问题的能力,培养于对常用工具软件调试的工作过程中; 6.3 培养文书撰写能力,培养于编写测试报告的工作过程中	7.1 培养敬业、精业、严谨、规范、用户至上的工匠精神,培养于对常用工具软件功能检测的过程中; 7.2 培养辨识问题、解决问题的能力,培养于对常用工具软件进行调试的过程中; 7.3 培养文书撰写能力,培养于编写测试报告的工作过程中	8.1 培养与人沟通的能力,培养于与用户一起对新购计算机常用工具软件安装进行验收和确认的工作过程中; 8.2 培养严谨、规范的工匠精神,培养于工作现场清理的工作过程中; 8.3 培养文书撰写能力,培养于客户确认表的撰写过程中	9.1 培养敬业、精业、严谨、规范、用户至上的工匠精神,培养于填写施工信息的工作过程中; 9.2 培养文书撰写能力,培养于填写施工记录的工作过程中

网络服务器安装与调试

学习任务 2：网络中心机房ＤＨＣＰ服务器安装与调试

① 获取任务	② 制订计划	③ DHCP 服务器安装	④ 质量自检	⑤ 交付验收

	工作子步骤	教师活动	学生活动	评价
获取任务	1. 领取任务书。 2. 明确客户项目需求。 3. 填写项目任务单。	1. 分发任务书；讲述项目实施流程。 2. 组织学生角色扮演；指导学生了解客户对网络服务器的安装需求情况。 3. 组织学生模拟部门负责人介绍现有网络服务器的配置情况。	1. 接收任务，识读项目任务书，写出项目实施流程。 2. 以角色扮演的形式，与客户沟通，收集客户需求的信息，与下达任务的部门和客户沟通了解任务需求。 3. 认真模拟部门负责人对网络服务器进行介绍，同时安排一位同学配合部门负责人对网络服务器现状进行检查，将相关结果记录在任务单上。	1. 教师点评：学生回答任务书中的要点问题，教师抽答点评。 2. 小组互评：网络服务器 DHCP 组件特点和功能安装要求记录是否详细。
	课时：80min 1. 硬资源：投影、计算机、白纸、签字笔等。 2. 软资源：工作页、工具书、数字化资源等。			
制订计划	1. 按照任务要求，进行项目分析。 2. 编写项目需求分析表。	1. 分发服务器安装需求清单。 2. 组织学生编写设计项目设计方案。 3. 组织学生搜集常见网络服务器的常见工作环境。 4. 组织学生模拟客户需求分析。 5. 指导填写项目需求分析表。	1. 接收任务清单，识读服务器安装需求表。 2. 根据任务需求，设计项目方案。 3. 分组搜集常见网络服务器的常见工作环境要求，并将搜集内容记录在卡片纸上展示并讲解。 4. 向部门主管（可由教师扮演）咨询任务需求。 5. 填写项目需求分析表。	1. 教师点评：方案设计是否合理。 2. 教师点评：客户需求分析表填写是否正确。
	课时：80min 1. 硬资源：投影、计算机、白纸、签字笔等。 2. 软资源：工作页、工具书、数字化资源等。			
DHCP 服务器安装	1. 规划地址表。 2. 按实施流程和规范完成 DHCP 服务器的安装和测试。 3. 填写 DHCP 服务器配置表。	1. 讲解网络ＩＰ地址划分要点及划分规则。 2. 组织学生进行服务器的ＩＰ地址的划分。 3. 组织学生填写服务器ＩＰ地址规划表。 4. 组织学生使用网络查找 DHCP 安装流程，并记录要点。 5. 播放 DHCP 服务器安装操作视频，并组织学生记录视频中介绍的操作主要步骤的要点。 6. 组织学生动手使用虚拟机安装 DHCP 服务器组件，收集安装过程中出现的故障，并引导学生排查故障。 7. 组织学生进行小组内相互检查 DHCP 服务器配置参数是否符合任务需求。 8. 组织学生使用网络查找 DHCP 服务器测试方法。	1. 记录 IP 地址划分的方法。 2. 根据任务需求，规划 DHCP 地址池的地址范围。 3. 填写 IP 地址规划表。 4. 分组通过网络查找 DHCP 安装流程。 5. 观看 DHCP 服务器安装操作视频，记录 DHCP 服务器安装步骤中的要点。 6. 动手安装 DHCP 服务器组件。 7. 配置安装好的 DHCP 服务器，并记录配置参数。	1. 教师点评：ＩＰ地址划分是否正确。 2. 小组互评：DHCP 服务器配置参数是否符合任务需求。 3. 小组互评：DHCP 服务器测试方法实用性。

① 获取任务　② 制订计划　③ DHCP 服务器安装　④ 质量自检　⑤ 交付验收

	工作子步骤	教师活动	学生活动	评价
DHCP 服务器安装		9. 组织学生上台展示搜索到的 DHCP 服务器测试方法。 10. 讲解 DHCP 服务器测试工具使用须知。	8. 组内成员相互检查 DHCP 服务器配置参数是否符合任务需求。 9. 分组上网查找三种 DHCP 服务器测试方法并记录和展示。 10. 记录 DHCP 服务器测试工具使用须知。	

课时：240min
1. 硬资源：投影、计算机、白纸、签字笔、白板 等。
2. 软资源：工作页、工具书、数字化资源等。

	工作子步骤	教师活动	学生活动	评价
质量自检	1. 对安装好的服务器设备进行性能测试。 2. 填写相关测试表。	1. 介绍有关验收要点。 2. 组织学生查找有关测试网络连接性的方法。 3. 组织学生完成网络服务器功能的测试。 4. 讲解企业作业规范的相关内容。 5. PPT 展示介绍客户对服务器设备的使用效果，组织学生测试服务器设备使用效果。 6. 分发测试报告，组织学生填写。	1. 听取教师介绍测试方法和要求。 2. 上网搜集有关服务器安装测试方法，收集相关资料并分类存档。 3. 完成对服务器设备的连接性测试和功能性测试。 4. 了解企业作业规范的相关内容。 5. 测试服务器设备使用效果。 6. 识读测试报告并完成测试和填写。	1. 小组互评：测试网络服务器是否正确。 2. 教师评价：学生对客户端的配置是否合理。 3. 教师评价：学生对测试表的填写情况。

课时：40min
1. 硬资源：投影、计算机、白纸、签字笔、白板等。
2. 软资源：工作页、工具书、数字化资源等。

	工作子步骤	教师活动	学生活动	评价
质量自检	1. 整理施工资料。 2. 进行项目验收。 3. 填写施工信息记录表。	1. 教师以案例形式讲解网路服务器 DHCP 配置验收细节。 2. 教师验收各小组的工作成果。 3. 听取各小组汇报情况。 4. 教师讲解项目验收表的编写。 5. 组织小组编写项目验收表。 6. 组织小组完成工程实施信息记录表。 7. 教师带领学生整理施工过程所用资料。 8. 教师讲解施工记录细则。 9. 教师讲解工程实施信息记录表的编写。	1. 认真听取教师讲解，熟知 DHCP 服务器配置验收细节。 2. 小组展示工作成果，进行整机验收。 3. 汇报工作情况。 4. 认真听取教师讲解，熟知确认表的编写要点。 5. 编写项目验收表。 6. 小组互评项目验收表。 7. 小组整理项目实施过程中的资料，分类存档。 8. 通过教师讲解熟知施工记录细则。 9. 小组完成工程实施信息记录表。	1. 教师点评：是否熟知 DHCP 服务器验收细节，教师抽答点评。 2. 教师点评：对各小组的工作成果及汇报情况进行点评。 3. 学生互评：听取各组讲解各自项目验收表的完成情况并进行简评。 4. 教师点评：根据任务整体完成情况点评各小组的优缺点。

课时：40min
1. 硬资源：投影仪、计算机、白纸、签字笔等。
2. 软资源：工作页、工具书、数字化资源等。

网络服务器安装与调试

学习任务 3：网络中心机房 MS-SQL 数据库服务器安装与调试

任务描述

学习任务学时：24 课时

任务情境：

　　某物流公司为了实现货物进销存数据的快速查询、统计、筛选与核算等功能，计划申请在公司的网络中心机房搭建数据库服务器。要求网络管理员设置 RAID 1 或 RAID 5，安装 Windows 操作系统，配置 MS-SQL 数据库服务器。

　　网络管理员从项目主管处领取任务书和项目设计方案，查看现场工作环境，查验设备并确保符合数据库服务器的要求；根据项目设计方案要求，制订网络服务器安装与调试的实施方案；准备工具和软件；安装网络服务器的软件、配置服务和调试系统；检测与验证服务器的连通性、安全性和稳定性，撰写测试报告和工作日志；将测试报告和客户确认表提交项目经理。

　　具体要求见下页。

MS-SQL数据库

100%

工作流程和标准

工作环节 1

与客户作安装前沟通

根据任务要求，从业务主管处领取任务书，与客户和业务主管等相关人员进行专业的沟通，记录关键内容，明确客户意向，制订网络服务器安装与调试的实施方案【成果】。

主要成果：

网络服务器安装与调试的实施方案（工作环境，是否符合数据库服务器的要求）。

工作环节 2

制订安装流程表

根据网络服务器安装与调试的实施方案，准备相关工具和软件，制订安装流程表【成果】，跟客户沟通确认，报相关主管审批。

主要成果：

安装流程表（查验服务器硬件设备，设置 RAID 1 或 RAID，安装 Windows 操作系统，配置 MS-SQL 数据库服务器）。

工作环节 3

安装调试系统

1. 从满足货物进销存数据的快速查询、统计、筛选与核算等功能的角度出发，按照安装流程表，分析常用安装工具、软件的使用注意事项，包括软件的安装方法及需要何种版本。填写安装工具领取单【成果】。

2. 安装具体内容：领取并正确使用安装工具和软件，采用服务器安装技术完成服务器的安装和运行测试，并安装网络服务器的软件、配置服务和调试系统，检测与验证服务器的连通性、安全性和稳定性。完成服务器安装【成果】。

3. 按照《计算机软件保护条例》和企业作业规范，检查服务器是否安装成功、软件是否合法使用，确保服务器能正常运行。编写测试报告【成果】。

主要成果：

1. 安装工具领取单（工具名称，型号，数量）；

2. 已安装完毕的服务器（软硬件正常运行，数据库服务器运行正常）；

3. 测试报告（服务器开机正常，数据库运行流畅）。

工作环节 4

交付验收

完成任务后，与客户对完成安装的服务器进行验收和确认，回答客户问题，填写客户确认表【成果】，清理工作现场，将客户确认表提交部门主管。

主要成果：客户确认表（符合客户需求）。

网络服务器安装与调试

学习内容

知识点	1.1 项目资料的收集方法； 1.2 实施方案的制作方法	2.1 制作安装流程表的注意事项	3.1 领取安装工具和软件等注意事项	4.1 安装和运行测试服务器的技巧； 4.2 安装网络服务器的软件、配置服务和调试系统的方法
技能点	1.1 获取并收集项目资料； 1-2. 制作项目实施方案	2.1 确定网络服务器安装与调试的内容	3.1 确定安装工具和软件信息	4.1 安装和运行测试服务器； 4.2 安装网络服务器的软件、配置服务和调试系统； 4.3 检测与验证服务器的连通性、安全性和稳定性
工作环节	**工作环节 1** 与客户作安装前沟通	制订 安装流程表 **工作环节 2**		
成果	1.1 网络服务器安装与调试的实施方案	2.1 安装流程表	3.1 安装工具领取单	4.1 已安装完毕的服务器
素养	1.1 培养与人沟通的能力，与客户在安装前进行沟通； 1.2 培养方案制作的能力	2.1 培养逻辑思维，培养收集关键信息的能力	3.1 培养专业选购能力	4.1 培养敬业、精业、规范的工匠精神

5.1 检查服务器、服务和软件的技巧及方法； 5.2 撰写测试报告的标准		7.1 工作日志模板
5.1 检查服务器、服务和软件； 5.2 撰写测试报告	6.1 与客户对完成安装的服务器进行验收和确认	7.1 撰写工作日志

工作环节 4

交付验收

工作环节 3

安装调试系统

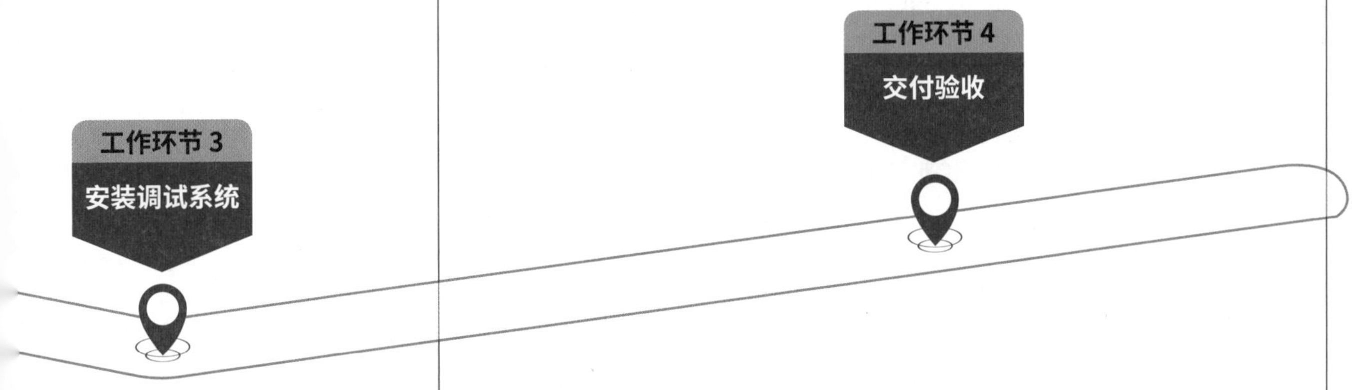		
5.1 测试报告	6.1 客户确认表	7.1 工作日志
5.1 培养敬业、精业、规范的工匠精神； 5.2 培养文稿制作的能力	6.1 培养敬业、精业、严谨、规范、用户至上的工匠精神，培养于根据意见修改后续服务的过程中	7.1 培养文书撰写的能力，培养于撰写工作日志的工作过程中； 7.2 培养严谨、规范的工匠精神，培养于工作现场清理的工作过程中

网络服务器安装与调试

1 与客户作安装前沟通　　**2** 制订安装流程表　　**3** 安装调试系统　　**4** 交付验收

工作子步骤	教师活动	学生活动	评价
1. 领取任务书。 2. 明确网络服务器安装与调试的实施方案。 3. 制作项目实施方案。	1. 分发常见网络服务器设备图, 巡回指导学生填写常见网络服务器设备图。 2. 分发网络服务器设备登记表。 3. 组织学生上网搜索除"常见网络服务器设备图"以外的常见网络服务器设备, 并监督指导小组展示。 4. 组织各小组讨论, 并巡回指导。 5. 组织全班讨论活动, 梳理出常用网络服务器设备。 6. 组织学生填写网络服务器设备名称登记表。 7. 演示如何搜索相应网络服务器设备, 讲解常见网络服务器设备的名称; 组织各组挑选性价比最高的常见网络服务器设备。 8. 组织学生梳理不同常用网络服务器设备的特点和功能。 9. 分发项目任务书, 讲述项目任务书要点。 10. 组织学生角色扮演, 指导学生了解客户对网络服务器设备的安装需求情况。 11. 组织学生模拟部门负责人介绍现有网络服务器设备情况。 12. 组织学生用专业术语描述网络服务器。 13. 组织学生模拟客户需求分析。 14. 指导制作项目实施方案。	1. 接收并识读常见网络服务器设备图; 填写常见网络服务器设备图, 并展示讲解。 2. 接收网络服务器设备登记表。 3. 利用网络资源, 独立查找除常见网络服务器图以外的常见网络服务器设备, 至少记录 3 个在卡片纸上展示讲解。 4. 小组内部讨论出 5 个组内成员认可的常见网络服务器设备, 并分别写在卡纸上并展示讲解。 5. 全班同学利用所有的技巧从中选出 8 个常用网络服务器设备。 6. 填写网络服务器设备名称登记表上相关网络服务器设备的名称。 7. 小组上网搜索一块 10000 元左右的低性能常见网络服务器设备、一块 50000 元左右的高性能常见网络服务器设备, 把其详细设备特点和功能记录在相应的 A4 表上, 并展示; 各组挑选出性价比最高的常用网络服务器设备。 8. 学生独立梳理不同常用网络服务器设备的特点功能。 9. 接收任务, 识读项目任务书, 写出项目任务书要点。 10. 以角色扮演的形式, 与客户沟通, 收集客户需求的网络服务器设备的信息, 与下达任务部门和客户沟通了解任务需求。 11. 认真模拟部门负责人对网络服务器设备进行介绍, 同时安排一位同学配合部门负责人对网络服务器设备现状进行检查, 将相关结果记录在任务单上。 12. 用专业术语描述网络服务器设备。 13. 向部门主管(可由教师扮演)咨询任务需求。 14. 认真制作项目实施方案。	1. 教师点评: 学生是否正确填写常见网络服务器设备图。 2. 教师点评: 观察学生上网搜索资讯的状态, 提出口头表扬; 收集各组优点, 并做集体点评; 表扬被挑选到较多卡片的小组, 并给适当奖励。 3. 小组互评: 点评其他小组的常用网络服务器设备特点和功能, 选出性价比最高的常用网络服务器设备, 并说明理由。 4. 教师点评: 学生回答任务书中的要点问题, 教师抽答点评。 5. 小组互评: 网络服务器特点和功能是否详细记录。 6. 教师点评: 项目实施方案是否正确。

（左侧竖排）与客户作安装前沟通

课时: 120min

1. 硬资源: 能上网的计算机、教师机等。
2. 软资源: 常见网络服务器设备图、网络服务器设备名称登记表等。
3. 教学设施: 白板笔、展示板等。

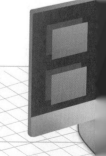

| ① 与客户作安装前沟通 | ② 制订安装流程表 | ③ 安装调试系统 | ④ 交付验收 |

工作子步骤	教师活动	学生活动	评价
按照项目实施方案，编写网络服务器设备安装流程。	1.组织学生分组观察网络服务器的组成。 2.组织学生上网搜索网络服务器的安装方式。 3.教师介绍不同的网络服务器的优缺点。 4.组织小组讨论网络服务器安装的注意事项。 5.组织学生上网搜集网络服务器系统版本的区别，组织组内讨论不同版本有哪些不同功能更新。 6.组织学生下载网络服务器相应的系统版本。 7.组织小组讨论项目需要的网络服务。 8.组织小组确定项目需要的网络服务。 9.组织小组讨论项目需要的软件。 10.组织小组确定项目需要的软件。 11.组织小组编写网络服务器设备安装流程。	1.分组认真观察网络服务器的组成。 2.独立上网搜索网络服务器的安装方式，并对连接方式进行比较，将比较结果记录在卡片纸上上交并讲解。 3.听教师介绍不同的网络服务器的优缺点。 4.小组讨论搜集到的网络服务器安装注意事项，记录在 A4 纸上，并将记录结果汇总。 5.上网搜集网络服务器系统版本的区别，组内讨论不同版本有哪些不同服务功能更新。 6.独立上网搜集并下载网络服务器相应的系统版本。 7.小组讨论搜索项目需要的网络服务，记录在 A4 纸上，并将记录结果汇总。 8.小组确定项目需要的网络服务，记录在 A4 纸上，并将记录结果汇总。 9.小组讨论搜索项目需要的软件，记录在 A4 纸上，并将记录结果汇总。 10.小组确定项目需要的软件，记录在 A4 纸上，并将记录结果汇总。 11.小组编写网络服务器设备安装流程。	1.小组互评：网络服务器安装方式是否规范，分析网络服务器相应的系统版本是否符合项目要求。 2.小组互评：分析网络服务是否全面，分析项目需要的软件是否符合项目需求。

制订安装流程表

课时： 180min
1. 硬资源：能上网的计算机、教师机等。
2. 教学设施：卡片等。

网络服务器安装与调试

❶ 与客户作安装前沟通　❷ 制订安装流程表　❸ **安装调试系统**　❹ 交付验收

工作子步骤	教师活动	学生活动	评价
安装调试系统			
1. 确定安装工具和软件信息。 2. 安装和运行测试服务器。 3. 安装网络服务器的软件。 4. 配置服务和调试系统。 5. 检测与验证服务器的连通性、安全性和稳定性。	1. 教师讲解安装工具的使用和软件领取等注意事项。 2. 组织学生领取安装工具和软件。 3. 组织学生领取相应网络服务器设备的系统版本。 4. 组织学生安装网络服务器系统 Windows server 操作系统。 5. 组织学生激活 Windows server 操作系统。 6. 组织各小组讨论以上操作是否成功，并巡回指导。 7. 组织学生根据项目方案配置服务器 IP 地址。 8. 组织学生根据项目更改服务器主机名。 9. 组织学生上网搜索资料，配置和修复 RAID1 阵列。 10. 组织学生上网搜索安装 MS-SQL 数据库的方法。 11. 组织学生安装 MS-SQL 数据库，并巡回指导。 12. 组织学生上网搜索配置 MS-SQL 数据库的方法。 13. 组织学生配置 MS-SQL 数据库，并巡回指导。 14. 组织学生上网搜索安装 SSMS 管理工具的方法。 15. 组织学生安装 SSMS 管理工具。 16. 组织学生上网搜索简单的 SQL 查询语句。 17. 组织学生使用一些简单的 SQL 查询语句检测数据库。	1. 学生听讲安装工具的使用和软件领取等注意事项，并做好记录。 2. 领取安装工具和软件。 3. 领取相应网络服务器设备的系统版本。 4. 利用网络资源，独立安装网络服务器系统 Windows server 操作系统，记录过程中遇到的故障问题，分别写在卡纸上并展示讲解。 5. 利用激活软件对网络服务器 Windows server 操作系统进行激活。 6. 小组内部讨论以上操作是否成功，分别写在卡纸上并展示讲解。 7. 学生利用所学到的网络基础知识，根据项目方案配置服务器 IP 地址并展示讲解。 8. 学生利用所学到的网络基础知识，根据项目更改服务器主机名并展示讲解。 9. 学生独自搜索 RAID1 阵列的相关资料和配置方法，记录在卡片纸上展示并讲解。 10. 利用网络资源，上网搜索安装 MS-SQL 数据库的方法。 11. 学生安装 MS-SQL 数据库，把安装关键步骤写在卡纸上并展示讲解。 12. 利用网络资源，上网搜索配置 MS-SQL 数据库的方法。 13. 学生配置 MS-SQL 数据库，把配置过程的关键步骤写在卡纸上并展示讲解。 14. 利用网络资源，上网搜索安装 SSMS 管理工具的方法。 15. 学生安装 SSMS 管理工具。 16. 利用网络资源，上网搜索简单的 SQL 查询语句，分别写在卡纸上并展示讲解。 17. 使用一些简单的 SQL 查询语句检测数据库。	1. 学生互评：对安装工具和软件领取等注意事项进行点评，点评行业领取的规范性。 2. 教师评价：学生安装网络服务器系统 windows server 操作系统是否规范；学生根据项目方案配置服务器 IP 地址是否规范；学生根据项目更改服务器主机名是否规范；学生配置和修复 RAID1 阵列是否规范；学生安装 MS-SQL 数据库是否规范；对学生配置 MS-SQL 数据库是否规范；学生安装 SSMS 管理工具是否规范。 3. 教师点评：观察学生上网搜索资讯状态，提出口头表扬；收集各组优点，并做集体点评；表扬被挑选到较多卡片的小组，并给适当奖励。

课时： 240min

1. 硬资源：能上网的计算机、教师机等。
2. 软资源：展示板等。
3. 教学设施：卡片纸等。

1 与客户作安装前沟通	2 制订安装流程表	3 安装调试系统	4 交付验收

	工作子步骤	教师活动	学生活动	评价
安装调试系统	6. 检查服务器、服务和软件。 7. 检查相关设备是否正确安装使用。 8. 撰写测试报告。	1. 介绍有关验收要点。 2. 组织学生查找有关测试网络服务器的方法。 3. 组织学生检查相应网络服务是否正常安装使用。 4. 组织学生测试服务功能。 5. 介绍学校电子阅览室的客户需求；讲解企业作业规范的相关内容。 6.PPT 展示介绍客户对设备的使用效果的描述，组织学生测试设备使用效果。 7. 组织学生测试 MS-SQL 数据库是否正常运行。 8. 分发测试报告，组织学生填写。	1. 听取教师介绍验收要点。 2. 上网搜集有关网络服务器测试方法，收集相关资料并分类存档。 3. 网上搜索相应网络服务是否正常安装使用的测试方法，讨论分析并做好记录。 4. 使用测试方法完成服务功能的测试。 5. 听教师介绍电子阅览室的客户需求；了解相应企业作业规范的相关内容。 6. 学生认真听取教师介绍客户对设备使用效果的描述，按客户要求检测设备的使用效果。 7. 学生测试 MS-SQL 数据库是否正常运行。 8. 识读测试报告并完成测试和填写。	1. 小组互评：测试网络服务器是否正确。 2. 教师评价：学生对企业作业规范的理解程度。 3. 教师评价：学生对测试报告的填写情况。

课时： 240min
1. 硬资源：能上网的计算机、教师机等。
2. 软资源：PPT、企业作业规范文档、测试报告等。

	工作子步骤	教师活动	学生活动	评价
交付验收	1. 与用户一起对网络服务器设备的安装任务进行验收。 2. 填写客户确认表。	1. 以案例形式讲解网络服务器设备任务验收方法。 2. 组织学生角色扮演，教师验收各小组的工作成果。 3. 听取各小组汇报检测情况。 4. 分发空白的客户确认表，介绍空白的客户确认表中的重要内容。 5. 组织小组填写客户确认表。 6. 收集文档。 7. 组织学生清理现场。	1. 听教师介绍网络服务器设备任务验收方法。 2. 小组角色扮演，模拟与用户一起对网络服务器设备的安装进行验收。 3. 小组汇报网络服务器设备检测情况。 4. 接收空白的客户确认表，并听教师介绍表中的重点内容。 5. 填写客户确认表。 6. 小组互评客户确认表。将测试报告和客户确认表提交"部门主管"。 7. 按"8S"标准清理工作现场。	1. 教师点评：对各小组的工作成果及验收情况进行点评。 2. 小组互评：听取各组讲解各自客户确认表的完成情况并进行简评。 3. 教师点评：客户确认表填写是否合理。

课时： 40min
1. 硬资源：能上网的计算机、教师机等。
2. 软资源：验收的相关资料：行业企业安全守则与操作规范、《计算机软件保护条例》、客户确认空白表、客户后期维护合同等。

网络服务器安装与调试

学习任务 4：网络中心机房 Linux、MYSQL、Apache 和 PHP 服务器安装与调试

任务描述

学习任务学时：**24** 课时

任务情境：

某单位网络中心为了运用 CMS 系统，实现网站内容（如咨询网站）的管理，要求网络管理员安装 Linux 操作系统和 MySQL 数据库，配置 Apache 和 PHP 服务。

网络管理员从项目经理处领取任务书和项目设计方案，勘察现场，查验设备并确保符合服务器的要求；根据项目设计方案要求，制订网络服务器安装与调试的实施方案；准备工具和软件；安装服务器的软件、配置服务和调试系统；检测与验证服务器的连通性、安全性和稳定性，撰写测试报告和工作日志；将测试报告和客户确认表提交项目经理。

具体要求见下页。

工作流程和标准

工作环节 1

获取任务

　　根据任务要求，从业务主管处领取任务书，与客户和业务主管等相关人员进行专业的沟通，记录关键内容，明确客户意向，制订任务单【成果】。任务单要明确各方责任人，界定工作职责及范围，确定验收标准等信息，避免因信息不明确造成推卸责任而使项目延期。

主要成果：

任务单（建设单位基本信息，客户基本信息，建设目标以及进度安排，验收项目）。

工作环节 2

制订计划

根据项目经理提供的项目设计方案，制作项目需求分析表。

主要成果：

项目需求分析表（服务器操作系统，服务，代理软件，网络访问方式，客户端操作系统，客户端环境，客户端功能需求，工期要求）。

工作环节 3

安装调试系统

1. 从满足各服务功能的角度出发，按照项目需求分析表，分析常用安装工具、软件的使用注意事项，包括软件的安装方法、需要何种版本。填写安装工具领取单【成果】。

2. 安装具体内容：领取并正确使用安装工具和软件，采用服务器安装技术完成服务器的安装和运行测试，安装网络服务器的软件、配置服务和调试系统，检测与验证服务器的连通性、安全性和稳定性。完成服务器安装【成果】。

3. 按照《计算机软件保护条例》和企业作业规范，检查服务器是否安装成功、服务是否合法使用，确保服务器能正常运行。编写测试报告【成果】。

主要成果：

1. 安装工具领取单（工具名称，型号，数量）；

2. 已安装完毕的服务器（软硬件齐整，服务是否正确安装）；

3. 测试报告（服务器开机正常，各种服务能正常使用）。

工作环节 4

交付验收

4

完成任务后，与客户对完成安装的服务器进行验收和确认，回答客户问题，填写客户确认表【成果】，清理工作现场，将客户确认表提交部门主管。

主要成果：客户确认表（符合客户需求）。

网络服务器安装与调试

学习内容

知识点	1.1 项目资料的收集方法； 1.2 制订任务单的标准	2.1 学习网络服务器安装方法和调试技巧； 2.2 制订项目需求分析表的注意事项	3.1 领取安装工具和软件等注意事项	4.1 安装服务器的软件、配置服务和数据库系统的方法； 4.2 安装和运行测试服务器的技巧
技能点	1.1 获取并收集项目资料； 1.2 制订任务单	2.1 确定网络服务器安装与调试的内容； 2.2 制订项目需求分析表	3.1 确定安装工具和软件信息	4.1 安装和运行测试服务器； 4.2 安装服务器的软件、配置服务和数据库系统； 4.3 检测与验证服务器的连通性、安全性和稳定性
工作环节	**工作环节 1 获取任务**	**制订计划 工作环节 2**		
成果	1.1 项目任务单	2.1 项目需求分析表	3.1 安装工具领取单	4.1 已安装完毕的服务器
素养	1.1 培养与人沟通的能力，与客户对安装前进行沟通； 1.2 培养方案制作的能力	2.1 培养逻辑思维及收集关键信息的能力	3.1 培养专业选购能力	4.1 培养专业和行业规范的工匠精神

1 检查服务器、服务和数据库的技巧和方法； 2 撰写测试报告的标准		7.1 工作日志模板
1 检查服务器、服务和数据库； 2 撰写测试报告	6.1 与客户对完成安装的服务器进行验收和确认	7.1 撰写工作日志

工作环节 4
交付验收

工作环节 3
安装调试系统

测试报告	6.1 客户确认表	7.1 工作日志
培养专业和行业规范的工匠精神； 培养文稿制作的能力	6.1 培养敬业、精业、严谨、规范、用户至上的工匠精神，培养于根据意见修改后续服务的过程中	7.1 培养文书撰写的能力，培养于撰写工作日志的工作过程中； 7.2 培养严谨、规范的工匠精神，培养于工作现场清理的工作过程中

网络服务器安装与调试

① 与客户作安装前沟通　② 制订安装流程表　③ 安装调试系统　④ 交付验收

工作子步骤	教师活动	学生活动	评价
1. 领取任务书。 2. 明确网络服务器安装与调试的实施方案。 3. 制订任务单。	1. 分发常见网络服务器设备图，巡回指导学生填写常见网络服务器设备图。 2. 分发网络服务器设备登记表。 3. 组织学生上网搜索除"常见网络服务器设备图"以外的常见网络服务器设备，并监督指导小组展示。 4. 组织各小组讨论，并巡回指导。 5. 组织全班讨论活动，梳理出常用网络服务器设备。 6. 组织学生填写网络服务器设备名称登记表。 7. 演示如何搜索相应网络服务器设备，讲解常见网络服务器设备的名称；组织各组挑选性价比最高的常见网络服务器设备。 8. 组织学生梳理不同常用网络服务器设备的特点和功能。 9. 分发项目任务书，讲述项目任务书要点。 10. 组织学生角色扮演，指导学生了解客户对网络服务器设备的安装需求情况。 11. 组织学生模拟部门负责人介绍现有网络服务器设备情况。 12. 组织学生用专业术语描述网络服务器。 13. 组织学生模拟客户需求分析。 14. 指导制作项目任务单。	1. 接收并识读常见网络服务器设备图；填写常见网络服务器设备图，并展示讲解。 2. 接收网络服务器设备登记表。 3. 利用网络资源，独立查找除"常见网络服务器图"以外的常见网络服务器设备，记录至少3个在卡片纸上展示讲解。 4. 小组内部讨论出5个组内成员认可的常见网络服务器设备，分别写在卡纸上并展示讲解。 5. 全班同学利用所有的技巧从中选出8个常用网络服务器设备。 6. 填写网络服务器设备名称登记表上相关网络服务器设备的名称。 7. 小组上网搜索一块10000元左右的低性能常见网络服务器设备、一块50000元左右的高性能常见网络服务器设备，把其详细设备特点和功能记录在相应的A4表上，并展示；各组挑选出性价比最高的常用网络服务器设备。 8. 学生独立梳理不同常用网络服务器设备的特点功能。 9. 接收任务，识读项目任务书；写出项目任务书要点。 10. 以角色扮演的形式，与客户沟通，收集客户需求的网络服务器设备的信息，与下达任务部门和客户沟通了解任务需求。 11. 认真模拟部门负责人对网络服务器设备进行介绍，同时安排一位同学配合部门负责人对网络服务器设备现状进行检查，将相关结果记录在任务单上。 12. 用专业术语描述网络服务器设备。 13. 向部门主管（可由教师扮演）咨询任务需求。 14. 认真制作项目任务单。	1. 教师点评：学生是否正确填写常见网络服务器设备图。 2. 教师点评：观察学生上网搜索资讯的状态，提出口头表扬。收集各组优点，并做集中点评。表扬被挑选出较多卡片的小组，给予适当奖励。 3. 小组互评：点评其他小组的常用网络服务器设备特点和功能，选出性价比最高的常用网络服务器设备，并说明理由。 4. 教师点评：学生回答任务书中的要点问题，教师抽答点评。 5. 小组互评：网络服务器特点和功能是否详细记录。 6. 教师点评：项目实施方案是否正确。

课时：160min
1. 硬资源：能上网的计算机、教师机等。
2. 软资源：常见网络服务器设备图、网络服务器设备名称登记表、项目任务书等。
3. 教学设施：卡片纸、展示板、A4纸等。

① 与客户作安装前沟通　② 制订安装流程表　③ 安装调试系统　④ 交付验收

工作子步骤	教师活动	学生活动	评价
制订安装流程表 按照项目任务单，编写网络服务器设备项目需求分析表。	1. 组织学生分组观察网络服务器的组成。 2. 组织学生上网搜索网络服务器的安装方式。 3. 教师介绍不同的网络服务器的优缺点。 4. 组织小组讨论网络服务器安装的注意事项。 5. 组织学生上网搜集网络服务器系统版本的区别；组织组内讨论不同版本有哪些不同功能更新。 6. 组织学生下载网络服务器相应的系统版本。 7. 组织小组讨论项目需要的网络服务。 8. 组织小组确定项目需要的网络服务。 9. 组织小组讨论项目需要的软件。 10. 组织小组确定项目需要的软件。 11. 组织小组编写网络服务器设备安装流程。	1. 分组认真观察网络服务器的组成。 2. 独立上网搜索网络服务器的安装方式，对连接方式进行比较，将比较结果记录在卡片纸上上交并讲解。 3. 听教师介绍不同的网络服务器的优缺点。 4. 小组讨论搜集到的网络服务器安装注意事项，记录在 A4 纸上，并将记录结果汇总。 5. 上网搜集网络服务器系统版本的区别；组内讨论不同版本有哪些不同服务功能更新。 6. 独立上网搜集并下载网络服务器相应的系统版本。 7. 小组讨论搜索项目需要的网络服务，并记录在 A4 纸上，最后将记录结果汇总。 8. 小组确定项目需要的网络服务，记录在 A4 纸上，并将记录结果汇总。 9. 小组讨论搜索项目需要的软件，记录在 A4 纸上，并将记录结果汇总。 10. 小组确定项目需要的软件，记录在 A4 纸上，并将记录结果汇总。 11. 小组编写网络服务器设备安装流程。	1. 小组互评：网络服务器安装方式是否规范，分析网络服务器相应的系统版本是否符合项目要求。 2. 小组互评：分析网络服务是否全面，分析项目需要的软件是否符合项目需求。

课时： 160min
1. 硬资源：能上网计算机、教师机等。
3. 教学设施：A4 纸等。

工作子步骤	教师活动	学生活动	评价
安装调试系统 1. 确定安装工具和软件信息。 2. 安装和运行测试服务器。 3. 安装网络服务器的软件、配置服务和调试系统。 4. 检测与验证服务器的连通性、安全性和稳定性。	1. 教师讲解安装工具使用和软件领取等注意事项。 2. 组织学生领取安装工具和软件。 3. 组织学生领取相应网络服务器设备的系统版本。 4. 组织学生安装网络服务器系统——CentOS 7 操作系统；组织学生激活 CentOS 7 操作系统。 5. 组织各小组讨论以上操作是否成功，并巡回指导。 6. 组织学生根据项目配置 Linux 系统的 IP 地址。	1. 学生听讲安装工具的使用和软件领取等注意事项，并做好记录。 2. 领取安装工具和软件。 3. 领取相应网络服务器设备的系统版本。 4. 利用网络资源，独立安装网络服务器系统——CentOS 7 操作系统，记录此过程中遇到的故障问题，并分别写在卡纸上进行展示讲解；利用激活软件对网络服务器 CentOS 7 操作系统进行激活。 5. 小组内部讨论以上操作是否成功，并分别写在卡纸上进行展示讲解。 6. 学生利用所学到的网络基础知识，根据项目方案配置 Linux 系统的 IP 地址并展示讲解。	1. 学生互评：对安装工具和软件领取等注意事项进行点评，点评行业领取的规范性。 2. 教师评价：教师评价学生安装网络服务器系统——CentOS 7 操作系统是否规范。 3. 教师评价：学生根据项目方案配置 Linux 系统的 IP 地址是否规范。

网络服务器安装与调试

① 与客户作安装前沟通　② 制订安装流程表　③ 安装调试系统　④ 交付验收

工作子步骤	教师活动	学生活动	评价
安装调试系统	7. 组织学生使用 yum 命令安装 apache、php、mariadb 服务。 8. 组织学生上网搜索资料，使用 systemctl 命令管理服务。 9. 组织学生上网搜索简单的 SQL 查询语句。 10. 组织学生使用一些简单的 SQL 查询语句检测数据库。 11. 组织学生上网搜索使用 php 语句测试 php 工作状态的方法。 12. 组织学生使用 php 语句测试 php 工作状态，并巡回指导。 13. 组织学生上网搜索使用 php 语句测试与 mariadb 数据库的连接状态的方法。 14. 组织学生使用 php 语句测试与 mariadb 数据库的连接状态，并巡回指导。 15. 组织学生上网搜索安装配置 wordpress 的方法。 16. 组织学生安装配置 wordpress，并巡回指导。	7. 学生利用所学到的网络基础知识，使用 yum 命令安装 apache、php、mariadb 服务并展示讲解。 8. 学生独自搜索 systemctl 命令的相关资料和配置方法，记录在卡片纸上展示讲解。 9. 利用网络资源，上网搜索简单的 SQL 查询语句，分别写在卡纸上并展示讲解。 10. 使用一些简单的 SQL 查询语句检测数据库。 11. 利用网络资源，上网搜索使用 php 语句测试 php 工作状态的方法。 12. 学生使用 php 语句测试 php 工作状态，并把安装关键步骤在卡纸上进行展示讲解。 13. 利用网络资源，上网搜索使用 php 语句测试与 mariadb 数据库的连接状态的方法。 14. 学生使用 php 语句测试与 mariadb 数据库的连接状态，并把配置过程的关键步骤写在卡纸上进行展示讲解。 15. 利用网络资源，上网搜索安装配置 wordpress 的方法。 16. 学生安装配置 wordpress，并把配置过程的关键步骤写在卡纸上进行展示讲解。	4. 教师评价"学生根据项目使用 yum 命令安装 apache、php、mariadb 服务是否规范。 5. 教师评价：学生使用 systemctl 命令管理服务是否规范。 6. 教师评价：使用一些简单的 SQL 语句是否规范。 7. 教师评价：使用 php 语句测试 php 工作状态是否规范。 8. 教师评价：学生使用 php 语句测试与 mariadb 数据库的连接状态是否规范。 9. 教师点评：观察学生上网搜索资讯的状态，提出口头表扬；收集各组优点，并做集体点评；表扬被挑选到较多卡片的小组，并给适当奖励。

课时： 240min
1. 硬资源：能上网计算机、教师机等。
3. 教学设施：卡片纸、展示板等。

5. 检查服务器、服务和软件。 6. 检查相关设备是否正确安装使用。 7. 撰写测试报告。	1. 介绍有关验收要点。 2. 组织学生查找有关测试网络服务器的方法。 3. 组织学生检查相应网络服务是否正常安装使用。 4. 组织学生测试服务功能。 5. 介绍学校电子阅览室的客户需求；讲解企业作业规范的相关内容。 6. PPT 展示介绍客户对设备的使用效果的描述，组织学生测试设备使用效果。	1. 听取教师介绍验收要点。 2. 上网搜集有关网络服务器测试方法，收集相关资料并分类存档。 3. 网上搜索相应网络服务是否正常安装使用的测试方法，讨论分析并做好记录。 4. 使用测试方法完成服务功能的测试。 5. 听教师介绍电子阅览室的客户需求；了解相应企业作业规范的相关内容。 6. 学生认真听取教师介绍客户对设备使用效果的描述，按客户要求检测设备的使用效果。	1. 小组互评：测试网络服务器是否正确。 2. 教师评价：学生对企业作业规范的理解程度。 3. 教师评价：学生对测试报告的填写情况。

| 1 与客户作安装前沟通 | 2 制订安装流程表 | 3 安装调试系统 | 4 交付验收 |

工作子步骤	教师活动	学生活动	评价
安装调试系统	7. 组织学生测试 mariadb 数据库数据库是否正常运行。 8. 分发测试报告，组织学生填写。	7. 学生测试 mariadb 数据库数据库是否正常运行。 8. 识读测试报告并完成测试和填写。	

课时： 180min
1. 硬资源：能上网计算机、教师机、投影等。
2. 软资源：PPT、企业作业规范文档、测试报告等。

交付验收 1. 与用户一起对网络服务器设备的安装任务进行验收。 2. 填写客户确认表。	1. 以案例形式讲解网络服务器设备任务验收方法。 2. 组织学生角色扮演；教师验收各小组的工作成果。 3. 听取各小组汇报检测情况。 4. 分发空白的客户确认表，介绍客户确认表中的重要内容。 5. 组织小组填写客户确认表。 6. 收集文档。 7. 组织学生清理现场。	1. 听教师介绍网络服务器设备任务验收方法。 2. 小组角色扮演模拟与用户一起对网络服务器设备的安装进行验收。 3. 小组汇报网络服务器设备检测情况。 4. 接收空白的客户确认表，并听取教师介绍表中的重点内容。 5. 填写客户确认空白表。 6. 小组互评客户确认表；将测试报告和客户确认表提交"部门主管"。 7. 按 8S 标准清理工作现场。	1. 教师点评：对各小组的工作成果及验收情况进行点评。 2. 小组互评：听取各组讲解各自客户确认表的完成情况并进行简评。 3. 教师点评：客户确认表填写是否合理。

课时： 120min
1. 硬资源：能上网计算机、教师机等。
2. 软资源：验收的相关资料：行业企业安全守则与操作规范、《计算机软件保护条例》、客户确认空白表等。

3. 和客户签订后期维护合同。	1. 教师组织角色学生角色扮演。 2. 组织学生搜集汇总的故障点。 3. 组织学生上网搜集客户后期维护合同模板。 4. 组织学生编写网络服务器设备的客户后期维护合同。	1. 小组角色扮演，模拟与用户一起对网络服务器设备后期可能出现的故障进行描述。 2. 搜集故障点记录在 A4 纸上，上交并讲解。 3. 独立搜集客户后期维护合同模板，在 Word 文档中记录并讲解。 4. 编写网络服务器设备的客户后期维护合同并上交。	教师评价：学生对故障点的理解是否全面，语言表述是否严谨，后期维护合同编写是否合理完整。

课时： 40min
1. 硬资源：能上网的计算机、教师机等。
2. 软资源：客户后期维护合同等。

网络服务器安装与调试

学习任务 5：网络中心机房办公系统服务器安装与调试

任务描述

学习任务学时： **40** 课时

任务情境：

　　某企业为了提高工作效率，让员工及时了解公司的各种动态信息服务，实现公司内部信息资源的共享和电子邮件的收发，准备搭建办公系统服务器。规定员工统一使用域账号登录入网，以保障服务的安全及稳定。现要求网络管理员在中心机房办公系统服务器上安装 Windows 和 Linux 双主机操作系统，主要任务要求有：配置域控制器、DNS、WEB、FTP 和 E-Mail 等服务。

　　具体要求见下页。

网络服务器安装与调试

工作流程和标准

工作环节 1

获取网络中心机房办公系统服务器安装与调试任务

　　根据任务要求，从项目经理处领取任务书和项目设计方案，与客户沟通，明确办公系统服务器安装需求，确认需要安装配置的操作系统种类及功能。查看现场工作环境，检验设备以确保符合装调要求，根据实际情况输出网络拓扑图【成果】，审核后准备材料和工具以备实施。

主要成果：

企业中心机房网络拓扑图

工作环节 2

制订计划

2

　　按照任务要求，根据项目经理提供的项目设计方案，制作项目需求分析样本。主动补充项目所需技术的知识储备，制订网络服务器安装与调试的实施方案【成果】，报相关主管审批。

主要成果：

网络服务器安装与调试的实施方案。

工作环节 3

安装调试

3

　　正式实施前，根据需要备份原有操作系统及驱动程序。按实施方案对网络中心机房办公系统服务器进行系统安装、配置服务和调试系统。配置域控制器、DNS、WEB、FTP 和 E-Mail 等服务，设置部门计算机网络地址，填写工作日志【成果】。

主要成果：工作日志。

工作环节 4

质量自检

4

　　按照《信息安全等级保护管理办法》和企业作业规范，运用多种方法对网络环境的连通性、安全性、稳定性等指标进行测试，抽样对客户端进行服务器访问、电子邮件使用测试，确保实现用户所需功能，撰写测试报告【成果】和工作日志。

主要成果：测试报告。

工作环节 5

交付验收

5

　　完成任务后，与用户一起对新购计算机常用工具软件安装与调试任务进行验收和确认，回答客户问题，填写客户确认表【成果】，清理工作现场，将测试报告和客户确认表提交部门主管。

主要成果：客户确认表。

网络服务器安装与调试

学习内容

知识点	1.1 任务单的识读； 1.2 各方责任人的职责	2.1 操作系统分类及特点； 2.2 拓扑图绘制知识	3.1 文件及电子邮件服务； 3.2 web 服务知识； 3.3 DNS 服务知识； 3.4 AD 知识； 3.5 服务器相关知识； 3.6 用户需求分析方法	4.1 操作系统安装知识； 4.2 各类网络服务安装流程知识
技能点	1.1 填写任务单； 1.2 确认所需验收项目	2.1 查阅相关操作规范和案例并存档以备参考； 2.2 用专业化语言描述不同操作系统区别； 2.3 查找所需工具和材料； 2.4 绘制项目拓扑图	3.1 根据客户要求和项目设计方案制订需求分析； 3.2 制订需求分析样本； 3.3 补充项目所需要的关键技术	4.1 与客户沟通，明确工作时间和协助要求； 4.2 编写网络服务器安装与调试的实施方案

工作环节

工作环节 1
获取网络中心机房办公系统服务器安装与调试任务

工作环节 2
制订计划

成果	1.1 任务单	2.1 网络拓扑图	3.1 需求分析	4.1 服务器安装调试实施方案
素养	1.1 培养与人沟通的能力，培养于与客户和业务主管等相关人员进行沟通的过程中； 1.2 培养阅读理解及提取关键信息的能力，培养于阅读任务书及记录任务书关键内容的工作过程中	2.1 培养信息收集与处理能力，培养于获取防火墙信息、杀毒软件升级的工作过程中； 2.2 培养分析、决策能力，培养于分析硬件的兼容性和性价比的工作过程中； 2.3 培养书面表达能力，培养于制订升级计划的工作过程中	3.1 培养敬业、精业、严谨、规范、用户至上的工匠精神，培养于按照工作计划和工作流程完成DHCP 服务安装和维护的工作过程中	4.1 培养敬业、精业、严谨、规范、用户至上的工匠精神，培养于按照工作计划和工作流程完成DHCP 服务安装和维护的工作过程中

1 服务器规划设计的方法； 2 Windows 服务器配置方法； 3 Linux 服务器配置； 4 客户端安装配置方法	6.1 什么是工作日志	7.1 测试报告编写要点； 7.2 企业作业规范识读； 7.3 服务器检查要点	8.1 客户确认表编写要点； 8.2 核对验收点； 8.3 任务验收步骤
1 编制 ip 规划表并进行配置； 2 安装 Windows 服务器，包括 ad、 DNS、Web、FTP、邮件服务等； 3 安装 Linux 服务器，包括 AD、 DNS、Web、FTP、邮件服务等； 4 对客户端进行配置	6.1 填写工作日志	7.1 根据工作任务描述判断测试要点； 7.2 检查服务器连通性； 7.3 按测试流程进行 Windows 服务器测试； 7.4 按测试流程进行 Linux 服务器测试； 7.5 填写测试报告	8.1 与用户一起对网络中心机房办公系 统服务器安装与调试任务进行验收； 8.2 展示与讲解工作要点； 8.3 通过客户端进行服务器功能验收； 8.4 填写客户确认表和测试报告； 8.5 项目文档整理

工作环节 4
质量自检

工作环节 3
安装调试

工作环节 5
交付验收

已安装的网络中心机房办公系统服 务器	6.1 工作日志	7.1 测试报告	8.1 客户确认表
培养敬业、精业、严谨、规范、用 户至上的工匠精神，培养于按照工 作计划和工作流程完成 DHCP 服务 安装和维护的工作过程中	6.1 培养敬业、精业、严谨、规范、 用户至上的工匠精神，培养于 检测常用工具软件功能的工 作过程中； 6.2 培养辨识问题、解决问题的 能力，培养于对常用工具软 件进行调试的工作过程中； 6.3 培养文书撰写能力，培养于 编写测试报告的工作过程中	7.1 培养敬业、精业、严谨、规范、用户至 上的工匠精神，培养于对常用工具软件 功能进行检测的工作过程中； 7.2 培养辨识问题、解决问题的能力，培养 于调试常用工具软件的工作过程中； 7.3 培养文书撰写能力，培养于编写测试报 告的工作过程中	8.1 培养与人沟通的能力，培养于与用 户一起对新购计算机常用工具软件 安装进行验收和确认的过程中； 8.2 培养严谨、规范的工匠精神，培养 于工作现场的清理过程中； 8.3 培养文书撰写能力，培养于客户确 认表的撰写过程中

网络服务器安装与调试

① 获取网络中心机房办公系统服务器安装与调试任务　② 制订计划　③ 安装调试　④ 质量自检　⑤ 交付验收

工作子步骤	教师活动	学生活动	评价
获取网络中心机房办公系统服务器安装与调试任务 1. 领取任务书。 2. 与客户沟通。 3. 记录客户需求。 4. 填写任务单。	1. 教师讲授服务器组成、网络服务相关基础知识。 2. 教师指导学生绘制办公网络拓扑图。 3. 教师指导学生上网搜集网络服务专业术语，并监督指导小组展示过程。 4. 教师分发任务书，并讲述服务器安装任务书要点。 5. 教师组织学生角色扮演，并指导学生了解客户潜在需求。 6. 教师讲解制订验收项目的意义。	1. 学生听讲服务器组成、网络服务专业术语相关基础知识并独立上网查找。 2. 在计算机上利用 Visio 绘制软件对办公网络拓扑图进行绘制。 3. 利用绘制的拓扑图，小组讨论选出 5 个需安装的网络服务并展示，小组成员分别派代表口述专业术语。 4. 接收任务，识读装机任务书；写出服务器安装任务书要点。 5. 以角色扮演的形式，与客户沟通，收集客户的服务器安装需求信息，与下达任务的部门和客户沟通了解任务需求。 6. 领取任务单，熟知建设单位和客户信息填写要求；使用网络服务专业术语填写任务单，并展示讲演。	1. 教师点评：小组展示网络服务术语是否丰富全面。 2. 教师点评：学生回答任务书中的要点问题，教师抽答点评。 3. 教师点评：根据任务要求选取填写较好的任务单进行点评。

课时：80min
1. 硬资源：投影仪、计算机、白纸、签字笔
2. 软资源：工作页、工具书、数字化资源

制订计划 根据任务单，结合客户需求、机房实际情况、硬件搭配的兼容性，制订装机清单。	1. 组织学生上网搜索需求分析概念，引导学生填写需求分析表。 2. 组织各小组活动，并巡回指导。 3. 组织全班讨论活动，梳理出客户的所有需求及隐含要求。 4. 组织学生上网搜索 Active Directory 知识。 5. 组织各小组讨论并巡回指导。 6. 组织全班讨论活动梳理出 Active Directory 相关知识。 7. 组织学生上网搜索 DNS 知识。 8. 组织各小组讨论，并巡回指导。 9. 组织全班讨论活动梳理出 DNS 解析原理及例子。 10. 组织学生上网搜索网页服务器知识。	1. 每名学生独立上网搜索需求分析的概念，并填写需求分析表。 2. 小组讨论填写的需求分析表，找出组内成员认可的共同需求，写在卡片纸上并展示。 3. 全班学生讨论展示卡片上的用户需求，判断是否符合客户需求。 4. 每名学生独立上网搜索 Active Directory 知识，并在记录工作页中。 5. 小组讨论活动目录知识，将重点名词写在卡片上并展示。 6. 全班学生讨论活动目录的特点和结构，将找到的资料记录到作业里。 7. 每名学生独立上网搜索 DNS 解析原理，并记录在工作页中。 8. 小组讨论 DNS 知识，将重点名词写在卡片上并展示。 9. 全班学生讨 DNS 知识的特点和结构，将找到的资料记录到作业里。 10. 每名学生独立上网搜索网页服务器工作原理，并记录在工作页中。	1. 教师点评：观察学生上网搜索资讯的状态，提出口头表扬。收集各组优点，并做集体点评。表扬被挑选到较多卡片的小组，并给予适当奖励。 2. 教师点评：观察学生上网搜索资讯的状态，提出口头表扬；收集各组优点，并做集体点评；表扬被挑选到较多卡片的小组，并给适当奖励。 3. 小组互评：点评其他小组的 DNS 知识点，选出通俗易懂的部分，并说明理由。

① 获取网络中心机房办公系统服务器安装与调试任务　② 制订计划　③ 安装调试　④ 质量自检　⑤ 交付验收

工作子步骤	教师活动	学生活动	评价
制订计划	11. 组织各小组讨论，并巡回指导。 12. 组织全班讨论活动，梳理出 WEB 服务器工作原理及 HTML 概念。 13. 组织引导学生分辨不同传输模式的区别。 14. 组织学生讨论电子邮件的作用。 15. 讲解邮件收发过程。 16. 组织学生梳理电子邮件收发协议。 17. 组织学生整理操作系统，安装所需网络服务。 18. 组织学生进行方案讨论。 19. 讲解修改要点，形成统一方案。	11. 小组讨论一次完整的 http 请求处理过程，将关键过程写在卡片上并展示。 12. 全班学生讨网页服务器工作机制，将找到的资料记录到作业里。 13. 每名学生独立上网搜索 FTP 服务器工作原理，并记录在工作页中。 14. 小组讨论 FTP 的传输模式，在卡片上列出不同模式的特点并展示。 15. 全班学生讨 FTP 服务器用户分类，将找到的资料记录到作业里。 16. 上网搜索电子邮件在生活中的作用，将涉及的协议记录在工作页中。 17. 小组讨论电子邮件工作原理，在卡片上画出简图并展示。 18. 全班学生讨论电子邮件收发所用的协议，将找到的资料记录到作业里。 19. 小组分析操作系统安装流程及所需服务，给出流程图。 20. 小组合作编写网络服务器安装与调试的实施方案；派一名代表对全班简要介绍该方案。 21. 修改方案，形成统一的可实施步骤。	4. 小组互评：点评其他小组的 http 的功能是否完成。 5. 教师点评：FTP 传输模式的特点及异同，并解释使用场合。 6. 小组互评：点评其他小组的工作图，并说明理由。 7. 小组互评：点评其他小组的流程图，选出美观合理的例子，并说明理由。 8. 教师点评：点评各小组方案是否符合客户要求。 9. 教师抽样点评安装实施方案文稿。

课时：240min
1. 硬资源：能上网的计算机、教师机等。
2. 软资源：记录用户需求分析表的工作页、记录 Active Directory 知识点的工作页、DNS 解析样例、文件传输模式比较表、电子邮件收发协议填表等。
3. 教学设施：白板笔、卡片纸、展示板等。

安装调试			
1. 按照实施方案，准备操作系统工具、材料。 2. 对网络中心机房办公系统服务器进行 windows 操作系统安装配置。	1. 教师解释服务器规划的意义及内容，组织学生填写 IP 规划表。 2. 播放 Windows 服务器安装视频，组织学生用九宫格法进行要点方法讨论。 3. 以图片视频形式讲解服务器网络配置的步骤方法。 4. 演示服务器网络配置要点。 5. 指导学生分组进行网络操作系统安装。	1. 在教师引导下为办公系统服务器进行 IP 规划。 2. 观看 Windows 服务器安装视频；使用九宫格法找出计算机网络服务器安装中较为重要的方法及其注意事项。 3. 通过图片视频获取服务器网络配置的步骤方法。 4. 观看教师演示服务器网络配置步骤。 5. 安装 Windows 服务器操作系统并配置网络。	1. 教师点评：IP 规划是否合理，抽查点评。 2. 教师点评：服务器安装中需要注意的要点及重要方法步骤，让学生记录。 3. 教师点评：是否熟知服务器网络配置步骤，教师抽答点评。

网络服务器安装与调试

① 获取网络中心机房办公系统服务器安装与调试任务	② 制订计划	③ 安装调试	④ 质量自检	⑤ 交付验收

工作子步骤	教师活动	学生活动	评价
安装调试	6. 播放 Windows AD 域安装视频，讲解域安装中涉及的方法以及注意事项，点出关键步骤和容易出错的地方。 7. 演示 Windows AD 域安装要点。 8. 指导学生分组进行 Windows AD 域安装。 9. 播放 Windows DNS 服务配置安装视频，讲解 DNS 区域配置要点，指出关键步骤和容易出错的地方。 10. 演示 DNS 正向查找区域安装要点。 11. 指导学生分组进行 DNS 正向查找区域和 DNS 反向查找区域安装。 12. 播放 Windows WEB 服务配置安装视频，讲解 WEB 目录配置要点，指出关键步骤和容易出错的地方。 13. 演示 WEB 服务器配置要点。 14. 指导学生分组进行 WEB 服务器配置。 15. 播放 WindowsFTP 服务配置安装视频，讲解 FTP 用户权限配置要点，指出关键步骤和容易出错的地方。 16. 演示匿名 FTP 服务器配置要点。 17. 指导学生分组进行匿名和指定用户 FTP 服务器配置。 18. 播放 Windows 邮件服务配置视频，讲解邮件服务软件分类，指出关键步骤和容易出错的地方。 19. 演示一种邮件服务器配置方法。 20. 指导学生分组进行不同的邮件服务器配置。	6. 观看 Windows AD 域安装视频，讨论其中的优点及不足，掌握域安装的技巧，并记录在工作页上。 7. 观看安装过程，记录安装步骤。 8. 分组根据安装步骤进行 windows AD 域安装，分别设置不同的域名和个性配置。 9. 观看 Windows DNS 服务配置安装视频，讨论其中的优点及不足，掌握 DNS 安装的技巧，并记录在工作页上。 10. 观看 DNS 正向查找区域安装过程，讨论反向查找区域安装的方法。 11. 根据讨论结果和步骤，进行 DNS 正向查找区域和 DNS 反向查找区域安装。 12. 观看 Windows WEB 服务配置安装视频，讨论其中的优点及不足，掌握 WEB 安装的技巧，并记录在工作页上。 13. 观看 WEB 服务器安装过程，讨论目录权限的配置方法。 14. 根据讨论结果进行 WEB 服务器安装。 15. 观看 WindowsFTP 服务配置安装视频，讨论其中的优点及不足，掌握 FTP 安装的技巧，并记录在工作页上。 16. 观看 FTP 服务器安装过程，讨论目录权限的配置方法。 17. 根据讨论结果进行 FTP 服务器安装。 18. 观看 Windows 邮件服务配置视频，讨论常见邮件服务器特点，并记录在工作页上。 19. 观看邮件服务器安装过程，记录邮件服务软件下载方法。 20. 根据配置流程分组进行不同邮件服务器安装。	4. 学生互评：互相监督操作系统是否正确安装和配置好网络 IP 地址。 5. 教师点评：根据任务要求选取填写较好的工作页进行点评。 6. 学生自评：填写工作页 Windows AD 域安装章节并与参考答案比较。 7. 教师点评：DNS 区域安装是否正确，哪个小组能自行进行反向查找区域安装。 8. 教师点评：学生能否正确配置不同用户 FTP。 9. 学生互评：分组给对方发送电子邮件，查看是否能正确收发电邮。

课时： 240min

1. 硬资源：能上网的计算机等。

2. 软资源：计算机常用组装工具 PPT、服务器软件列表、服务器样本、工作日志等。

3. 教学设施：投影、教师机、白板、海报纸、卡片纸等。

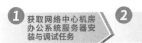

| ① 获取网络中心机房办公系统服务器安装与调试任务 | ② 制订计划 | ❸ 安装调试 | ④ 质量自检 | ⑤ 交付验收 |

工作子步骤	教师活动	学生活动	评价
3. 按照实施方案，准备操作系统工具、材料。 4. 对网络中心机房办公系统服务器进行 Linux 系统安装配置。	1. 播放 Linux 服务器安装视频，组织学生用九宫格法进行要点方法讨论。 2. 以图片视频形式讲解服务器网络配置步骤及方法。 3. 演示服务器网络配置要点。 4. 指导学生分组进行网络操作系统安装。 5. 播放 Linux WEB 服务配置安装视频，讲解 WEB 目录配置要点，指出关键步骤和容易出错的地方。 6. 演示 Linux 服务器配置要点。 7. 指导学生分组进行 WEB 服务器配置。 8. 播放 Linux FTP 服务配置安装视频，讲解 FTP 用户权限配置要点，指出关键步骤和容易出错的地方。 9. 演示匿名 FTP 服务器配置要点。 10. 指导学生分组进行匿名和指定用户 FTP 服务器配置。 11. 播放 Linux 邮件服务配置视频，讲解邮件服务软件分类，指出关键步骤和容易出错的地方。 12. 演示一种邮件服务器配置方法。 13. 指导学生分组进行不同的邮件服务器配置。 14. 讲解客户端配置方法。	1. 观看 Linux 服务器安装视频；使用九宫格法找出计算机网络服务器安装中较为重要的方法及其注意事项。 2. 通过图片视频获取服务器网络配置步骤及方法。 3. 观看教师演示服务器网络配置步骤。 4. 安装 Linux 服务器操作系统并配置网络。 5. 观看 Linux WEB 服务配置安装视频，讨论其中的优点及不足，掌握 WEB 安装的技巧，并记录在工作页上。 6. 观看 WEB 服务器安装过程，讨论目录权限的配置的方法。 7. 根据讨论结果进行 WEB 服务器安装。 8. 观看 Linux FTP 服务配置安装视频，讨论其中的优点及不足，掌握 FTP 安装的技巧，并记录在工作页上。 9. 观看 FTP 服务器安装过程，讨论目录权限的配置方法。 10. 根据讨论结果进行 FTP 服务器安装。 11. 观看 Linux 邮件服务配置视频，讨论常见邮件服务器特点，并记录在工作页上。 12. 观看邮件服务器安装过程，记录邮件服务软件下载方法。 13. 根据配置流程，分组进行不同邮件服务器安装。 14. 根据 IP 规划表分组进行客户端配置。	1. 教师点评：服务器安装中需要注意的要点及重要方法步骤，让学生记录。 2. 教师点评：是否熟知服务器网络配置步骤，教师抽答点评。 3. 学生互评：互相监督操作系统是否正确安装和配置好网络 IP 地址。 4. 学生互评：小组互相访问其他组搭建的 Web 服务器，查看网页访问情况并反馈。 5. 教师点评：学生能否正确配置不同用户 FTP。 6. 学生互评：分组给对方发送电子邮件，查看是否能正确收发电邮。 7. 学生互评：能否使用客户端正确登录域。

课时：240min
1. 硬资源：能上网的计算机等。
2. 软资源：九宫格图、操作视频、IP 分配表等。
3. 教学设施：计算机组装工具、常用五金工具（螺丝刀、镊子、钳子等）、投影、教师机、白板、海报纸、卡片纸、A4 纸等。

| 5. 正确填写工作日志。 | 1. 举例说明工作日志的作用和特点。
2. 指导学生根据工作日志模板进行填写。
3. 教师组织对工作日志进行评审。 | 1. 学生自行查找工作日志样例，保存备用。
2. 学生根据工作中的情况填写工作日志，小组检查并提交。
3. 学生讨论选出写得较好的工作日志。 | 1. 教师点评：学生搜索相关资料是否丰富全面。评选出较优的样本展示。
2. 学生互评：根据工作流程，从规范性、完整性、可追溯性方面选出较好的工作日志。 |

课时：160min
1. 硬资源：能上网的计算机等。
2. 软资源：操作系统的安装过程、PPT、工作日志模板等。
3. 教学设施：卡片纸等。

安装调试

网络服务器安装与调试

① 获取网络中心机房办公系统服务器安装与调试任务　② 制订计划　③ 安装调试　④ 质量自检　⑤ 交付验收

工作子步骤	教师活动	学生活动	评价
质量自检 1. 检查服务器是否正常运行。 2. 编写测试报告。	1. 组织学生使用头脑风暴法发掘连通性测试的方法和工具。 2. 指导学生进行连通性测试并解决遇到的问题。 3. 组织学生讨论服务器测试需要检查的项目，得出检测标准。 4. 按测试报告要求组织学生对服务器各项功能进行测试。 5. 总结学生的对比结果，进行测试报告评价并找出存在问题。	1. 学生利用头脑风暴法讨论连通性测试的方法；使用互联网搜索工具并比较其优缺点。 2. 测试所有设备是否正常连接并通信，将测试结果记录在测试报告上。 3. 小组讨论服务器功能测试项目，制订各组的测试标准。 4. 分组对服务器进行功能性测试，填写DNS解析、WEB访问、FTP访问、邮件收发等功能的测试报告。 5. 根据对比结果进行测试报告要点编写；分组编写测试报告，制作测试报告PPT并讲解。	1. 教师点评：网络连通性的主要测试方法和工具。 2. 教师点评：服务器测试项目是否完整。 3. 教师点评：学生测试方法是否正确，对测试结果进行截图保存。 4. 学生互评：根据服务器测试项目总结的测试报告的要点是否全面。

课时： 160min
1. 硬资源：能上网计算机等。
2. 软资源：连通性测试表、nslookup 使用视频等。
3. 教学设施：白板、卡纸等。

工作子步骤	教师活动	学生活动	评价
交付验收 1. 完成服务器验收。 2. 填写客户确认表。	1. 以案例形式讲解服务器验收细节。 2. 巡回指导，并验收各小组的工作成果。 3. 听取各小组汇报情况。 4. 教师讲解客户确认表的编写。 5. 组织小组编写客户确认表和互评。 6. 总体评价工作过程。	1. 认真听取教师讲解，熟知服务器验收细节；记录验收要点，并展示讲解。 2. 与用户一起对网络中心机房办公系统服务器安装与调试任务进行验收。 3. 制作PPT并汇报工作情况。 4. 认真听取教师讲解，并记录确认表的编写要点。 5. 编写客户确认表，进行小组互评。 6. 整理工作文档和现场。	1. 教师点评：是否熟知服务器验收细节，教师抽答点评。 2. 教师点评：对各小组的工作成果进行点评。 3. 学生互评：听取各组讲解各自客户确认表的完成情况并进行简评。 4. 教师点评：根据任务整体完成情况点评各小组的优缺点。

课时： 240min
1. 硬资源：能上网的计算机等。
2. 软资源：服务器验收案例、验收的相关资料 (行业企业安全守则与操作规范、《计算机软件保护条例》、产品说明书、空白的客户确认表等)。
3. 教学设施：投影仪、卡纸等。

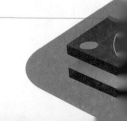

课程 5. 网络服务器安装与调试

考核标准

考核任务案例：某事业单位服务器系统安装与调试

情境描述：

某事业单位原租用外部服务器，已实现本单位网站访问、FTP 文件传输、邮件收发等服务。现单位为了防止核心商业数据泄密，需要架设一台内部服务器，接替外部服务器的功能。现需要你负责该项工作。

任务要求：

请你根据任务的情境描述，按照《信息安全等级保护管理办法》和企业作业规范，在 1 天内完成：

1. 根据任务的情境描述，写出建立内部服务器的必要性并说明理由；

2. 根据情境描述，写出内部服务器需要实现的服务和功能；

3. 列出服务器配置所需工具和软件；

4. 根据内部服务器所需实现的服务和功能，安装网络操作系统、配置服务、调试系统；

5. 列出服务器日常使用的注意事项。

参考资料：

完成上述任务时，你可以使用所有常见教学资料。例如：工作页、教材、阅读项目设计方案、企业作业规范、产品说明书、产品安装手册和信息安全等级保护管理办法等。

网络服务器安装与调试

课程 6. 局域网运行维护

学习任务 1	学习任务 2
网络中心机房设备环境和性能监测	企业内部网络线路维护
（8）学时	（24）学时

课程目标

学习完本课程后，学生应当能够胜任中小型企业网络中心机房设备环境与性能监测、多楼层内部网络线路维护、中心机房网络设备运行维护和网络中心应用服务器运行维护等工作，并严格执行企业安全管理制度、环保管理制度及"8S"管理规定，具备解决复杂性、关键性和创造性问题的能力，养成爱岗敬业、定期维护设备等良好的职业素养，能遵从社会主义核心价值观，以"诚信"为本，实事求是地与客户沟通并对网络进行运行维护。包括：

1. 能读懂任务书和项目设计方案，与项目经理和客户等相关人员进行专业、有效的沟通，快速勘查现场环境，明确工作目标、内容和要求；

2. 能根据现场情况及项目设计方案等，从满足客户对局域网运行维护的质量、成本和后续维护等角度制订维护方案，准备工具、材料和设备；

3. 能根据维护方案，诚实、规范地完成机房环境监测、线路维护、网络设备与服务器调试，进行"8S"管理，填写工作记录；

4. 能运用多种方法，及时处理网络故障并报告项目经理，撰写维护报告并提交；

5. 能完成维护验收，必要时向客户提供日常运行维护方案和改造建议，编写适用于中小型企业的局域网日常运行维护方案；能学会自己作为公司代表，与客户交接各种内容问题，从中积累未来创业经验；

6. 能分析运行维护过程的不足，提出改进措施，总结技术要点。

学习任务 3	学习任务 4
网络中心机房和管理间网络设备运行维护	网络中心机房应用服务器与存储设备运行维护
（24）学时	（24）学时

课程内容

本课程的主要学习内容包括：

1. 局域网运行维护的基础知识

机房用电基本知识；机房环境标准指标；现场勘察的记录方法；

机房环境的监测：温度、湿度、电流、电压、UPS；

网络线路的维护：传输阻抗、延迟值、近端串扰值等；

网络设备与服务器的运行维护：网络设备配置文件备份、服务器端口调试、服务调试、日志备份、存储空间调整；

局域网运维最新技术学习。

2. 网络故障检测与排除的常用方法

替换法、隔离法、观察法、清洁法、拔插法。

3. 维护方案的制订

机房环境维护、网络线路维护、机房设备维护、服务器与存储设备。

4. 辅助软件的使用

系统辅助软件：PuTTY、TFTP Server 等；

数据包的分析：Sniffer、Wireshark 等。

5. 局域网运行维护的实施

机房环境的监测、网络线路的维护、网络设备和应用服务器的调试、存储空间调整、网络性能的监控、网络故障的诊断与排除、维护记录的填写，保证对客户"诚信"服务，实事求是完成工作。

6. 维护验收

维护报告的撰写、维护技术的归纳与总结，反馈报告的撰写，对于客户的交流进行归纳总结，作为未来创业的经验。

局域网运行维护

学习任务 1：网络中心机房设备环境和性能监测

任务描述

学习任务学时：8 课时

任务情境：

某企业要求网络管理员对网络中心机房运行环境进行日常维护，包括机房出入管理、监控机房温度、湿度，检查电源、电压、电流和监测网络设备性能等，确保机房环境正常。

网络管理员从项目经理处获取任务单，准备工具，按机房日常监测记录表的监测项目检查机房环境和网络设备，填写日常监测记录表并签字确认和存档。如遇异常情况，分析原因，提出整改建议，提交项目经理审核。收集工作。该工作要求实习学生分组，在 6 周左右的时间内完成。

具体要求见下页。

局域网运行维护

工作流程和标准

工作环节 1

获取任务

网络管理员从项目经理处领取项目任务单,与项目经理等相关人员进行专业的沟通,记录关键内容,明确任务内容,填写项目任务单【成果】。

主要成果:

项目任务单(包括项目施工内容、各方责任人的职责、施工地点、施工时间等)。

工作环节 2

制订计划

网络管理员对中心机房进行现场勘查,然后从满足客户的功能需求、使用价值和企业维护的规范性、可行性、成本效益等角度出发,制订网络中心机房设备环境和性能需求分析表【成果】和维护方案【成果】。

主要成果:

1. 网络中心机房设备环境和性能需求分析表(包括客户要求、硬件需求分析、软件环境需求分析、软件安装分析以及isP-CMS 服务端配置、isP-CMS 客户务端配置等)。

2. 实施方案(包括网络中心机房硬件、软件环境、机房用电知识、机房环境标准指标知识、机房环境监测指标等)。

工作环节 3

监测维护

1. 人员管理

(1)外单位人员管理,网络管理员对外单位人员出入机房进行登记管理,完成外单位人员出入机房登记表【成果】。

(2)操作人员管理:网络管理员对操作人员进行登记管理,完成外操作人员管理登记表【成果】;当操作人员进行操作变更时,需另外进行登记,完成操作变更登记表【成果】。

(3)值班人员管理:网络管理员对值班人员进行登记管理,值班人员在值班期间,需要定时巡查机房内设备,完成设备巡查登记表【成果】;当值班人员在值班期间发现设备异常时,需要进行登记,形成设备异常

登记表【成果】。

(4)外来人员参观管理:外来人员参观机房时,需要进行登记,形成外来人员参观登记表【成果】。

2. 温湿度管理

网络管理员使用 isP-CMS 机房监控系统日常监控机房温湿度,定期导出报表,形成温湿度分析报表【成果】。

3. 电源管理

网络管理员了解制冷系统、UPS 系统和关键 IT 负载所需的电量,确定已规划的 IT 负载功率需求,形成总功率需求表【成果】。

主要成果:

1. 外单位人员出入机房登记表(包括外单位人员信息等);

2. 外操作人员管理登记表(包括外操作人员信息等);

3. 操作变更登记表(包括对网络中心机房环境和性能操作变更的人员信息等);

4. 设备巡查登记表(包括巡查人员信息等);

5. 设备异常登记表(包括对设备异常登录的人员信息等);

6. 外来人员参观登记表(包括外来参观人员信息等);

7. 温湿度分析报表(包括对网络中心机房温湿度分析等);

8. 总功率需求表(包括网络中心机房设备需求功率等)

工作环节 4

质量自检

在项目功能测试没有问题后，网络管理员将检查在网络中心机房出入人员等相关表格，形成出入管理检查报告【成果】，最后填写网络中心机房温湿度检查报告【成果】。

主要成果：

1. 出入管理检查报告（包括检查人员管理登记表是否齐全、制度是否完善，填写检查报告）；

2. 网络中心机房温湿度检查报告（包括检查 isP-CMS 是否正常监测机房温湿度，填写检查报告）。

工作环节 5

交付验收

在项目功能测试没有问题后，网络管理员检查核对项目涉及的所有文档并整理打包，熟悉项目验收过程，转交给项目经理，最后填写客户确认表【成果】。

主要成果：

客户确认表（客户信息及客户对项目的满意及整改意见等）。

局域网运行维护

学习内容

知识点	1.1 项目任务单的识读； 1.2 各方责任人的职责	2.1 硬件需求条目； 2.2 软件环境需求条目； 2.3 软件安装条目； 2.4 isP-CMS 客户端配置条目	3.1 机房用电基本知识； 3.2 机房环境标准指标知识； 3.3 机房环境的监测：温度、湿度、电流、电压、UPS 知识； 3.4 设备环境和性能监测流程知识
技能点	1.1 领取项目任务单； 1.2 填写项目任务单； 1.3 确认所需完成的任务内容	2.1 根据客户要求和项目设计方案制订需求分析； 2.2 制订需求分析样本表； 2.3 补充项目所需要的关键技术	3.1 与客户沟通，明确工作时间和协助要求； 3.2 编写机房设备环境和性能监测实施方案
工作环节	**工作环节 1** **获取网络中心机房设备环境和性能监测任务**		**制订计划** **工作环节 2**
成果	1.1 网络中心机房设备环境和性能监测任务单	2.1 网络中心机房设备环境和性能需求分析表	3.1 实施方案
素养	1.1 培养与人沟通的能力，培养于与客户和业务主管等相关人员进行沟通的过程中； 1.2 培养阅读理解及提取关键信息的能力，培养于阅读任务书及记录任务书关键内容的工作过程中	2.1 培养文书撰写能力，培养于制订紧急预案的工作过程中	3.1 培养敬业、精业、严谨、规范、用户至上的工匠精神，培养于按照工作计划和工作流程完成安全软件维护流程的工作过程中

.1 人员管理的方法； .2 机房温湿度管理方法； .3 电源管理方法	5.1 人员出入管理检查报告编写要点； 5.2 温湿度检查报告编写要点读	6.1 机房环境验收方法； 6.2 验收步骤要点； 6.3 任务验收步骤； 6.4 客户确认表编写要点； 6.5 项目文档整理要点
1 登记外单位人员出入机房登记表、操作人员管理登记表、操作变更登记表、巡查登记表、设备异常登记表、外来人员参观登记表等； 2 使用 isP-CMS 机房监控系统日常监控机房温湿度，定期导出报表，登记分析报表等； 3 了解制冷系统、UPS 系统和关键 IT 负载所需的电量，确定已规划的 IT 负载功率需求，形成总功率需求表等	5.1 检查出入管理登记表是否齐全、制度是否完善 5.2 按检查报告标准填写检查报告； 5.3 检查 isP-CMS 是否正常监测机房温湿度情况； 5.4 使用 isP-CMS 系统对温湿度进行检查，填写检查报告	6.1 对网络中心机房设备环境和性能监测任务进行验收； 6.2 展示与讲解工作要点； 6.3 通过客户端进行服务器功能验收； 6.4 填写客户确认表和 测试报告； 6.5 项目文档整理

工作环节 4
质量自检

工作环节 3
监测维护

工作环节 5
交付验收

已监测后的网络中心机房环境和性能监测表以及其他相关登记表	5.1 检查报告	6.1 客户确认表
培养敬业、精业、严谨、规范、用户至上的工匠精神，培养于按照工作计划和工作流程完成计算机的软件升级的工作过程中	5.1 培养敬业、精业、严谨、规范、用户至上的工匠精神，培养于对安全软件维护进行测试的工作过程中； 5.2 培养辨识问题、解决问题的能力，培养于对监测软件维护进行测试的工作过程中； 5.3 培养文书撰写能力，培养于编写测试报告的工作过程中	6.1 培养与人沟通的能力，培养于与用户一起对系统软件安全进行验收和确认的工作过程中； 6.2 培养严谨、规范的工匠精神，培养于工作现场清理的工作过程中； 6.3 培养文书撰写能力，培养于客户确认表的撰写过程中

局域网运行维护

学习任务 1：网络中心机房设备环境和性能监测

① 获取网络中心机房设备环境和性能监测任务	② 制订计划	③ 监测维护	④ 质量自检	⑤ 交付验收

	工作子步骤	教师活动	学生活动	评价
获取网络中心机房设备环境和性能监测任务	领取任务单，与客户沟通，记录客户需求，填写任务单。	1. 教师分发任务单。 2. 教师讲述网络中心机房设备环境和性能监测任务单要点。 3. 教师组织学生分组讨论，指导学生了解本次任务内容，并对项目内容进行讲述。 4. 教师讲解任务单的填写方法和注意事项。	1. 学生接收任务，识读项目任务单，与主管及客户沟通；写出项目任务单要点。 2. 学生以小组讨论的形式，认真听讲此次项目任务内容相关信息，与下达任务的部门和客户沟通明确任务目标。 3. 学生认真听讲任务单填写的方法和注意事项，并填写任务单，进行分组展示讲演。	1. 教师点评：学生回答项目任务单中的要点问题，教师抽答点评。 2. 教师点评：根据任务要求选取填写较好的任务单进行点评。

课时： 1 课时
1. 硬资源：能上网的计算机等。
2. 软资源：白板笔、卡片纸、展示板、投影、任务书、项目任务单等。

	工作子步骤	教师活动	学生活动	评价
制订计划	根据任务单，结合客户需求、勘察现场，制订网络中心机房设备环境和性能维护计划。	1. 教师组织学生分组上网搜索网络中心机房设备等硬件信息，并引导学生填写需求分析表。 2. 教师组织各小组活动，并巡回指导。 3. 教师组织全班讨论确定本次任务硬件需求表。 4. 教师组织学生上网搜索网络中心机房软件安装信息，并引导学生填写需求分析表。 5. 教师组织学生上网搜索 isP-CMS 客户端配置。 6. 组织学生学习机房用电基本知识并组织小组讨论总结。 7. 组织学生学习机房环境标准指标知识并组织小组讨论总结。 8. 组织学生监测机房环境的温度、湿度、电流、电压，学习 UPS 知识并组织小组讨论总结。 9. 组织学生填写网络中心机房设备环境和性能需求分析表。 10. 老师巡回指导学生填写需求分析表并观察学生状态。	1. 学生独立上网搜索网络中心机房设备等硬件信息，并填写需求分析表。 2. 组内讨论硬件需求分析表，找出组内成员认可的共同需求，写在卡片纸上，并展示。 3. 学生讨论展示卡片上的硬件需求并现场确定。 4. 学生独立上网搜索网络中心机房的软件信息，并填写需求分析表。 5. 学生独立上网搜索 isP-CMS 客户端配置。 6. 全班学生热烈讨论机房用电基本知识，记录到工作页中。 7. 全班学生热烈讨论机房环境标准指标知识，记录到工作页中。 8. 全班学生热烈讨论机房环境（温度、湿度、电流、电压、UPS）的监测并记录到工作页中。 9. 学生认真填写网络中心机房设备环境和性能需求分析表，并展示在卡纸上。 10. 学生认真完成并通过口头表述进行交流。	1. 教师点评：观察学生上网搜索资讯的状态，提出口头表扬；收集各组优点，并做集体点评；表扬被挑选到较多卡片的小组，并给予适当奖励。 2. 教师点评：点评是否认真完成网络中心机房设备环境和性能需求分析表。

课时： 2 课时
1. 硬资源：能上网的计算机等。
2. 软资源：记录用户需求分析表的工作页、白板笔、卡片纸、展示板，展示用电基本知识的白板，展示机房环境标准指标的白板，展示机房环境监测要素的白板等。

| ① 获取网络中心机房设备环境和性能监测任务 | ② 制订计划 | ③ 监测维护 | ④ 质量自检 | ⑤ 交付验收 |

工作子步骤	教师活动	学生活动	评价
按照实施方案，准备维护工具、材料，对网络中心机房设备环境和性能进行监测维护，并登录监测维护相关表格。	1. 教师播放有关网络中心机房人员管理内容的 PPT，解释人员管理的意义及内容。 2. 教师下发网络中心机房各类人员管理登记表，并组织学生模拟填写。 3. 教师播放 isP-CMS 机房监控系统的安装及配置过程视频，组织学生找出配置方法及注意事项。 4. 教师以图片视频形式讲解 isP-CMS 机房监控系统的安装及配置步骤。 5. 教师演示 isP-CMS 机房监控系统的安装及配置步骤要点。 6. 教师指导学生对 isP-CMS 机房监控系统进行安装及配置。 7. 教师指导学生分组使用 isP-CMS 机房监控系统监控机房温湿度，并导出报表。 8. 教师指导学生上网查阅系统出现报警的处理流程和方法。 9. 教师指导学生上网查阅 UPS 的设计类型，并记录工作页。	1. 认真观看 PPT，并在教师讲解下了解机房人员管理的意义及内容，并记录在工作页上。 2. 学生在教师引导下，模拟填写网络中心机房各类人员管理登记表。 3. 学生观看 isP-CMS 机房监控系统的安装及配置过程视频；找出 isP-CMS 机房监控系统安装及配置过程中的方法及注意事项。 4. 学生通过图片视频获取 isP-CMS 机房监控系统的安装及配置方法和 hic 步骤。 5. 学生认真观看教师演示 isP-CMS 机房监控系统的安装及配置步骤要点。 6. 学生安装及配置 isP-CMS 机房监控系统。 7. 学生分组使用 isP-CMS 机房监控系统监控机房温湿度，并导出报表。 8. 学生认真查阅资料，记录报警处理流程。 9. 学生查阅 UPS 的设计类型，记录重点关键字，使用白板进行展示交流。	1. 教师点评：人员管理登记表是否合理，抽查点评。 2. 教师点评：isP-CMS 机房监控系统的安装及配置过程中需要注意的要点及重要方法步骤，让学生记录。 3. 教师点评：是否熟知 isP-CMS 机房监控系统的安装及配置步骤，教师抽答点评。 4. 学生互评：互相监督是否正确安装和配置 isP-CMS 机房监控系统。 5. 教师点评：根据任务要求选取填写较好的工作页进行点评。 6. 学生自评：填写工作页并与参考答案比较。

监测维护

课时：4 课时
1. 硬资源：能上网的计算机等。
2. 软资源：人员管理内容 PPT、投影、教师机、白板、海报纸、卡片纸、外单位人员出入机房登记表、操作人员管理登记表、操作变更登记表、设备巡查登记表、外来人员参观登记表、isP-CMS 机房监控系统安装配置视频、展示板等。

局域网运行维护

① 获取网络中心机房设备环境和性能监测任务　　**②** 制订计划　　**③** 监测维护　　**④** 质量自检　　**⑤** 交付验收

工作子步骤	教师活动	学生活动	评价
质量自检 1. 检查人员管理登记表是否齐全、制度是否完善，填写检查报告。 2. 检查 isP-CMS 是否正常监测机房温湿度，填写检查报告。	1. 教师指导学生进行人员出入管理登记表检查。 2. 教师组织学生讨论出入管理需要检查的项目，得出检测标准。 3. 教师按检查报告要求，组织学生对出入管理各项标准进行检查。 4. 教师听取小组汇报检查报告编写情况，对存在问题进行评价。 5. 教师指导学生检查 isP-CMS 是否正常监测机房温湿度。 6. 教师组织学生讨论机房温湿度管理项目，得出检测标准。 7. 教师按检查报告要求，组织学生对温湿度各项标准进行检查。 8. 教师进行检查报告评价并找出存在问题。	1. 学生查看登记表登记情况，工作服、工作鞋配备情况。 2. 学生分小组讨论出入管理检查项目，制订各组的检查标准。 3. 学生分组对出入管理进行检查，填写出入管理各项检查报告。 4. 学生分组编写检查报告，制作检查报告 PPT，并讲解。 5. 学生分组检查 isP-CMS 是否正常监测机房温湿度情况。 6. 学生小组讨论温湿度管理检查项目，制订各组检查标准。 7. 学生分组对温湿度进行检查，填写温湿度各项检查报告； 8. 学生分组编写检查报告，制作检查报告 PPT，并讲解展示。	1. 教师点评：检查方法与步骤。 2. 教师点评：出入管理检查项目是否完整。 3. 教师点评：学生测试方法是否正确，对测试结果进行截图保存。 4. 学生互评：检查报告的要点是否全面。

课时： 1 课时
1. 硬资源：能上网计算机等。
2. 软资源：检查报告表、投影、视频、白板、卡纸等。

工作子步骤	教师活动	学生活动	评价
交付验收 完成机房环境验收，填写客户确认表。	1. 教师以案例形式讲解机房环境验收细节。 2. 教师巡回指导，并验收各小组的工作成果。 3. 教师听取各小组汇报情况。 4. 教师讲解客户确认表的编写。 5. 教师组织小组编写客户确认表和互评。 6. 教师对项目进行总评。	1. 学生认真听讲，熟知机房环境验收细节；记录验收要点，并展示讲解。 2. 学生与用户一起对网络中心机房设备环境和性能监测任务进行验收。 3. 学生制作 PPT 并汇报工作情况。 4. 学生听取教师讲解，并记录确认表的编写要点。 5. 学生认真编写客户确认表，进行小组互评展示。 6. 学生整理工作文档和现场。	1. 教师点评：是否熟知机房环境验收细节，教师抽答点评。 2. 教师点评：各小组的工作成果。 3. 学生互评：听取各组讲解各自客户确认表的完成情况并进行简评。 4. 教师点评：根据任务整体完成情况点评各小组的优缺点。

课时： 2 课时
1. 硬资源：能上网的计算机等。
2. 软资源：机房环境验收案例、投影仪、卡纸、验收的相关资料、行业企业安全守则与操作规范、《计算机软件保护条例》、产品说明书、空白的客户确认表等。

学习任务 2：企业内部网络线路维护

任务描述

学习任务学时：**24** 课时

任务情境：

　　企业位于某建筑物 3～5 层，公司内部网络共有 400 个信息点、1 个中心机房、3 个管理间。部分用户反映网络连接不稳定，时通时断。现需网络管理员对网络通信线路进行维护，包括维护线路标识，检查线缆状况、跳线和插接件连接状况，测试线缆的传输阻抗、光衰、延时与近端串扰状况等主要性能指标。

　　网络管理员从项目经理处获取任务单，查阅项目设计方案、综合布线系统图，勘察现场，编写维护计划，准备工具和材料，检查并修复异常线路，填写维护记录，撰写线路维护报告，提交项目经理审核。

　　具体要求见下页。

工作流程和标准

工作环节 1

获取任务

根据任务要求，从业务主管处领取工作任务单，与客户和业务主管等相关人员进行专业的沟通，勘察现场环境，记录关键内容，明确客户意向，填写工作任务单和项目拓扑图【成果】。

主要成果：

工作任务单（建设目标以及进度安排）、项目拓扑图（配线间信息点和语音点的分布）。

工作环节 2

制订计划

根据工作任务单，讨论填写用户需求分析表【成果】，明确所需的文档资料（IP 规划信息表、设备管理信息表、端口互联信息表），认知标识规范指标和线缆标识要求，设计配线架布线标识图【成果】，明确网络线路和光纤线路的验收标准，制订实施方案【成果】，跟客户沟通确认，报相关主管审批。

主要成果：

用户需求分析表、配线架布线标识图、实施方案。

工作环节 3

故障排除

熟知网络线路和光纤线路的故障检测方法，根据本任务项目拓扑图，完成网络线路和光纤线路的故障检测，分析测试结果；检测完成后，按需要进行线路修复，如永久链路故障需重新敷设线缆；跳线故障可用新的跳线替换故障的跳线。并根据所做的故障修复过程将故障修复登记表【成果】填写完整，递交给客户。

主要成果：

故障修复登记表。

工作环节 4

质量自检

使用光纤测线仪测试光纤通信以及光纤衰减，填写光纤测试验收表【成果】；按照网线线缆线序显示标准使用测线仪检测重新制作的跳线是否正常，填写网线测试验收表【成果】；内部初步验收完成后，填写竣工验收申请【成果】，交付用户进行检查验收。

主要成果：光纤测试验收表、网线测试验收表、竣工验收申请表。

工作环节 5

交付验收

根据任务要求讨论制订验收流程，完成各项验收测试，填写验收报告【成果】，规范归档管理施工文档，并按照"8S"管理规定及时清理现场，进行工作总结。

主要成果：验收报告。

局域网运行维护

学习内容

知识点	1.1 勘察现场的注意事项	2.1 明确企业内网布线基本信息； 2.2 认知配线间信息点与语音点的分布结构	3.1 规划信息表、设备管理信息表、端口互联信息表的基本信息； 3.2 标识分类和要求； 3.3 线缆标识的要求、选择以及标签的粘贴方法； 3.4 网络线路和光纤线路验收标准的相关信息； 3.5 网络线路检测规范
技能点	1.1 识读任务书； 1.2 与下达任务的部门了解任务信息； 1.3 勘察现场环境； 1.4 填写工作任务单	2.1 获取综合布线系统图； 2.2 填写项目拓扑图	3.1 获取网络运维文档； 3.2 熟知标识规范指标； 3.3 熟知线缆标识； 3.4 明确网络线路和光纤线路的验收标准； 3.5 编制配线架布线标识图； 3.6 制订实施方案
工作环节	**工作环节 1** **获取任务**		**制订计划** **工作环节 2**
成果	1.1 工作任务单	2.1 项目拓扑图	3.1 需求分析表，配线架布线标识图、实施方案
素养	1.1 培养与人沟通的能力，培养于与客户和业务主管等相关人员进行沟通的过程中； 1.2 培养阅读理解及提取关键信息的能力，培养于阅读任务书及记录任务书关键内容的工作过程中	2.1 培养信息收集与处理能力，培养于获取综合布线系统图、明确企业内网布线基本信息的过程中	3.1 培养信息收集与处理能力，培养于获取网络运维文档与线缆标识的过程中； 3.2 培养分析、决策能力，培养于编制配线架布线标识图的过程中； 3.3 培养书面表达能力，培养于制订实施方案的工作过程中

1 网络线路和光纤线路的故障检测方法； 2 永久链路故障的修复方法； 3 跳线故障的修复方法； 4 表格填写注意事项； 5 AC 集中管理平台的使用	5.1 光纤测试仪的使用方法； 5.2 网线线缆线序显示标准； 5.3 测试验收表的填写要点； 5.4 竣工验收申请表的填写要点	6.3 验收报告编写要点； 6.2 核对验收点； 6.1 验收步骤
1 网络线路和光纤线路的故障检测； 2 网络线路和光纤线路的故障修复； 3 填写故障修复登记表	5.1 光纤通信测试； 5.2 网线通信测试； 5.3 填写测试验收表； 5.4 填写竣工验收申请表	6.1 制订验收流程； 6.2 完成各项验收测试； 6.3 验收报告的编写； 6.4 施工文档归档管理

工作环节 4

质量自检

工作环节 3

故障排除

工作环节 5

交付验收

1 故障修复登记表	5.1 光纤测试验收表、网线测试验收表、竣工验收申请表	6.1 验收报告
1 培养信息收集与处理能力，培养于获取网络线路和光纤线路的故障检测和修复方法的过程中； 2 培养敬业、精业、严谨、规范、用户至上的工匠精神，培养于按照工作计划和工作流程完成企业内部网络故障修复的工作过程中； 3 培养动手实操能力，培养于检测和修复企业内部网络线路的工作过程中	5.1 培养信息收集与处理能力，培养于获取光纤测试仪使用方法的过程中； 5.2 培养动手实操能力，培养于对光纤通信和网线通信进行测试的工作过程中； 5.3 培养文案撰写能力，培养于填写测试验收表及竣工验收申请表的工作过程中	6.1 培养与人沟通的能力，培养于与用户一起对无线网络构建的连通性、规范性、安全性进行检测验收和确认的工作过程中； 6.2 培养严谨、规范的工匠精神，培养于工作现场清理的工作过程中； 6.3 培养文书撰写能力，培养于验收报告的撰写过程中

局域网运行维护

学习任务 2：企业内部网络线路维护

① 获取任务　② 制订计划　③ 故障排除　④ 质量自检　⑤ 交付验收

工作子步骤	教师活动	学生活动	评价
获取任务 获取任务要求，与客户和业务主管沟通，勘察现场环境，填写工作任务单和项目拓扑图。	1. 教师展示工作任务：企业内部网络线路维护。要求阅读任务单，用下划线的形式标识出该工作任务的关键词，如"维护线路标识"，并将客户功能需求或工作要求的关键信息整理记录在工作任务单中。 2. 教师提问：网络线路维护包含哪些方面？ 3. 教师引导：网管接到任务后应做哪些准备工作？先做什么后做什么？ 4. 设置卡纸展示活动：点评网管接到任务后的工作步骤，领取任务书→查看现场环境→与客户沟通敲定需求等。 5. 教师展示 PPT，讲解工作任务单的内容，并对学生填写的任务单进行点评。 6. 教师讲解"综合布线系统的构成图"，要求做好笔记，填写工作页。 7. 教师引导：参考综合布线系统的构成图，自己动手使用 Visio 画出该任务的拓扑图。	1. 学生阅读任务单，并与客户沟通，明确任务目标以及进度安排。 2. 学生查阅资料，回答问题，并填写在工作页空格中。 3. 学生查阅资料，回答问题，并填写在工作页空格中。 4. 学生讨论，小组填写卡纸，展示，并把结果填写在工作页上。 5. 学生讨论，完成工作任务单的填写。 6. 学生听讲做笔记，填写工作页。 7. 学生讨论，并使用 Visio 软件自己画出任务拓扑图。	1. 教师点评：时间控制、关键信息的整理。 2. 教师点评：学生回答是否准确。 3. 教师点评：填写是否正确。 4. 教师点评：小组讨论合作度、展示技能。 5. 教师点评：任务单填写是否有误。 6. 教师点评：工作页填写是否正确。 7. 教师点评：展示答案，学生自评。

课时： 2 课时
1. 硬资源：能连接互联网的计算机等。
2. 软资源：引出问题的 PPT、投影、白板、卡片纸、A4 纸、油性笔等。

工作子步骤	教师活动	学生活动	评价
制订计划 讨论填写用户需求分析表，明确所需的文档资料，设计配线架布线标识图，制订实施方案。	1. 教师给学生提供关于无线网络项目需求分析的样本，组织小组讨论。 2. 教师巡回指导，对学生填写的任务单进行点评。 3. 教师提问：对网络线路进行故障检测并修复，我们需要收集哪些运维资料？ 4. 教师展示 PPT，讲述项目设备标识分类和要求内容。 5. 教师展示一根线缆，提问：线缆里面有哪些线缆标识？延伸出"线缆标识"的要求。 6. 教师讲述：线缆标识的要求、选择以及标签的粘贴方法，并要求填写工作页。 7. 教师展示布线系统图纸资料，引导学生说出布线系统图、配线架电缆卡接位置图等图表的作用。	1. 确定小组成员之间的分工，并汇报。根据工作任务单，阅读教师提供的无线网络项目需求分析样本，小组讨论。 2. 小组提炼本项目的重点需求条目，填写用户需求分析表并展示。 3. 学生独立上网搜索网络运维资料，填写工作页上的表格。 4. 学生听讲并作笔记，填写工作页。 5. 学生抢答。 6. 学生听讲并作笔记，填写工作页。 7. 小组上网搜索信息，将答案填写在工作页内并展示。	1. 教师点评：小组讨论的态度是否合理。 2. 教师点评：小组讨论合作度、展示技能。 3. 学生自评：展示正确答案。 4. 教师点评：对工作页的填写进行点评。 5. 教师点评：点评抢答，提出口头表扬，并展示答案。 6. 教师点评：对工作页的填写进行点评。 7. 教师点评：观察学生上网搜索资讯的状态，提出口头表扬，挑选出做得比较好的答案进行点评并总结。

① 获取任务	② 制订计划	③ 故障排除	④ 质量自检　⑤ 交付验收

工作子步骤	教师活动	学生活动	评价
制订计划	8. 教师讲述: 线路维护的施工程序, 并要求填写工作页。 9. 教师提问: 线路维护好后, 我们就需要对线路进行验收, 那么验收标准有哪些呢? 要求: 上网查找资料, 在卡纸上写出网络线路和光纤线路验收标准。 10. 教师小结: 常见的网络线路验收标准有近端串扰、远端串扰、衰减等。光纤线路验收标准有熔接损耗、过度弯曲等。 11. 引导学生编写实施方案并点评。 12. 教师引导学生为任务的实施准备材料、设备和工具。	8. 学生听讲并作笔记, 填写工作页。 9. 小组上网搜索获取网络线路和光纤线路验收标准, 绘制在卡片上并展示。 10. 学生听讲教师小结。 11. 小组讨论, 上网搜索编写方案的资料, 编写方案并展示。 12. 学生着手准备材料、设备和工具。	8. 教师点评: 对工作页的填写进行点评。 9. 教师点评: 观察学生上网搜索资讯的状态, 提出口头表扬, 并对各组的答案进行点评并总结。 10. 教师点评: 听讲态度。 11. 教师点评: 观察学生上网搜索资讯的状态, 提出口头表扬, 并对实施方案的内容进行点评。 12. 教师点评: 学习态度。

课时: 4 课时
1. 硬资源: 网络运维文档资料、布线系统图纸资料等。
2. 软资源: "项目标识分类和要求"讲义、"线缆标识的要求、选择以及标签的粘贴方法"讲义、"路维护的施工程序"讲义、投影、白板、卡片纸、A4 纸、油性笔等。

故障排除 根据本任务项目拓扑图, 完成网络线路和光纤线路的故障检测。	1. 教师展示在本任务中, 网络线路和光纤线路的故障检测仪器: 测线仪、光纤熔接机。提问: 同学们认识这些工具吗? 它们的功能是什么? 2. 教师演示正确的测线仪及光纤熔接机的使用方法, 讲解特点和用途, 并重复播放录好的制作视频, 提供给学生参考。 3. 教师提问: 大家知道近端串扰故障是怎样形成的吗? 该怎样检测故障? 引导学生回答。 4. 教师演示正确的近端串扰故障检测方法, 并重复播放录好的制作视频, 提供给学生参考。引导学生自己进行故障检测实操。 5. 教师提问: 大家知道衰减故障是怎样形成的吗? 该怎样检测故障? 引导学生回答。 6. 教师演示正确的衰减故障检测方法, 并重复播放录好的制作视频, 提供给学生参考。引导学生自己进行故障检测实操。	1. 学生准确说出材料的名称。 2. 学生观看视频, 上网搜索资讯, 并完成工作页。 3. 学生思考, 并抢答。 4. 学生观看视频, 上网搜索资讯, 并动手完成近端串扰故障检测, 填写工作页。 5. 学生思考并抢答。 6. 学生观看视频, 上网搜索资讯, 并动手完成衰减故障检测, 填写工作页。	1. 教师点评: 教师抽答点评。 2. 教师展示正确答案, 学生自评。 3. 教师点评抢答是否正确。 4. 点评故障排除检测操作是否规范。 5. 教师点评抢答是否正确。 6. 点评故障排除检测操作是否规范。 7. 教师点评抢答是否正确。 8. 点评故障排除检测操作是否规范。 9. 教师点测试过程是否规范, 展示正确答案, 学生自评。 10. 教师点评抢答是否正确。

局域网运行维护

① 获取任务　② 制订计划　③ 故障排除　④ 质量自检　⑤ 交付验收

工作子步骤	教师活动	学生活动	评价
故障排除	7. 教师提问：大家知道光纤的熔接损耗是怎样形成的吗？该怎样检测故障？引导学生回答。 8. 教师演示正确的熔接损耗检测方法，并重复播放录好的制作视频，提供给学生参考。引导学生自己进行故障检测实操。 9. 教师提供端口互联信息表，引导学生对故障节点线路进行测试，要求填写工作页，教师巡回指导学生。 10. 线路故障检测完成后，需要进行线路修复，教师提问：永久链路故障时该怎么修复？跳线发生故障时该怎么修复？ 11. 教师演示正确的永久链路故障和跳线故障修复方法，播放录好的制作视频，提供给学生参考。引导学生自己进行故障修复实操并巡回指导。 12. 指导学生完成故障修复登记表填写。	7. 学生思考，并抢答。 8. 学生观看视频，上网搜索资讯，并动手完成衰减故障检测，填写工作页。 9. 学生根据所提供的端口互联信息表，对故障节点线路进行测试，填写工作页并展示成果。 10. 学生思考，并抢答。 11. 学生观看视频，上网搜索资讯，并动手完成故障修复，填写工作页。 12. 完成故障修复登记表填写。	11. 点评故障排除修复操作是否规范。 12. 点评是否正确填写表格。

课时： 4 课时
1. 硬资源：能连接互联网的计算机、线缆、光纤、测线仪、光纤熔接机等。
2. 软资源：测线仪和光纤熔接机使用方法视频、近端串扰、衰减、熔接损耗故障检测视频、永久链路故障和跳线故障修复视频、端口互联信息表、"测线仪和光纤熔接机使用方法"讲义、投影、白板、卡片纸、A4 纸、油性笔等。

工作子步骤	教师活动	学生活动	评价
质量自检	使用光纤测线仪测试光纤通信以及光纤衰减，按照网线线缆线序显示标准，使用测线仪检测重新制作的跳线是否正常。	1. 教师提问：在完成本任务中所有线路故障检测和修复后，如何获知线路的连通情况？ 教师展示 PPT，讲述 ping 和 ipconfig 命令，描述 ping 命令的主要功能、语法格式、常用参数以及返回信息的含义。 2. 教师选取一小组线路修复成果，现场测试线路上网的连通性并演示记录返回的 IP 地址、子网掩码默认网关等信息，检查 IP 参数设置是否成功。 3. 若测试中发现异常，根据返回信息排除相应的故障，并将问题及解决方案记录下来。 4. 组织小组现场测试本组线路有线上网的连通性。 5. 指导学生完成光纤测试验收表、网线测试验收表、竣工验收申请表的填写并点评。	1. 学生思考回答问题，并认真听讲做笔记。 2. 学生观察演示。 3. 学生记录排除相应故障的方法。 4. 小组现场测试本组线路有线上网的连通性，并查阅相关资料，根据返回信息排除相应的故障，将问题及解决方案记录下来。 5. 小组讨论完成故障修复登记表填写并展示。	1. 教师点评：听讲态度。 2. 教师点评：观察教师演示的态度。 3. 教师点评：是否认真记录排除相应故障的方法。 4. 教师点评：小组现场测试的合作度。 5. 教师点评：是否正确填写表格。

课时： 4 课时
1. 硬资源：能连接互联网的计算机等。
2. 软资源："ping 和 ipconfig 命令"讲义、工作记录表、8S 管理条例、投影、白板、卡片纸、A4 纸、油性笔等。

① 获取任务	② 制订计划	③ 故障排除	④ 质量自检	⑤ 交付验收

	工作子步骤	教师活动	学生活动	评价
交付验收	编写验收报告，按照"8S"管理规定及时清理现场。	1. 教师展示工作任务单的要求，验收网络线路是否正常并记录。 2. 组织学生编写验收报告。 3. 组织学生编写客户确认表。 4. 组织学生汇报本任务实施情况。 5. 教师对小组汇报情况进行总体评价。 6. 提示 8S 管理现场环境。	1. 学生观看教师演示。 2. 学生编写验收报告。 3. 编写客户确认表。 4. 学生编制 PPT，汇报本任务实施情况，包括分工、工具的使用、网络的构建、故障的排除、涉及的知识点、小组合作情况、时间控制、存在问题、改进措施等。 5. 学生听讲。 6. 学生对现场环境进行清理。	1. 教师点评：听讲态度。 2. 教师点评：编写验收报告是否规范。 3. 教师点评：编写的客户确认表是否规范。 4. 学生互评：听取各组讲解各自客户确认表的完成情况并进行简评。 5. 教师点评：根据任务整体完成情况点评各小组的优缺点。 6. 教师点评：现场整理情况。

课时： 3 课时
1. 软资源：验收报告、空白的客户确认表、8S 管理规定等。

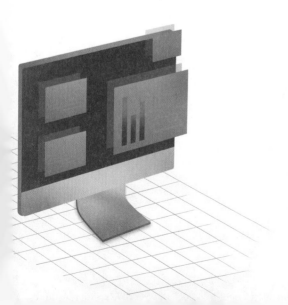

学习任务 3：网络中心机房和管理间网络设备运行维护

任务描述

学习任务学时：24 课时

任务情境：

某企业需要对中心机房和管理间的 10 台交换机、2 台路由器和 1 台防火墙进行维护，要求网络管理员检查上述设备的放置环境及其配置，定期更改网络设备密码、备份配置文件等，并根据需要进行配置优化。

网络管理员从项目经理处获取任务单，查阅项目设计方案，勘察现场，编写维护计划，准备工具，实施维护作业，填写维护记录。如网络设备异常，查阅网络设备配置文档，进行故障诊断和排除，及时反馈网络设备运行状况和故障信息，撰写网络设备故障处理报告，并提交项目经理审核。

具体要求见下页。

工作流程和标准

工作环节 1

获取任务

1

网络管理员从项目经理处领取任务书，与项目经理等相关人员进行专业的沟通，记录关键内容，明确任务需求，填写客户需求分析表。

主要成果：

客户需求分析表（检查机房设备的放置环境及其配置，定期更改网络设备密码、备份配置文件等）。

工作环节 2

制订计划

2

1. 网络管理员对中心机房进行现网信息收集，现网信息收集完成后，对现网环境进行检查，确保网络现状与规划信息表、配置信息一致，检查网络的运行状态是否正常，所有检查条件通过后输出现网环境检查表【成果】。

2. 从满足客户的功能需求、使用价值和企业维护的规范性、可行性、成本效益等角度制订维护方案【成果】。

主要成果：

1. 现网环境检查表（设备配置信息差异处、内网设备连通性、现网环境检查表）；

2. 维护方案（包括定期环境检查及其配置检查，定期更改网络设备密码、定期进行文件备份等维护要求）。

工作环节 3

实施维护

1. 制冷系统检查

网络管理员对机房空调进行检查，保障温湿度达到一定条件，形成制冷系统检查表。

2. 散热系统检查

网络管理员对机房散热系统（风扇、机房间隔）进行排查，形成散热系统检查表。

3. 布线系统检查

网络管理员对机房布线系统进行排查，形成布线系统检查表。

4. 设备日常维护

为了提升设备的性能，减少各种意外事故的发生，确保设备能够长期安全、稳定、可靠地运行，并降低维护成本，网络管理员应该定期进行网络维护，最后形成网络设备检查记录表。

5. 网络设备优化

为保障设备安全，网络管理员需要定期更改网络密码，包括远程管理密码及 enable 密码，并将修改过的密码记录到设备管理信息表【成果】中。

在配置设备前，为了保证在出错时能够第一时间回到修改配置之前的状态，需要在路由器修改配置前保存当前所有配置，并将配置文件备份。在设备调试完成后，为了方便后期运维，需要导出设备配置文件，并记录到设备管理信息表【成果】中。

网络管理员对设备配置进行收集记录后，分析数据，对设备配置进行优化，并撰写项目优化方案。

主要成果：
1. 设备管理信息表（密码记录、设备配置信息）
2. 项目优化方案

工作环节 4

交付验收

在项目功能测试没有问题后，网络管理员检查核对项目涉及的所有文档并整理打包，形成项目功能验收表【成果】，转交给项目经理，最后填写机房维护信息记录表【成果】。

主要成果：

1. 项目功能验收表（需求内容、验证步骤、验证结果、是通过）；

2. 机房维护信息记录表（项目名称、设备移交、账户移交、文档移交、项目完工简介、反馈意见、基础维护培训、工程师签字、项目经理签字）。

学习内容

知识点	1.1 任务单的识读; 1.2 各方责任人的职责	2.1 设备信息识读; 2.2 软件环境需求条目; 2.3 机房环境需求条目; 2.4 内网设备连通性测试方法	3.1 设备环境监测流程知识; 3.2 网络设备密码配置方法; 3.3 文件备份方法
技能点	1.1 填写客户需求分析表; 1.2 确认所需验收项目	2.1 设备配置信息差异处对比; 2.2 内网设备连通性测试; 2.3 填写现网环境检查表	3.1 与客户沟通,明确工作时间和协助要求; 3.2 编写机房和管理间设备维护方案; 3.3 机房环境配置检查
工作环节	**工作环节 1** **获取任务**		**制订计划** **工作环节 2**
成果	1.1 客户需求分析表	2.1 现网环境检查表	3.1 维护方案
素养	1.1 培养与人沟通的能力,培养于与客户和业务主管等相关人员进行沟通的过程中; 1.2 培养阅读理解及提取关键信息的能力,培养于阅读任务书及记录任务书关键内容的工作过程中	2.1 培养文书撰写能力,培养于制订紧急预案的工作过程中	3.1 培养敬业、精业、严谨、规范、用户至上的工匠精神,培养于按照工作计划和工作流程完成安全软件维护流程的工作过程中

		6.1 机房环境验收方法；
4.1 设备维护流程；	5.1 数据分析方法；	6.2 验收步骤要点；
4.2 设备使用安全说明；	5.2 项目方案编写要点	6.3 任务验收步骤；
4.3 工作记录收集		6.4 客户确认表编写要点；
		6.5 项目文档整理要点

		6.1 对网络中心机房和管理间网络设备运行维护任务进行验收；
4.1 密码修改；	5.1 收集设备配置数据；	6.2 展示与讲解工作要点；
4.2 设备配置文件备份；	5.2 分析收集到的设备配置数据；	6.3 通过机房维护信息记录验收；
4.3 设备配置信息导出；	5.3 制订设备优化方案；	6.4 填写客户确认表 及测试报告；
4.4 填写设备设置信息表	5.4 撰写项目优化方案	6.5 项目文档整理

工作环节 3
实施维护

工作环节 4
交付验收

1 设备管理信息表	5.1 项目优化方案	6.1 客户确认表
1 培养敬业、精业、严谨、规范、用户至上的工匠精神，培养于按照工作计划和工作流程完成计算机软件升级的工作过程中	5.1 培养敬业、精业、严谨、规范、用户至上的工匠精神，培养于对安全软件维护测试的工作过程中；	6.1 培养与人沟通的能力，培养于与用户一起对系统软件安全进行验收和确认的工作过程中；
	5.2 培养辨识问题、解决问题的能力，培养于对监测软件维护测试的工作过程中；	6.2 培养严谨、规范的工匠精神，培养于工作现场清理的工作过程中；
	5.3 培养文书撰写能力，培养于编写测试报告的工作过程中	6.3 培养文书撰写能力，培养于客户确认表的撰写过程中

局域网运行维护

学习任务 3：网络中心机房和管理间网络设备运行维护

① 获取任务　② 制订计划　③ 项目实施　④ 交付验收

	工作子步骤	教师活动	学生活动	评价
获取任务	1. 网络管理员从项目经理处领取任务书，与项目经理等相关人员进行专业的沟通，记录关键内容，明确任务需求，填写客户需求分析表。	1. 教师展示本次任务的情景。 2. 教师组织学生角色扮演，指导学生了解客户项目需求，并做记录。 3. 教师讲述工作任务单要点。 4. 教师提问学生掌握工作任务单中的要点问题。 5. 教师分发并演示如何填写工作任务单。 6. 教师指导填写工作任务单。	1. 小组熟知任务情景。 2. 学生 2 人相互角色扮演施工人员和客户企业相关部门负责人，与客户沟通，查阅相关资料，收集客户的构建意向。 3. 与下达任务的部门和客户沟通了解任务需求。 4. 小组记录工作任务单要点。 5. 小组领取工作任务单，熟知工作任务单的填写要求。 6. 小组使用局域网运行维护专业术语填写工作任务单。	1. 小组互评：工作任务单要点记录是否详细。 2. 教师点评：根据任务要求选取填写较好的工作任务单进行点评。

课时： 2.5 课时
1. 硬资源：能连接互联网的计算机等。
2. 软资源：工作任务空白等。

制订计划	1. 网络管理员对中心机房进行现网信息收集，现网信息收集完成后，对现网环境进行检查，确保网络现状与规划信息表、配置信息一致，检查网络的运行状态是否正常，所有检查条件通过后输出现网环境检查表。	1. 组织学生上网搜索机房网络设备信息。 2. 组织各小组活动并巡回指导。 3. 组织全班讨论活动，梳理不同软件的条目并展示筛选。 4. 组织学生上网搜索机房环境要求。 5. 组织各小组讨论并巡回指导。 6. 组织全班讨论活动，梳理出最适合本次任务的机房环境要求。 7. 组织各小组测试内网的连通性活动并巡回指导。	1. 每名学生独立上网搜索机房网络设备信息，并记录工作页。 2. 小组讨论组内安装软件的条目，找出组内成员都认可的条目，写在卡片纸上并展示。 3. 全班学生讨论展示卡片上的优缺点，挑选出共同认可的安装软件条目。 4. 每名学生独立上网搜索机房环境要求，并记录工作页。 5. 小组讨论组内机房环境要求，找出最适合本次任务的机房环境要求，写在卡片纸上并展示。 6. 全班学生讨论展示卡片上的机房环境要求，挑选出最适合本次任务的机房环境要求。 7. 全班学生按组对内网设备进行测试，记录测试的方法和优缺点。	1. 教师点评：观察学生上网搜索资讯的状态，提出口头表扬。收集各组优点，并做集体点评。表扬被挑选到较多卡片的小组，并给予适当奖励。 2. 小组互评：点评其他小组的机房环境要求，选出最适合本次任务的机房环境要求，并说明理由。 3. 教师点评：观察学生上网搜索资讯的状态，提出口头表扬。收集各组优点，并做集体点评。表扬被挑选到较多卡片的小组，并给适当奖励。

课时： 2.5 课时
1. 硬资源：能上网的计算机等。
2. 软资源：记录安装补丁的方法的工作页、记录服务器用户权限种类的工作页、记录服务器磁盘类别的工作页等。
3. 教学设施：白板笔、卡片纸、展示板等。

① 获取任务	② 制订计划	③ 项目实施	④ 交付验收

	工作子步骤	教师活动	学生活动	评价
制订计划	2. 从满足客户的功能需求、使用价值和企业维护的规范性、可行性、成本效益等角度制订维护方案。	1. 教师以实际操作形式进行环境检查、软件环境检查,检查系统日志、设备性能和磁盘空间,填写软件环境检查表。 2. 组织学生按照工作页所示步骤进行环境检查,并巡回指导。 3. 组织学生独立上网搜索其他进行环境检查的方法。 4. 教师演示网络设备密码配置方法,组织学生记录网络设备密码配置方法。	1. 观看教师演示,熟知如何进行环境检查、软件环境检查,检查系统日志、设备性能和磁盘空间,填写软件环境检查表。 2. 每名同学按照工作页所示步骤进行环境检查。 3. 每名学生独立上网搜索其他进行环境检查的方法,并记录工作页。 4. 学生记录网路设备密码配置要点。	1. 教师点评: 观察学生上网搜索资讯的状态,提出口头表扬。收集各个同学的优点,并做点评。表扬成功完成任务的同学,并给适当奖励。

课时： 2 课时
1. 硬资源：能上网计算机等。
2. 软资源：记录环境检查的工作页等。
3. 教学设施：白板笔、展示板等。

	工作子步骤	教师活动	学生活动	评价
项目实施	1. 设备信息管理。	1. 教师以实际操作形式演示设备配置文件备份。 2. 组织学生按照工作页所示步骤安装更新补丁,并巡回指导。 3. 组织学生按照工作页所示步骤测试设备配置信息是否正常更新,并巡回指导。 4. 组织学生填写工作页。 5. 教师以实际操作形式演示常见设备维护流程。 6. 组织学生按照工作页所示,按步骤进行设备维护,并巡回指导。 7. 组织学生按照工作页所示,设计本次任务的设备维护流程,并巡回指导。 8. 组织学生填写工作页。 9. 教师以实际操作形式演示如何安全的使用网络设备。 10. 组织学生按照工作页所示步骤进行网络设备维护,并巡回指导。	1. 认真观看教师演示,熟知如何进行设备配置文件备份。 2. 每名同学按照工作页所示步骤安装更新补丁。 3. 小组内分别查看组内成员设备配置信息是否正常更新,并进行小组互评。 4. 每名学生将设备配置信息导出,并记录工作页。 5. 通过教师演示,熟知如何进行常见设备维护。 6. 每名同学按照工作页所示,设计本次任务的设备维护流程。 7. 小组内分别查看组内成员设备维护流程是否合理,并进行小组互评。 8. 每名学生将设备维护流程进行记录,并记录工作页。 9. 认真观看教师演示,熟知如何安全的使用网络设备。 10. 每名同学按照工作页所示步骤进行网络设备的维护。	1. 教师点评: 观察学生完成服务器更新的状态,提出口头表扬。收集各个同学的优点,并做点评。表扬成功完成任务的同学,并给予适当奖励。

课时： 7 课时
1. 硬资源：能上网的计算机等。
2. 软资源：记录环境检查的工作页等。
3. 教学设施：白板笔、展示板等。

局域网运行维护

① 获取任务　② 制订计划　③ 项目实施　④ 交付验收

工作子步骤	教师活动	学生活动	评价
项目实施 2. 项目优化方案。	1. 教师实际操作演示如何优化方案模板。 2. 组织小组进行组内讨论。 3. 组织各小组间进行讨论。 4. 对各小组的优化方案进行点评，组织学生输出项目优化方案。 5. 教师讲解环境检查的方法，巡堂指导。 6. 教师讲解网络设备系统日志、设备性能和磁盘空间性能测试的方法，巡堂指导。 7. 教师讲解网络设备与客户需求对应检查的测试方法，巡堂指导。	1. 认真观看教师演示，根据优化方案模板输出实施方案。 2. 小组讨论，整理优化后的实施方案。 3. 小组间进行优化方案讨论，讨论出最好的优化方案。 4. 根据教师点评，每个小组输出各组的项目优化方案。 5. 认真听取教师讲解，熟知环境检查的方法，并进行测试并记录。 6. 认真听取教师讲解，熟知网络设备系统日志、设备性能和磁盘空间性能测试的方法，并进行测试并记录。 7. 认真听取教师讲解，熟知网络设备与客户需求对应检查的测试方法，并进行测试并记录。	1. 教师点评：观察学生完成项目优化过程的状态，提出口头表扬。收集各个同学的优点，并做点评。表扬成功完成任务的同学，并给予适当奖励。

课时： 2.5 课时
1. 硬资源：能上网的计算机等。
2. 软资源：记录项目优化方案的工作页等。
3. 教学设施：白板笔、展示板等。

工作子步骤	教师活动	学生活动	评价
交付验收 1. 在项目功能测试没有问题后，网络管理员对项目涉及的所有文档进行检查核对及整理打包，形成项目功能验收表，转交给项目经理，最后填写机房维护信息记录表。	1. 教师讲解客户培训的细节。 2. 教师讲解交付验收的验收细节。 3. 教师验收各小组的工作成果。 4. 听取各小组汇报情况。 5. 组织学生进行评价并评价工作过程。	1. 通过教师讲解，熟知给客户进行培训的要求。 2. 通过教师讲解熟知验收要求。 3. 验收完毕，小组填写项目验收表、运维资料表及项目功能验证表。 4. 小组制作并提交演示文稿。 5. 每位同学进行自我评价，小组内评价，小组间评价及教师评价。	1. 教师点评：是否熟知验收细节，教师抽答点评。 2. 学生自评：听取各组讲解各自验收报告的完成情况并进行自评。 3. 学生互评：听取各组讲解各自验收报告的完成情况并进行简评。 4. 教师点评：根据任务整体完成情况点评各小组的优缺点。

课时： 2.5 课时
1. 硬资源：能连接互联网的计算机、投影仪、教师机等。
2. 软资源：《局域网运行维护》工作页、参考教材、验收报告、空白的考核评价表等。
3. 教学设施：白板、海报纸、卡片纸、A4 纸等。

局域网运行维护

学习任务 4：网络中心机房应用服务器与存储设备运行维护

任务描述

学习任务学时：24 课时

任务情境：

某企业需对 WEB 服务器、数据库服务器、应用服务器和存储设备进行维护，要求网络管理员检查设备放置环境，安装补丁，更新防毒软件及防火墙，根据需要调整服务、端口、账号和密码，查看系统日志、备份数据、设备性能和磁盘空间等，确保设备正常运行。

网络管理员从项目经理处获取任务单，查阅项目设计方案，勘察现场，编写维护计划，准备工具，实施维护作业，填写维护记录。如遇设备异常，查阅相关配置文档，进行故障诊断和排除，及时反馈设备运行状况和故障信息，撰写设备故障处理报告并提交项目经理审核。

具体要求见下页。

工作流程和标准

与客户进行维护前沟通

根据任务要求，从业务主管处领取任务单，与客户和业务主管等相关人员进行专业的沟通，记录关键内容，明确客户具体要求，填写某企业某部门网络中心机房应用服务器与存储设备运行维护项目工作任务单【成果】。

主要成果：

某企业某部门网络中心机房应用服务器与存储设备运行维护项目工作任务单（客户资料，施工单位资料，建设目标以及进度安排）。

制订工作计划

1. 根据"某企业某部门网络中心机房应用服务器与存储设备运行维护项目"工作任务单的工作内容和时间要求，小组讨论制订相应的用户需求分析表【成果】，报相关主管审批。

2. 从客户的功能需求、工期要求等角度出发，进行项目知识巩固，完善设备安装补丁的知识、用户与组的知识、文件系统知识、磁盘管理知识的项目知识体系构建。【成果】

主要成果：

1. 用户需求分析表（服务器操作系统，服务，网络访问方式，客户端操作系统，客户端域环境，客户端功能需求，工作要求）。

2. 设备安装补丁（为什么要打补丁；为什么要及时打补丁；是不是安装的补丁越多越好；安装补丁是否会导致电脑越来越慢；为什么修复相同的漏洞，电脑卫士显示的 KB 号与其他安全软件不同？文件备份等维护要求）。

3. 用户和组（用户账户类型，组账户类型）。

4. 文件系统（FAT16，FAT32，NTFS，簇）。

5. 磁盘管理（基本磁盘，动态磁盘，分区，主分区，扩展分区和逻辑分区，卷，简单卷，带区卷，跨区卷，镜像卷，RAID-5）。

质量自检

部门网络中心机房应用服务器与存储设备运行维护项目构建完成后，按照工作任务单的要求对各项服务进行全面检测，并如实记录测试结果；若发现异常，及时排除相应的故障，并将问题及解决方案记录下来。在确保测试结果达到设计要求后，形成施工记录，以便交付验收。环境质量自检表【成果】、软件环境质量自检表【成果】、补丁更新质量自检表【成果】、防毒软件更新质量自检表【成果】、WEB 服务器调整检查质量自检表【成果】、设备密码检查质量自检表【成果】、数据备份检查质量自检表【成果】。

主要成果：

1. 环境质量自检表（检查目的、检查标准、检查环境、检查方法与步骤、检查结果）；

2. 软件环境质量自检表（检查目的、检查标准、检查环境、检查方法与步骤、检查结果）；

3. 补丁更新质量自检表（检查目的、检查标准、检查环境、检查方法与步骤、检查结果）；

4. 防毒软件更新质量自检表（检查目的、检查标准、检查环境、检查方法与步骤、检查结果）；

5. WEB 服务器调整检查质量自检表（检查目的、检查标准、检查环境、检查方法与步骤、检查结果）；

6. 设备密码检查质量自检表（检查目的、检查标准、检查环境、检查方法与步骤、检查结果）；

7. 数据备份检查质量自检表（检查目的、检查标准、检查环境、检查方法与步骤、检查结果）。

工作环节 3

项目实施

1. 放置环境检查：为了确保网络及计算机系统稳定、安全、可靠地运行，保障机房工作人员有良好的工作环境，做到技术先进、经济合理、安全适用、确保质量，机房环境应符合国家有关的机房设计规定。（防静电、防火防盗、防雷、保湿保温、散热系统）。完成放置环境检查表【成果】。

2. 软件环境检查：环境检查包括硬件检查和软件检查，软件环境检查包括对设备内部部署情况的查看，对设备的系统日志、设备性能以及设备磁盘空间进行检查。即查看设备在运行过程是否出现错误的日志信息，设备的 CPU 使用率以及设备的内存等情况，磁盘空间是否有足够的空间范围。完成软件环境检查表【成果】。

3. 服务器更新：系统补丁也叫系统更新程序，是由操作系统制造商编写并发布的程序代码，用于填补操作系统的各种漏洞，修复在使用过程中出现

的问题，以及满足用户的新需求。（手动安装下载并更新系统补丁、自动下载并更新系统补丁、查看已安装系统补丁、防毒软件更新）。完成服务器更新记录表【成果】。

4. 服务器调试：WEB 服务在 windows 系统中是通过 IIS 管理器来进行搭建的，先学习 WEB 服务调整，然后学习服务器密码修改，最后进行数据备份。完成服务器调试记录表【成果】。

5. 撰写项目优化方案：根据所做的项目优化过程撰写项目优化方案。方案经客户审核认可后，在项目优化期间，需严格按照实施方案执行。在项目优化完毕后，可将撰写好的项目优化方案作为运维文档递交给客户，以便客户后续维护。完成项目优化方案【成果】。

主要成果：
1. 环境检查表（机柜号、机柜风扇、设备间隔、异常登记、操作时间、操作人员）；
2. 软件环境检查表（服务器、检查内容、检查结果、异常登记、操作时间、操作人员）；
3. 服务器更新记录表（服务器、更新内容、序列号、更新结果、操作时间、操作人员）；
4. 服务器调试记录表（服务器、调整前、调整后、异常登记、操作时间、操作人员）；
5. 项目优化方案。

工作环节 5

交付验收

5

项目功能检查没有问题后，基于项目中设备安装调试情况对客户进行培训，对项目涉及的所有文档进行检查核对及整理打包，最后转交给客户。在项目验收阶段，与客户沟通，制订项目功能验证表。

主要成果：
1. XX 项目用户培训记录表（设备安装调试情况）；
2. 运维资料表（运维资料、是否齐全）；
3. 项目功能验证表（需求内容、验证步骤、验证结果、是否通过）。

局域网运行维护

学习内容

知识点	1.1 运行维护要求； 1.2 认识运行维护拓扑图	2.1 安装补丁的方法及其优缺点	3.1 用户和组； 3.2 磁盘类别； 3.3 磁盘管理概念	4.1 网络中心机房环境规范要求
技能点	1.1 明确某企业某部门网络中心机房应用服务器与存储设备运行维护工作任务； 1.2 制作某企业某部门网络中心机房应用服务器与存储设备运行维护项目工作任务单并填写	2.1 设备补丁安装	3.1 服务器用户权限； 3.2 识别服务器磁盘类别； 3.3 根据业务需求分析，制订填写工作任务单	4.1 放置环境检查，填写放置环境检查表； 4.2 软件环境检查，检查系统日志、设备性能和磁盘空间，填写软件环境检查表
工作环节	**工作环节 1** **获取任务**		**制订计划** **工作环节 2**	
成果	1.1 某企业某部门网络中心机房应用服务器与存储设备运行维护项目工作任务单。	2.1 设备安装补丁。	3.1 用户和组、文件系统、磁盘管理。	4.1 环境检查表及软件环境检
素养	1.1 培养与人沟通的能力； 1.2 培养阅读与提取关键字的能力； 1.3 培养认识拓扑图的能力	2.1 培养与客户沟通的能力； 2.2 培养分类收集资料、整理数据的能力； 2.3 培养制订计划的能力		

1 系统日志、设备性能和磁盘空间； 2 服务器优化步骤	6.1 网络中心机房软硬件环境检查标准	7.1 系统日志、设备性能和磁盘空间检查标准； 7.2 服务器性能测试	8.1 用户维护知识培训； 8.2 项目验收文档
1 服务器更新，通过不同手段安装补丁并查看是否成功安装，填写服务器更新记录表； 2 服务器调试，能进行 web 服务调整、修改密码及数据备份操作，填写服务器调试记录表； 3 撰写项目优化方案	6.1 检查网络中心机房软硬件环境； 6.2 根据检查内容填写环境质量自检表、软件环境质量自检表	7.1 服务器系统日志、设备性能和磁盘空间性能测试； 7.2 填写补丁更新质量自检表、防毒软件更新质量自检表； 7.3 服务器调试与客户需求对应检查； 7.4 填写 WEB 服务器调整检查质量自检表、设备密码检查质量自检表、数据备份检查质量自检表	8.1 基于项目中设备安装调试情况对客户进行培训； 8.2 填写项目验收表，填写运维资料表及项目功能验证表

工作环节 4
质量自检

工作环节 3
项目实施

工作环节 5
交付验收

服务器更新记录表、服务器调试记录表、项目优化方案。	6.1 环境质量自检表、软件环境质量自检表。	7.1 补丁更新质量自检表、防毒软件更新质量自检表、WEB 服务器调整检查质量自检表、设备密码检查质量自检表、数据备份检查质量自检表。	8.1 XX 项目用户培训记录表、运维资料表、项目功能验证表。
培养运行维护的知识水平与职业能力素养； 培养调试优化设备的专业能力素养	6.1 培养自我检查的职业素养； 6.2 培养质量自检的能力素养		8.1 培养填写验收表格的能力素养； 8.2 培养验收展示的素养； 8.3 培养培训能力

局域网运行维护

| ① 获取任务 | ② 制订计划 | ③ 项目实施 | ④ 质量自检 | ⑤ 交付验收 |

	工作子步骤	教师活动	学生活动	评价
获取任务	明确某企业某部门网络中心机房应用服务器与存储设备运行维护工作任务，制作某企业某部门网络中心机房应用服务器与存储设备运行维护项目工作任务单并填写。	1. 讲授局域网运行维护专业术语等相关基础知识，指导学生填写工作页内局域网运行维护的含义。 2. 指导学生上网搜集局域网运行维护专业术语，并监督指导小组展示搜索过程。 3. 教师组织学生角色扮演，指导学生了解客户项目需求。 4. 教师讲述工作任务单要点，提问学生掌握工作任务单中的要点问题。 5. 教师分发并演示如何填写工作任务单。	1. 学生听讲局域网运行维护专业术语相关基础知识。 2. 小组根据老师讲述的内容上网查找局域网运行维护的含义，并填写在工作页上。 3. 小组利用卡片纸写出局域网运行维护专业术语并展示，小组成员分别派代表口述专业术语。 4. 学生2人相互角色扮演施工人员和客户企业相关部门负责人，与客户沟通，查阅相关资料，收集客户的构建意向。 5. 与下达任务的部门和客户沟通了解任务需求。 6. 小组记录工作任务单要点。 7. 小组领取工作任务单，熟知工作任务单的填写要求。 8. 小组使用局域网运行维护专业术语填写工作任务单。	1. 教师点评：小组展示局域网运行维护专业术语是否丰富全面。 2. 教师点评：学生回答任务书中的要点问题，教师抽答点评。 3. 小组互评：工作任务单要点记录是否详细。 4. 教师点评：根据任务要求选填写较好的工作任务单进行点评。

课时：3.5 课时
1. 硬资源：能上网的计算机等。
2. 教学设施：白板笔、卡片纸、展示板、投影、任务书、教师机、海报纸、卡片纸、A4纸、工作任务空白单等。

制订计划	设备安装补丁，进行用户和组、文件系统、磁盘管理。	1. 组织学生上网搜索安装补丁的方法。 2. 组织各小组活动，并巡回指导。 3. 组织全班讨论活动，梳理出不同安装补丁的方法最突出的优缺点。 4. 组织学生上网搜索服务器用户权限种类。 5. 组织各小组讨论，并巡回指导。 6. 组织全班讨论活动，梳理出最适合本次任务的服务器用户权限种类。	1. 每名学生独立上网搜索安装补丁的方法及其优缺点，并填写工作页。 2. 小组讨论组内安装补丁的方法的优缺点，找出组内成员都认可的优缺点，写在卡片纸上并展示。 3. 全班学生讨论展示卡片上的优缺点，挑选出不同安装补丁的方法的优缺点。 4. 每名学生独立上网搜索服务器用户权限种类，并记录在工作页上。 5. 小组讨论组内服务器用户权限种类，找出最适合本次任务的服务器用户权限种类，写在卡片纸上并展示。 6. 全班学生讨论展示卡片上的服务器用户权限种类，挑选出最适合本次任务的服务器用户权限种类。	1. 教师点评：观察学生上网搜索资讯的状态，提出口头表扬。收集各组优点并做集体点评。表扬被挑选到较多卡片的小组并给予适当奖励。 2. 小组互评：点评其他小组的服务器品牌，选出最适合本次任务的服务器品牌，并说明理由。 3. 教师点评：观察学生上网搜索资讯的状态，提出口头表扬。收集各组优点并做集体点评。表扬被挑选到较多卡片的小组并给予适当奖励。

| ① 获取任务 | ② 制订计划 | ③ 项目实施 | ④ 质量自检 | ⑤ 交付验收 |

	工作子步骤	教师活动	学生活动	评价
制订计划		7. 组织学生上网搜索不同服务器磁盘类别。 8. 组织各小组活动，并巡回指导。	7. 小组讨论组内不同服务器磁盘类别，找出组内成员都认可的服务器磁盘类别，写在卡片纸上并展示。 8. 全班学生讨论展示卡片上的服务器磁盘类别，挑选出最适合本次任务的服务器磁盘类别。	

课时： 4 课时
1. 硬资源：能上网的计算机等。
2. 软资源：记录安装补丁的方法的工作页、记录服务器用户权限种类的工作页、记录服务器磁盘类别的工作页等。
3. 教学设施：白板笔、卡片纸、展示板等。

	工作子步骤	教师活动	学生活动	评价
项目实施	1. 环境检查。	1. 教师以实际操作的形式进行环境检查、软件环境检查，检查系统日志、设备性能和磁盘空间，填写软件环境检查表。 2. 组织学生按照工作页所示步骤进行环境检查，并巡回指导。 3. 组织学生独立上网搜索其他进行环境检查的方法。	1. 通过教师演示，熟知如何进行环境检查、软件环境检查，检查系统日志、设备性能和磁盘空间，填写软件环境检查表。 2. 每名同学按照工作页所示步骤进行环境检查。 3. 每名学生独立上网搜索其他进行环境检查的方法，并记录在工作页上。	1. 教师点评：观察学生上网搜索资讯的状态，提出口头表扬。收集各个同学的优点并做点评。表扬成功完成任务的同学并给予适当奖励。

课时： 1.5 课时
1. 硬资源：能上网的计算机等。
2. 软资源：记录环境检查的工作页等。
3. 教学设施：白板笔、展示板等。

	工作子步骤	教师活动	学生活动	评价
项目实施	2. 服务器更新记录。	1. 教师通过实际操作，演示服务器更新。 2. 组织学生按照工作页所示步骤安装更新补丁，并巡回指导。 3. 组织学生按照工作页所示步骤测试服务器是否正常更新，并巡回指导。 4. 组织学生填写工作页。	1. 通过教师演示，熟知如何进行服务器更新。 2. 每名同学按照工作页所示步骤安装更新补丁。 3. 小组内分别查看组内成员服务器是否正常更新，并进行小组互评。 4. 每名学生记录服务器更新步骤，并填写工作页。	1. 教师点评：观察学生完成服务器更新的状态，提出口头表扬。收集各个同学的优点并做点评。表扬成功完成任务的同学并给予适当奖励。

课时： 2 课时
1. 硬资源：能上网的计算机等。
2. 软资源：记录服务器更新的工作页等。
3. 教学设施：白板笔、展示板等。

局域网运行维护

①获取任务　②制订计划　③项目实施　④质量自检　⑤交付验收

项目实施	工作子步骤	教师活动	学生活动	评价
项目实施	3. 服务器调试记录。	1. 教师以实际操作的形式，进行服务器 web 服务调整的演示。 2. 组织学生按照工作页所示步骤进行服务器 web 服务调整，并巡回指导。 3. 组织学生按照工作页所示，按步骤测试服务器是否进行 web 服务，并巡回指导。组织学生填写工作页。 4. 教师以实际操作的方式，演示服务器修改密码。 5. 组织学生按照工作页所示步骤修改服务器密码，并巡回指导。 6. 组织学生按照工作页所示，按步骤测试服务器是否修改密码，并巡回指导。 7. 组织学生填写工作页。 8. 教师以实际操作形式，演示服务器数据备份操作。 9. 组织学生按照工作页所示步骤进行服务器数据备份操作，并巡回指导。 10. 组织学生按照工作页所示步骤测试服务器是否进行了数据备份操作，并巡回指导。组织学生填写工作页。	1. 通过教师演示，熟知如何进行服务器 web 服务调整。 每名同学按照工作页所示步骤进行服务器 web 服务调整。 2. 小组内分别查看组内成员服务器是否进行 web 服务调整，并进行小组互评。 每名学生填写服务器 web 服务调整步骤并填写工作页。 3. 通过教师演示熟知如何进行服务器修改密码。 4. 每名同学按照工作页所示步骤修改服务器密码。 5. 小组内分别查看组内成员服务器是否修改密码，并进行小组互评。 6. 每名学生记录服务器修改密码调整步骤并填写工作页。 7. 通过教师演示，熟知如何进行服务器数据备份操作。 8. 每名同学按照工作页所示步骤进行服务器数据备份操作。 9. 小组内分别查看组内成员是否完成服务器数据备份操作，并进行小组互评。 10. 每名学生记录服务器数据备份操作步骤并填写工作页。	1. 教师点评：观察学生完成服务器 web 服务调整的状态，提出口头表扬。收集各个同学的优点并做点评。表扬成功完成任务的同学并给予适当奖励。 2. 教师点评：观察学生完成服务器修改密码的状态，提出口头表扬。收集各个同学的优点并做点评。表扬成功完成任务的同学并给予适当奖励。 3. 教师点评：观察学生完成服务器修改密码的状态，提出口头表扬。收集各个同学的优点并做点评。表扬成功完成任务的同学并给予适当奖励。

课时： 5.5 课时
1. 硬资源：能上网的计算机等。
2. 软资源：记录服务器调试记录表的工作页等。
3. 教学设施：白板笔、展示板等。

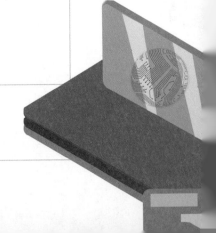

| ① 获取任务 | ② 制订计划 | ③ 项目实施 | ④ 质量自检 | ⑤ 交付验收 |

工作子步骤	教师活动	学生活动	评价
项目实施 4. 撰写项目优化方案。	1. 教师以实际操作形式，演示如何优化方案模板。 2. 组织小组进行组内讨论。 3. 组织各小组间进行讨论。 4. 对各小组的优化方案进行点评，组织学生输出项目优化方案。	1. 通过教师演示，根据优化方案模板输出实施方案。 2. 小组讨论，整理优化后的实施方案。 3. 小组间进行优化方案讨论，讨论出最好的优化方案。 4. 根据教师点评，每个小组输出各组的项目优化方案。	1. 教师点评：观察学生完成项目优化过程的状态，提出口头表扬。收集各个同学的优点并做点评。表扬成功完成任务的同学并给予适当奖励。

课时： 2 课时
1. 硬资源：能上网的计算机等。
2. 软资源：记录项目优化方案的工作页等。
3. 教学设施：白板笔、展示板等。

工作子步骤	教师活动	学生活动	评价
质量自检 检查网络中心机房软硬件环境及服务器系统日志、测试设备性能和磁盘空间性能，服务器调试与客户需求对应检查。	1. 教师讲解环境检查的方法，巡堂指导。 2. 教师讲解服务器系统日志、设备性能和磁盘空间性能测试的方法，巡堂指导。 3. 教师讲解服务器调试与客户需求对应检查的测试方法，巡堂指导。	1. 通过教师讲解，熟知环境检查的方法，并进行测试和记录。 2. 通过教师讲解，熟知服务器系统日志、设备性能和磁盘空间性能测试的方法，并进行测试和记录。 3. 通过教师讲解，熟知服务器调试与客户需求对应检查的测试方法，并进行测试和记录。	1. 教师点评：是否熟知测试的方法及细节，教师抽答点评。

课时： 1.5 课时
1. 硬资源：能连接互联网的计算、投影、教师机机等。
2. 软资源：《局域网运行维护》工作页等。
3. 教学设施：参考教材等。

工作子步骤	教师活动	学生活动	评价
交付验收 基于项目中设备安装调试情况对客户进行培训，填写项目验收表、运维资料表及项目功能验证表。	1. 教师讲解客户培训的细节。 2. 教师讲解交付验收的验收细节。 3. 教师验收各小组的工作成果。 4. 听取各小组汇报情况。 5. 组织学生进行自我评价并评价工作过程。	1. 通过教师讲解，熟知给客户进行培训的要求。 2. 通过教师讲解熟知验收要求。 3. 验收完毕，小组填写项目验收表、运维资料表及项目功能验证表。 4. 小组制作并提交演示文稿。 5. 每位同学进行自我评价、小组内评价、小组间评价及教师评价。	1. 教师点评：是否熟知验收细节，教师抽答点评。 2. 学生自评：听取各组讲解各自验收报告的完成情况并进行自评。 3. 学生互评：听取各组讲解各自验收报告的完成情况并进行简评。 4. 教师点评：根据任务整体完成情况点评各小组的优缺点。

课时： 1.5 课时
1. 硬资源：能连接互联网的计算机、投影仪、教师机等。
2. 软资源：《局域网运行维护》工作页、参考教材、验收报告、空白的考核评价表等。
3. 教学设施：白板、海报纸、卡片纸、A4 纸等。

局域网运行维护

课程 6. 局域网运行维护

考核标准

考核任务案例：中小型企业局域网运行维护

情境描述：

某企业近期有部分员工反映，公司网站可通过 IP 地址访问，却无法通过域名访问；且每逢周一服务器下载文件速度极其缓慢，其他服务均正常。经初步检查，网络管理员发现中心机房温度高达 38℃，空调有漏水现象。为确保机房内所有设备安全有效运行，网络中心主管现要求你对机房环境、网络通信线路、网络设备、服务器和存储设备等进行维护，以排除故障。并在结束后与客户进行售后交流，加强反馈，积累创新创业经验。

任务要求：

请你根据任务的情境描述，按照《国际综合布线标准》《电子信息系统机房设计规范》《信息网络运行维护管理规范》和企业作业规范，在 1 天内完成：

1. 根据任务的情境描述，列出需向网络中心主管询问的信息以及维护所需的工具和软件；

2. 按行业企业相关标准和规范，备份关键设备配置文件，修改设备密码，并说明理由；

3. 记录中心机房环境参数，测试并记录传输阻抗、延迟值与近端串扰值等线缆性能指标；

4. 根据任务情境描述，制订维护方案并实施，以解决网络中心存在的问题；

5. 总结反思本次维护工作的经验，撰写局域网运行维护建议书。

参考资料：

完成上述任务时，你可以使用所有的常见教学资料。例如：工作页、教材、产品说明书、产品安装手册、产品配置手册、运行维护文档、网络设备配置文档和服务器配置文档等。

评价标准

课程名称	评价项目	技能要求	分值	得分	小计分数
局域网运行维护	职业能力	能从满足客户的功能需求、使用价值和企业配置的规范性、可行性、成本效益等角度制订实施方案	8		
		能在作业过程中严格执行企业安全与环保管理制度以及"8S"管理规定，对已完成的工作进行记录存档、评价和反馈	8		
		能诚信友善地解答客户提出的问题，爱岗敬业，遵守工作制度，在工作过程中注重自主学习与提升，具备良好的团队合作和岗位责任意识	8		
	专业技能	从满足客户的功能需求、使用价值和企业维护的规范性、可行性、成本效益等角度制订维护方案，设备、材料和工具满足实施方案要求	5		
		机房环境监测、网络设备与线路维护、网络故障排查等工作符合标准规范和时间要求	5		
		能与客户确认维护结果，填写客户确认表，撰写并提交技术文档和测试报告	5		
		能对已完成的工作进行记录存档、评价和反馈	5		
	理论知识	局域网运行维护的基础知识；机房用电基本知识等；网络方向创业相关知识	6		
		网络故障检测与排除的常用方法	6		
		局域网运行维护方案的制订	8		
	工作行为	"8S"工作区管理：工作区有良好表现，工作结束后每天都清洁和整理工作区域。不符合一次扣 0.1 分	8		
		责任意识：个人和团队合作有良好的责任心。不符合一次扣 0.1 分	8		
		质量意识：良好的质量意识和质量提高意识。不符合一次扣 0.1 分	5		
		团队精神：良好的团队合作精神，喜欢和同事一起解决问题。不符合一次扣 0.1 分	5		
	工作态度	出勤及纪律：无缺勤，能提醒团队注意纪律表现。不符合一次扣 0.1 分	5		
		学习动机：主动学习，有良好的学习表现，按时完成作业。不符合一次扣 0.1 分	5		

课程 7. 网络设备安装与调试

学习任务 1
职能部门网络设备安装与调试
（40）学时

学习任务 2
单位分支机构网络 VPN 互联
（8）学时

课程目标

　　学习完本课程后，学生应当能够胜任网络设备安装与调试等工作，并严格执行行业安全管理制度和"8S"管理规定，具备独立分析与解决专业问题的能力。包括：

1. 能读懂任务书和项目设计方案，与客户和项目经理等相关人员进行专业的沟通，明确工作目标、内容与要求；

2. 能阅读产品说明书、产品安装手册等资料，认知常见网络设备的外形、功能、参数和配置方法，勘察现场环境，绘制网络拓扑图；

3. 能根据任务书和设备清单，编制项目实施方案；

4. 能根据实施方案中的设备清单，领取设备、工具和耗材，查阅产品说明书、产品安装手册，按照企业作业规范安装设备，根据实施方案中的配置命令对网络设备进行配置和制作设备标签；

5. 能根据项目实施方案，选择合适的测试工具，按照《基于以太网技术的局域网系统验收测评规范》和企业作业规范，对网络设备进行质量自检；

6. 能完成功能验收，必要时向客户提供验收答疑服务，撰写验收报告；

7. 能归纳总结网络设备安装与调试的技巧、要点和网络设备配置的注意事项。

课程内容

本课程的主要学习内容包括：

1. 常用网络设备的认知

网络设备（交换机、路由器、防火墙）的类型、基本结构、主要性能参数、功能特性、用途及区别。

2. 网络拓扑图的绘制

根据任务清单中的网络设备，使用 Visio 软件进行网络拓扑图的绘制。

3. 网络设备安装与调试实施方案的制订

VLAN 的划分、IP 地址规划表的编制、网络设备配置的流程、命令配置列表的编制。

4. 网络设备的安装与配置

网络设备的安装：模块的安装、线缆的连接；

网络设备的配置：VLAN、端口类型、端口绑定、环路检测、生成树、访问控制列表、服务质量控制、链路聚合、端口聚合、DHCP 及中继、网络地址转换、默认路由、静态路由、动态路由、策略路由、虚拟路由冗余协议、VPN、用户配置；

网络设备的备份与加载：IOS 和配置文件。

5. 模拟器的安装与运用

Packet Tracert、GNS、eNSP。

6. 网络的调试

网络管理软件的安装与运用：Cisco Network Assistant、eSight 等；

网络设备常用的调试方法：模拟测试法、故障排除法、最小系统法、排除法、替换法；

网络性能测试：网络测试命令的运用、无线信号检测、网管软件的安装与运用。

7. 报告的撰写

验收报告；网络设备安装与调试的技术要点和改进措施。

8. 职业素养的养成

岗位责任意识、团队合作意识。

网络设备安装与调试

学习任务 1：职能部门网络设备安装与调试

任务描述

学习任务学时：**40** 课时

任务情境：

公司为了让 A、B、C、D 四个职能部门的员工能访问互联网，且保障上网的便利性和安全性，需组建新网络系统。根据已经设计完成的项目方案，A 部门部署 100 个信息点，B 部门部署 60 个信息点，C 部门部署 80 个信息点，D 部门部署 30 个信息点。接入层配备 14 台二层交换机，汇聚层配备 2 台三层交换机，核心层配备 1 台三层交换机，网络出口配备 1 台路由器和 1 台防火墙。根据项目要求，需完成网络设备安装与调试，以实现各部门使用各自的网段互通互访，能访问互联网。现要求网络管理员按照项目设计方案，完成四个职能部门网络设备安装与调试工作，主要任务要求有：

1. 网络管理员从项目经理处领取任务书和项目设计方案，与客户沟通，明确需求。
2. 在工作现场，根据项目设计方案的设备清单核对设备和材料，与客户约定装调时间。
3. 根据项目设计方案制订实施方案，并在模拟环境中测试配置命令。
4. 按照约定时间，到工作现场安装接入层、汇聚层、核心层和网络出口的设备，并通电测试、配置指令和制作标签。
5. 按验收标准测试连通性、功能性、稳定性，撰写测试报告。
6. 完成任务后，和客户沟通，经客户使用确认，填写客户确认表，清理工作现场，将测试报告和客户确认表提交项目经理。

具体要求见下页。

网络设备安装与调试

工作流程和标准

工作环节 1

获取任务

网络管理员从项目经理处领取任务书和项目设计方案，与项目经理等相关人员进行专业的沟通，记录关键内容，明确任务需求，填写客户需求分析表【成果】。

主要成果：

客户需求分析表（网络规划、网络性能、网络功能、网络安全等需求，终端设备型号性能、工期等需求）。

工作环节 2

制订计划

网络管理员勘查设备安装现场并仔细填写现场勘察报告【成果】，和客户沟通后，严格按照用户需求分析和现场勘察报告对设备进行选型，选择合适的网络设备，填写网络设备选型表【成果】，认真细致制作项目设计方案汇报 PPT【成果】，汇报所选网络设备情况。

主要成果：

1. 勘察报告（机房空间大小、机房电源、机房温 / 湿度系统、机房防火系统、机房防静电地板）；

2. 网络设备选型表（路由器、交换机、防火墙型号、品牌、类型、机柜类型、配线架、理线架、物理介质类型、数量等）；

2. 网络设备选型汇报 PPT（网络设备简介、网络设备价格、所选设备优缺点等）。

学习任务 1：职能部门网络设备安装与调试

工作环节 3

安装调试

1. 设备购置好后，网络管理员开始进行设备的安装与调试，首先对 IP 及 VLAN 规划设计，完成 IP 及 VLAN 规划表【成果】。

2. 安装机房机柜：机房固定好位置后，安装接地导线、机柜电源、配线架、理线架等。

3. 安装防火墙、路由器：安装好路由器并进行网络配置、防火墙设置等。

4. 安装交换机：安装固定好交换机、AP 设备并做端口标识。

5. 设备调试：网络管理员完成设备安装之后，对设备进行连接性测试【成果】和功能性测试【成果】，进行质量自检。

主要成果：

1. IP 及 VLAN 规划表（设备、VLAN 规划表、ＩＰ地址、子网掩码、网关、ＤＮＳ服务器地址）；

2. 连接性测试（测试目的、测试标准、测试环境、测试方法与步骤）；

3. 功能性测试（测试目的、测试标准、测试方法与步骤）。

工作环节 4

交付验收

在确认项目功能测试正常后，网络管理员检查核对及整理打包项目涉及的所有文档，形成项目功能验收表【成果】，转交给项目经理，最后填写工程实施信息记录表【成果】。

主要成果：

1. 项目功能验收表（需求内容、验证步骤、验证结果、是否通过）；

2. 工程实施信息记录表（项目名称、设备移交、账户移交、文档移交、项目完工简介、反馈意见、基础维护培训、工程师签字、项目经理签字）。

网络设备安装与调试

学习内容

知识点	1.1 任务清单识读； 1.2 工作环境认知； 1.3 项目工作流程	2.1 现场勘查注意事项； 2.2 现场勘查的项目	3.1 路由器、交换机、防火墙设备型号参数； 3.2 机柜设备型号参数； 3.3 机柜、网络设备安装说明	4.1 IP 及 VLAN 的划分； 4.2 网络规划流程
技能点	1.1 领取任务书； 1.2 识读设计项目方案； 1.3 填写客户需求分析表； 1.4 考察工作环境	2.1 现场勘查流程； 2.2 填写勘查报告	3.1 设备购买流程； 3.2 填写网络设备选型表； 3.3 准备安装工具； 3.4 汇报项目设计方案	4.1 规划 IP 及 VLAN； 4.2 填写 IP 及 VLAN 规划表
工作环节	**工作环节 1** **获取任务**		**制订计划** **工作环节 2**	
成果	1.1 客户需求分析表	2.1 现场勘查报告	3.1 网络设备选型表	4.1 IP 及 VLAN 规划表
素养	1.1 培养与人沟通的能力，培养于与客户和业务主管等相关人员进行沟通的过程中； 1.2 培养阅读理解及提取关键信息的能力，培养于阅读任务书及记录任务书关键内容的工作过程中	2.1 培养信息收集与处理能力，培养于现场勘查的工作过程中； 2.2 培养书面表达能力，培养于编写勘查报告的工作过程中； 2.3 培养爱岗敬业精神，培养于严格按照规范仔细填写勘察报告的过程中	3.1 培养信息收集与处理能力，培养于获取网络设备信息的工作过程中； 3.2 培养分析、决策能力，培养于分析硬件的兼容性和性价比的工作过程中； 3.3 培养沟通表达能力，培养于制订升级计划的工作过程中； 3.4 培养爱岗敬业精神，培养于严格按照设备型号参数填写网络设备选型表、认真细致汇报项目设计方案情况的过程中	4.1 培养敬业、精业、严谨、规范、用户至上的工匠精神，培养于按照工作计划和工作流程完成设备安装和软件维护流程的工作过程中

机柜固定安装说明书； 机柜电源安装说明书； 机柜配线架、理线架安装说明书	6.1 网络设备安装流程； 6.2 交换机、防火墙安装说明书； 6.3 路由器安装说明书	7.1 测试流程； 7.2 测试要求； 7.3 测试方法	8.1 验收要点； 8.2 验收细则； 8.3 管理标准； 8.4 答疑注意事项	9.1 施工记录要求； 9.2 施工记录细则
机柜选型固定技巧； 机柜电源安装技术； 配线架、理线架安装	6.1 路由器的配置； 6.2 交换机的设置； 6.3 防火墙的设置	7.1 连接性测试； 7.2 功能性测试； 7.3 填写连接性测试表； 7.4 填写功能性测试表	8.1 与客户一起验收项目； 8.2 展示与讲解安装的设备及软件； 8.3 清理工作现场； 8.4 填写项目功能验收表	9.1 整理施工资料； 9.2 填写工程实施信息记录表

工作环节 3
安装调试

工作环节 4
交付验收

机柜安装	6.1 网络设备安装	7.1 设备调试表	8.1 项目功能验收表	9.1 工程实施信息记录表
培养敬业、精业、严谨、规范、用户至上的工匠精神，培养于按照工作计划和工作流程完成设备安装流程的工作过程中	6.1 培养敬业、精业、严谨、规范、用户至上的工匠精神，培养于按照工作计划和工作流程完成设备安装维护流程的工作过程中	7.1 培养敬业、精业、严谨、规范、用户至上的工匠精神，培养于对常用工具软件功能检测的工作过程中； 7.2 培养辨识问题、解决问题的能力，培养于对常用工具软件调试的工作过程中 7.3 培养文书撰写能力，培养于编写测试报告的工作过程中	8.1 培养与人沟通的能力，培养于与用户一起对新购计算机常用工具软件安装进行验收和确认的工作过程中； 8.2 培养严谨、规范的工匠精神，培养于工作现场清理的工作过程中； 8.3 培养文书撰写能力，培养于客户确认表的撰写过程中	9.1 培养敬业、精业、严谨、规范、用户至上的工匠精神，培养于对施工信息进行记录的工作过程中； 9.2 培养文书撰写能力，培养于填写施工记录的工作过程中

网络设备安装与调试

学习任务 1：职能部门网络设备安装与调试

① 获取任务　② 制订计划　③ 安装调试　④ 交付验收

工作子步骤	教师活动	学生活动	评价
获取任务 1. 领取任务书和项目设计方案。 2. 与客户沟通。 3. 记录客户需求。 4. 填写客户需求分析表。	1. 教师讲授项目工作流程基础知识。 2. 教师指导学生绘制工作流程图。 3. 教师指导学生上网搜集网络设备安装专业术语，并监督指导小组展示过程。 4. 教师分发任务书，教师讲述职能部门网络设备安装与调试任务书要点。 5. 教师组织学生角色扮演，教师指导学生了解客户潜在需求。 6. 教师引导学生理解需求分析的意义。	1. 学生听讲项目工作流程专业术语及相关基础知识。 2. 学生利用网络资源独立查找，在计算机上利用 visio 绘制工作流程图。 3. 利用绘制的流程图，小组讨论选出 5 个重要工作内容并展示，小组成员分别派代表口述专业术语。 4. 接收任务，识读职能部门网络设备安装与调试任务书，写出任务书要点。 5. 以角色扮演的形式，与客户沟通，收集客户的网络设备安装需求信息，与下达任务的部门和客户沟通了解任务需求。 6. 领取任务单，熟知现场建设环境。	1. 教师点评：小组展示网络设备安装调试术语是否丰富全面。 2. 教师点评：从网络规划、网络性能、网络功能、网络安全等需求，及终端设备型号性能、工期需求等方面要求学生回答任务书中的要点问题，教师抽答点评。 3. 教师点评：根据任务要求选取填写较好的需求分析表进行点评。
	课时： 2 课时 1. 硬资源：能上网计算机、投影等。 2. 软资源：2. 网络拓扑样图、任务书、项目任务单等。 3. 教学设施：白板笔、卡片纸、展示板等。		
制订计划 根据任务单，结合用户需求分析和现场勘察报告进行设备选型，填写网络设备选型表	1. 组织学生上网搜索现场勘查的目的意义，引导学生填写现场勘查流程。 2. 组织各小组活动并巡回指导。 3. 组织全班讨论活动，梳理出符合本次任务的现场勘查流程。 4. 组织学生上网搜索现场勘查注意事项。 5. 组织各小组讨论并巡回指导。 6. 组织全班讨论活动，梳理出现场勘查注意事项。 7. 组织学生按流程对机房进行现场勘查。 8. 组织各小组讨论并巡回指导。 9. 点评较好的现场勘查报告，指出优点和不足。 10. 对机柜、网络设备的安装要点进行说明。 11. 组织引导学生查找路由器设备型号参数。	1. 每名学生独立上网搜索现场勘查的目的意义，并整理出符合本任务的现场勘查流程。 2. 小组讨论现场勘查概念和流程，找出组内成员认可的共同点，写在卡片纸上并展示。 3. 全班学生讨论展示卡片上的现场勘查流程，判断是否完善。 4. 每名学生独立上网搜索现场勘查注意事项。 5. 小组使用头脑风暴法讨论现场勘查注意事项，将重点项目写在卡片上并展示。 6. 全班学生讨论本次现场勘查任务需要注意的事项，将找到的资料记录到作业里。 7. 以小组为单位对机房进行现场勘查，填写现场勘察报告。 8. 小组讨论勘查心得，将勘查报告张贴展示。 9. 全班学生记录勘查报告填写要点，将找到的资料记录到工作页里。 10. 听取设备安装要点，并记录在工作页里。 11. 每名学生独立上网或查阅设备手册，搜索 3 种以上路由器设备型号参数，并记录工作页。	1. 教师点评：观察学生上网搜索资讯的状态，提出口头表扬。收集各组优点并做集体点评。表扬被挑选到较多卡片的小组并给适当奖励。 2. 教师点评：观察学生上网搜索资讯的状态，提出口头表扬。收集各组优点并做集体点评。表扬被挑选到较多卡片的小组并给适当奖励。 3. 小组互评：点评其他小组勘查中的问题和值得学习的地方，并说明理由。 4. 小组互评：点评其他小组的设备选型，从性能、价格等方面选出适合本任务的路由器设备，并说明理由。

① 获取任务　② 制订计划　③ 安装调试　④ 交付验收

工作子步骤	教师活动	学生活动	评价
制订计划	12. 组织学生讨论适合本任务使用的路由器。 13. 落实本次任务使用的路由器型号。 14. 组织引导学生查找交换机设备型号参数。 15. 组织学生讨论适合本任务使用的交换机。 16. 落实本次任务使用的交换机型号。 17. 组织引导学生查找防火墙设备型号参数。 18. 组织学生讨论适合本任务使用的防火墙。 19. 落实本次任务使用的防火墙型号。 20. 讲解网络设备选型知识。 21. 组织引导学生进行设备选型。 22. 组织学生进行项目设计方案汇报，结合项目方案设计要求进行点评。	12. 小组讨论找到的路由器型号，在卡片上列出不同设备间的差异并展示。 13. 全班学生讨论路由器选型，将找到的资料记录到工作页里。 14. 每名学生独立上网或查阅设备手册，搜索 3 种以上交换机设备型号参数，并记录在工作页中。 15. 小组讨论找到的交换机型号，在卡片上列出不同设备间的差异并展示。 16. 全班学生讨论交换机选型，将找到的资料记录到工作页里。 17. 每名学生独立上网或查阅设备手册搜索 3 种以上防火墙设备型号参数，并记录在工作页中。 18. 小组讨论找到的防火墙型号，在卡片上列出不同设备间的差异并展示。 19. 全班学生讨论防火墙选型，将找到的资料记录到工作页里。 20. 听取教师讲解并做好笔记。 21. 小组讨论设备选型方案，填写网络设备选型表。 22. 对方案进行修改，形成统一选型方案，并制作项目设计方案汇报 PPT，结合网络设备优缺点、报价、性能、工期等参数，汇报所选网络设备情况。	5. 教师点评：交换机选型原则，并解释带宽计算方法。 6. 小组互评：点评其他小组的设备选型，定出合适的防火墙。 7. 小组互评：点评其他小组选取的设备，选出合理的型号，并说明理由。 8. 教师点评：从网络规划、网络性能、网络功能、网络安全、终端设备型号性能、工期、方案经济性等方面点评各小组方案。

课时： 10 课时
1. 硬资源：能上网的计算机、网络设备安装与调试工作站等。
2. 软资源：记录用户需求分析表的工作页、有现场勘查报告样本的工作页、机柜及网络设备安装手册等。
3. 教学设施：白板笔、卡片纸、展示板等。

工作子步骤	教师活动	学生活动	评价
安装调试	1. 按照实施方案，对职能部门网络设备安装进行规划。	1. 讲解网络设备选型知识。 2. 教师解释 IP 规划的意义及内容。 3. 组织引导学生进行网络规划。 4. 引导学生理解网络环路产生的原因。 5. 通过列表法讲解生成树的种类。 6. 组织学生小结生成树防止环路的作用。	1. 听取教师讲解并做好笔记。 2. 小组讨论 IP 规划方案，填写 IP 及 VLAN 规划表。 3. 对方案进行修改，形成统一的 IP 及 VLAN 规划列表并讲解。 4. 通过案例认知为什么会产生网络环路。 5. 小组讨论生成树各种类的区别，将关键点记录在卡片纸上并张贴。 6. 通过一个实际实验体会生成树的作用。	1. 教师点评：IP 规划是否合理，抽查点评。 2. 小组互评：点评其他小组的 IP 规划，选出合理的例子，并说明理由。 3. 教师点评：各小组方案是否符合本次任务要求。 4. 小组互评：生成树的分类是否完整。 5. 教师点评：生成树实验完成情况，让学生记录脚本命令。

网络设备安装与调试

① 获取任务　② 制订计划　③ **安装调试**　④ 交付验收

工作子步骤	教师活动	学生活动	评价
	7. 播放接入交换机防环策略视频，组织学生用九宫格法进行要点方法讨论。 8. 以图片视频形式讲解接入交换机防环策略的配置步骤和方法。 9. 指导学生分组进行网络设备调试步骤规划。	7. 观看接入交换机防环策略。使用九宫格法找出实际操作中较为重要的方法及其注意事项。 8. 通过图片视频获取接入交换机防环策略的配置步骤和方法。 9. 小组形成统一的调试步骤。	6. 学生互评：操作系统是否正确安装和配置好网络 IP 地址。 7. 教师点评：选取填写较好的工作页进行点评。 8. 学生自评：填写工作页 IP 规划信息表章节。 9. 填写网络调试步骤。

课时： 6 课时
1. 硬资源：能上网的计算机、计算机常用组装工具、网络设备模拟器等。
2. 软资源：网络规划样本、生成树实验等。
3. 教学设施：投影仪、教师机、白板、海报纸、卡片纸等。

安装调试

工作子步骤	教师活动	学生活动	评价
2. 按照实施方案，准备网络设备调试工具，对职能部门网络设备进行安装配置。	1. 讲解机房环境准备原则，组织学生用九宫格法进行要点方法讨论。 2. 以安装手册为辅助形式讲解机柜安装步骤和方法。 3. 指导学生进行机柜安装。 4. 播放核心交换机基础配置视频，讲解交换机配置要点，指出关键步骤和容易出错的地方。 5. 演示核心交换机 VLAN 配置要点。 6. 指导学生分组进行核心交换机各项配置。 7. 播放路由器基础配置视频，讲解路由器配置要点，指出关键步骤和容易出错的地方。 8. 演示静态 NAT、动态 NAT、pat 配置要点。 9. 指导学生分组进行路由器各项配置。 10. 播放防火墙透明模式配置视频，讲解防火墙配置要点，指出关键步骤和容易出错的地方。 11. 演示防火墙 WEB 过滤配置要点。 12. 指导学生分组进行防火墙各项配置。 13. 讲解客户端配置方法。	1. 阅读机房环境准备资料。使用九宫格法找出计算机网络机房准备中较为重要的方法及其注意事项。 2. 通过手册或视频获取机柜安装步骤和方法。 3. 分组进行机柜安装。 4. 观看核心交换机基础配置视频，讨论其中的优点及不足，掌握交换机配置的技巧，并记录在工作页上。 5. 观看核心交换机 VLAN 配置过程，讨论 VLAN 配置的方法。 6. 根据讨论结果进行核心交换机安装配置。 7. 观看路由器基础配置视频，讨论其中的优点及不足，掌握路由器配置的技巧，并记录在工作页上。 8. 观看路由器 NAT 配置过程，讨论本项目使用的 NAT 种类。 9. 根据讨论结果进行路由器安装和配置。 10. 观看防火墙透明模式配置视频，讨论其中的优点及不足同时掌握防火墙配置的技巧，并记录在工作页上。 11. 观看防火墙 WEB 过滤配置过程，讨论配置要点。 12. 根据讨论结果进行防火墙安装配置。 13. 根据 IP 规划表分组进行客户端配置。	1. 教师点评：机房环境准备中需要注意的要点及重要方法步骤，让学生记录。 2. 教师点评：是否熟练安装步骤，教师抽查点评。 3. 学生互评：互相检查交换机脚本：是否正确配置好交换机。 4. 学生互评：互相检查路由器脚本：是否正确按要求配置好路由器。 5. 教师点评：防火墙工作是否正常。 6. 学生互评：客户端安装配置是否就绪。

课时： 12 课时
1. 硬资源：能上网的计算机、九宫格图。
2. 软资源：操作视频、任务书、项目任务单、IP 分配表等。
3. 教学设施：常用五金工具（螺丝刀、镊子、钳子等）、交换机、投影仪、教师机仪、客户机、白板、海报纸等。

工作子步骤	教师活动	学生活动	评价
安装调试 3、设备调试，填写测试表。	1. 给出《基于以太网技术的局域网系统验收测评规范》，指导学生选读其中相关测试标准。 2. 组织学生讨论，整理归纳本次任务的测试流程。 3. 教师举例说明连接测试的作用和特点。 4. 指导学生根据测试流程进行连接性测试。 5. 教师举例说明功能测试的作用和特点。 6. 指导学生根据测试流程进行功能性测试。 7. 教师组织对测试结果进行评审。	1. 查找《基于以太网技术的局域网系统验收测评规范》关于测试的规定，记录在工作页上。 2. 分组展示网络测试方法及标准，讨论出可实施的测试方案。 3. 学生找出连接测试样本，列表并互相检查。 4. 学生根据设备连接情况填写连接性测试表，小组检查并提交。 5. 学生找出需要进行测试的功能点，列表并互相检查。 6. 学生根据流程进行网络功能检查，填写功能性测试表，小组检查并提交。 7. 学生讨论选出完成较好的小组。	1. 教师点评：学生搜索相关资料是否丰富全面。评选出较优的样本展示。 2. 学生互评：根据工作流程，从规范性、完整性、可追溯性方面选出较好的连接性测试表。 3. 学生互评：根据工作流程，从规范性、完整性、可追溯性方面选出较好的功能性测试表。

课时： 6 课时
1. 硬资源：能上网计算机等。
2. 软资源：《基于以太网技术的局域网系统验收测评规范》PPT、测试表模板、连接测试表、功能性测试表等。
3. 教学设施：卡片纸等。

交付验收 完成项目验收，填写相关验收记录表。	1. 教师以案例形式讲解网络工程项目验收细节。 2. 巡回指导，并验收各小组的工作成果。 3. 听取各小组汇报情况。 4. 教师讲解工程实施信息记录表的编写。 5. 组织小组编写工程实施信息记录表和互评。 6. 总体评价工作过程。	1. 通过听取教师以案例形式讲解，熟知网络项目验收细节。记录验收要点并展示讲解。 2. 与用户一起对职能部门网络设备安装与调试任务进行验收，填写项目功能验收表。 3. 制作 PPT 并汇报工作情况。 4. 听取教师讲解，并记录工程实施信息记录表的编写要点。 5. 编写工程实施信息记录表，进行小组互评。 6. 整理工作文档和现场。	1. 教师点评：是否熟知网络项目验收细节，教师抽答点评。 2. 教师点评：对各小组的工作成果进行点评。 3. 学生互评：听取各组讲解各自客户确认表的完成情况并进行简评。 4. 教师点评：根据任务整体完成情况点评各小组的优缺点。

课时： 4 课时
1. 硬资源：能上网的计算机等。
2. 软资源：网络工程验收案例，验收的相关资料(行业企业安全守则与操作规范、《计算机软件保护条例》、产品说明书、客户确认空白表等)。
3. 教学设施：投影仪、卡纸、卡片纸等。

网络设备安装与调试

学习任务 2: 单位分支机构网络 VPN 互联

任务描述

学习任务学时: **8** 课时

任务情境:

公司在两市(公司总部之外)设有分支机构,因有重要商业数据交换,两个分支机构需与公司总部实现互联,形成专用网。为了数据交换的安全,传输过程中需进行数据加密,但不能产生额外的费用。项目经理已完成项目设计方案,在原有相同型号的路由器上采用 IPsec VPN 技术实现上述功能,现要求网络管理员根据设计方案对网络设备进行安装与调试,主要任务要求有:

1. 网络管理员从项目经理处领取任务书和项目设计方案,与项目经理及分支机构的网络管理员沟通,明确需求;
2. 与分支机构的网络管理员对已有网络信息进行收集,掌握现有网络环境,优化项目方案设计;
3. 根据项目设计方案,与项目经理及分支机构的网络管理员共同制订实施方案,并在模拟环境中测试配置命令;
4. 与分支机构的网络管理员按照实施方案要求,备份路由器配置文件,同时对各自的路由器进行配置,测试后保存配置;
5. 按验收标准测试连通性、功能性、稳定性,撰写测试报告;
6. 完成任务后,按企业要求规范填写工作记录文档并提交项目经理。

具体要求见下页。

网络设备安装与调试

課程 7. 网络设备安装与调试

工作流程和标准

工作环节 1

获取任务

网络管理员从项目经理处领取任务书和项目设计方案，与项目经理、分支机构的网络管理员等相关人员进行专业的沟通，记录关键内容，明确任务需求，填写业务需求分析表【成果】。

主要成果：

业务需求分析表（网络规划、网络性能、网络功能、网络安全等需求，终端设备型号性能、工期等需求）。

工作环节 2

制订计划

网络管理员对原有网络基本信息进行收集，并对旧网环境进行检查，填写旧网环境检查表【成果】。

主要成果：

旧网环境检查表（设备配置信息，如 IP 地址配置、端口配置、生成树配置、路由功能配置、DHCP 配置、NAT 配置等；网络功能检查、网络设备互访、访问互联网等）。

工作环节 3

安装调试

1. 旧网改造和新网规划：在旧网环境检查完成之后，网络管理员开始对网络进行改造规划，包括 IP 地址改造；设备端口改造；安全功能改造、VPN 规划设计、应用端口规划设计；路由功能改造，其他功能改造；全网升级等。完成 IPSec VPN 规划信息表【成果】。

2. 脚本调试：对 VPN 规划设计完成后，根据规划，在总部路由器和分支机构路由器上添加相关配置。完成总部路由器和分支机构路由器配置脚本【成果】。

3. 实施方案定稿：根据 IPSec VPN 规划和路由器配置脚本撰写项目实施方案【成果】。

4. 路由器配置及配置文件备份：在配置总部路由器、分支机构 1 路由器、分支机构 2 路由器前，为了保证在出错时能够第一时间回到修改配置之前的状态，需要在路由器修改配置前保存当前所有配置，并将配置文件备份。

5. 设备调试：网络管理员完成设备配置之后，对设备进行连通性测试【成果】、用户接入测试【成果】、功能性测试【成果】和设备巡检【成果】，进行质量自检。

主要成果：

1. IP 及 VLAN 规划表（设备、VLAN 规划表、ＩＰ地址、子网掩码、网关、ＤＮＳ服务器地址）

2. 连接性测试（测试目的、测试标准、测试环境、测试方法与步骤）

3. 功能性测试（测试目的、测试标准、测试方法与步骤）

工作环节 4

交付验收

　　在项目功能测试没有问题后，网络管理员对项目涉及的所有文档进行检查核对及整理打包，形成项目功能验收表【成果】，转交给项目经理，最后填写工程实施信息记录表【成果】。

主要成果：

1. 项目功能验收表（需求内容、验证步骤、验证结果、是通过）；

2. 工程实施信息记录表（项目名称、设备移交、账户移交、文档移交、项目完工简介、反馈意见、基础维护培训、工程师签字、项目经理签字）。

网络设备安装与调试

学习内容

知识点	1.1 任务书和项目设计方案识读； 1.2 工作环境认知； 1.3 项目工作流程梳理	2.1 旧网信息收集注意事项； 2.2 旧网环境检查步骤	3.1 安全功能改造说明； 3.2 设备端口改造说明； 3.3 IP 地址改造说明	4.1 分支机构路由器配置说明； 4.2 总部路由器配置说明
技能点	1.1 领取任务书和项目设计方案； 1.2 识读设计项目方案； 1.3. 填写业务需求分析表； 1.4 与分支机构的网络管理员沟通	2.1 旧网信息收集内容； 2.2 填写旧网环境检查表	3.1 VPN 规划设计； 3.2 应用端口规划设计； 3.3 路由功能改造设计； 3.4 填写 IPSec VPN 规划信息表	4.1 规划总部及分支机构路由器配置； 4.2 完成总部路由器和分支机构路由器配置脚本
工作环节	**工作环节 1** **获取任务**		**制订计划** **工作环节 2**	
成果	1.1 业务需求分析表	2.1 旧网环境检查表	3.1 IPSec VPN 规划信息表	4.1 总部路由器和分支机构路由器配置脚本
素养	1.1 培养与人沟通的能力，培养于与业务主管、分支机构的网络管理员等相关人员进行沟通的过程中； 1.2 培养阅读理解及提取关键信息的能力，培养于阅读任务书、项目设计方案及记录任务书、项目设计方案关键内容的工作过程中	2.1 培养信息收集、处理及数据核查能力，培养于旧网信息收集和环境检查的工作过程中； 2.2 培养书面表达能力，培养于填写旧网环境检查表的工作过程中	3.1 培养信息收集与处理能力，培养于 IP 地址改造、设备端口改造、安全功能改造的工作过程中； 3.2 培养分析、决策能力，培养于 VPN 规划设计、应用端口规划、路由功能改造设计的工作过程中； 3.3 培养书面表达能力，培养于填写 IPSec VPN 规划信息表的工作过程中	4.1 培养敬业、精业、严谨、规范、精益求精的工匠精神，培养于按照 IPSec VPN 规划设计及路由器配置命令，完成总部路由器和分支机构路由器配置脚本的工作过程中

5.1 实施方案的改进	6.1 路由器配置文件的备份说明； 6.2 路由器配置文件的还原说明； 6.3 secureCRT 的使用说明	7.1 测试记录表的格式； 7.2 测试要求； 7.3 测试方法	8.1 验收要点； 8.2 验收细则； 8.3 管理标准； 8.4 答疑注意事项
5.1 撰写网络实施方案	6.1 总部路由器配置及备份； 6.2 分支机构路由器配置及备份； 6.3 使用 secureCRT 对日志进行记录	7.1 连接性测试； 7.2 用户接入测试； 7.3 功能性测试； 7.4 设备巡检	8.1 与客户一起验收项目； 8.2 对用户进行培训； 8.3 项目文档整理； 8.4 填写项目功能验收表

工作环节 4
交付验收

工作环节 3
安装调试

5.1 实施方案	6.1 配置文件、日志记录	7.1 测试记录表	8.1 项目功能验收表
5.1 培养敬业、精业、严谨、规范、精益求精的工匠精神，培养于按照 IPSec VPN 规划和路由器配置脚本撰写网络实施方案的工作过程中	6.1 培养敬业、精业、严谨、规范、精益求精的工匠精神，培养于按照网络实施方案完成路由器配置及相关配置文件备份的工作过程中	7.1 培养敬业、精业、严谨、规范、精益求精的工匠精神，培养于对常用网络命令及工具软件进行各项测试的工作过程中； 7.2 培养辨识问题、解决问题的能力，培养于各项测试的工作过程中； 7.3 培养文书撰写能力，培养于填写各项测试报告的工作过程中	8.1 培养与人沟通的能力，培养于与用户一起进行设备安装调试及对用户进行培训的工作过程中； 8.2 培养严谨、规范的工匠精神，培养于项目文档整理的工作过程中； 8.3 培养文书撰写能力，培养于客户确认表的撰写过程中

网络设备安装与调试

获取单位分支
机构网络 VPN
互联任务

 制订计划

③ 安装调试

④ 交付验收

工作子步骤	教师活动	学生活动	评价
获取单位分支机构网络 VPN 互联任务 1. 领取任务书。 2. 了解项目设计方案信息。 3. 与客户沟通，记录客户需求。 4. 填写任务单。	1. 分发任务书。 2. 讲述单位分支机构网络 VPN 互联任务书要点。 3. 组织学生分组讨论；指导学生了解公司的基础网络信息和客户任务需求；组织学生以角色模拟的形式了解项目设计方案。 4. 组织学生领取任务单；组织学生了解信息填写要求；组织学生填写任务需求表，并组织学生讲解。	1. 接收任务，识读单位分支机构网络 VPN 互联任务书，写出任务书要点。 2. 采用小组讨论的形式，收集客户单位的网络环境信息，学生以角色模拟的形式了解项目设计方案；根据任务需求信息，与下达任务的部门和客户沟通明确任务目标。 3. 领取任务单，熟知建设单位和客户信息填写要求。 4. 使用网络服务专业术语填写任务需求表并讲演。	1. 学生回答任务书中的要点问题，教师抽答点评。 2. 根据任务要求选取填写较好的任务需求表进行点评。

课时： 1 课时
1. 硬资源：能上网的计算机、投影仪等。
2. 软资源：任务书、任务需求表等。
3. 教学设施：白板笔、卡片纸、展示板等。

制订计划 根据任务单，结合单位客户需求，勘察现场，制订旧网环境检查表的计划。	1. 组织学生分组回顾讨论完成旧网检查需要的网络基础知识，并引导学生。 2. 组织学生完成旧网信息收集注意事项，组织各小组活动并巡回指导。 3. 组织学生对旧网信息进行收集，并巡回指导。 4. 组织学生对旧网环境进行检查，并分组讨论展示。 5. 组织各小组讨论，并巡回指导。 6. 组织学生编写旧网环境检查方案，并小组讨论总结。	1. 分组回顾并讨论完成旧网检查需要的网络基础知识，并列出需要用到的网络基础知识。 2. 在教师的指导下，收集旧网信息注意事项，找出组内成员认可的共同注意事项写在卡片纸上并展示。 3. 分组后对旧网信息进行收集，并进行组内讨论。 4. 在教师的分组下对旧网环境进行检查，并记录关键技术点。 5. 小组讨论旧网环境检查情况，将成果写在卡片上并展示。 6. 全班学生分组讨论有关旧网环境检查方案的编写，并小组讨论展示。	教师点评：观察学生讨论的状态，提出口头表扬；收集各组优点并做集体点评；表扬被挑选到较多卡片的小组并给适当奖励

课时： 1 课时
1. 硬资源：能上网的计算机等。
2. 软资源：2. 记录用户需求分析表的工作页等。
3. 教学设施：白板笔、卡片纸、展示板等。

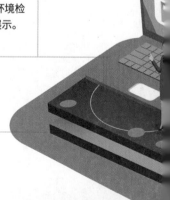

① 获取单位分支机构网络 VPN 互联任务　② 制订计划　③ 安装调试　④ 交付验收

工作子步骤	教师活动	学生活动	评价
安装调试 　　根据 IPSec VPN 规划信息表，理出安全功能改造说明、设备端口改造说明、IP 地址改造说明；结合总部路由器和分支机构路由器配置说明，对实施方案进行改进后，进行安装调试，并对网络进行测试，成功后对总部和分支机构的设备路由器配置文件进行备份。	1. 教师组织学生独自上网搜索 VPN 的定义及分类，并巡回指导。 2. 组织学生按小组讨论，并巡回指导。 3. 教师组织学生分组对 VPN 规划进行设计，并巡回指导。 4. 教师对 VPN 规划设计进行点评，并随机抽问。 5. 教师组织学生分组对应用端口规划进行设计，并巡回指导。 6. 教师对应用端口规划设计进行点评，并随机抽问。 7. 教师组织学生分组对路由功能改造进行设计，并巡回指导。 8. 教师对路由功能改造设计进行点评，并随机抽问。 9. 教师组织学生分组填写 IPSec VPN 规划信息表，并巡回指导。 10. 教师对 IPSec VPN 规划信息表进行点评，并随机抽问。 11. 教师组织学生分组规划总部路由器配置，并巡回指导 12. 教师对规划总部路由器配置进行点评，并随机抽问。 13. 教师组织学生分组规划分部机构路由器配置，并巡回指导。 14. 教师对规划分部机构路由器配置进行点评，并随机抽问。 15. 教师组织学生分组完成总部路由器配置脚本，并巡回指导。 16. 教师对总部路由器配置脚本进行点评，并随机抽问。 17. 教师组织学生分组完成分支机构路由器配置脚本，并巡回指导。 18. 教师对分支机构路由器配置脚本进行点评，并随机抽问。 19. 教师组织学生分组撰写网络实施方案，并巡回指导。 20. 教师组织学生分组对总部路由器进行配置及备份，并巡回指导。 21. 教师组织学生分组对分支机构路由器进行配置及备份，并巡回指导。	1. 学生独自上网搜索 VPN 的定义及分类，并通过卡纸展示。 2. 学生按小组讨论，并得出定义及分类。 3. 学生分组对 VPN 规划进行设计，并展示在卡纸上。 4. 学生认真听讲点评，并做相应的笔记。 5. 学生分组对应用端口进行规划设计，并展示在卡纸上。 6. 学生认真听讲点评，并做相应的笔记。 7. 学生分组对路由功能改造进行设计，并展示在卡纸上。 8. 学生认真听讲点评，并做相应的笔记。 9. 学生分组填写 IPSec VPN 规划信息表，并展示在卡纸上。 10. 学生认真听讲点评，并做相应的笔记。 11. 学生分组规划总部路由器配置，并展示在卡纸上。 12. 学生认真听讲点评，并做相应的笔记。 13. 学生分组规划分部机构路由器配置，并展示在卡纸上。 14. 学生认真听讲点评，并做相应的笔记。 15. 学生分组完成总部路由器配置脚本，并展示在卡纸上。 16. 学生认真听讲点评，并做相应的笔记。 17. 学生分组完成分支机构路由器配置脚本，并展示在卡纸上。 18. 学生认真听讲点评，并做相应的笔记。 19. 学生分组完成撰写网络实施方案，并讨论交流。 20. 学生分组对总部路由器进行配置及备份，并讨论交流。 21. 学生分组对分支机构路由器进行配置及备份，并讨论交流。	1. 教师点评：VPN 的定义和分类是否准确，抽查点评。 2. 教师点评：VPN 规划设计是否合理，让学生记录。 3. 教师点评：应用端口规划设计是否合理，教师抽答点评。 4. 教师点评：路由功能改造设计是否合理，教师抽答点评。 5. 教师点评：IPSec VPN 规划信息表进行点评。 6. 学生自评：IPSec VPN 规划信息表比较。 7. 教师点评：检查方法与步骤。 8. 教师点评：出入管理检查项目是否完整。 9. 教师点评：点评脚本是否正确合理，对测试结果进行截图保存。 10. 学生互评：检查脚本是否正确合理。

网络设备安装与调试

获取单位分支机构网络 VPN 互联任务   制订计划   ③ 安装调试   ④ 交付验收

工作子步骤	教师活动	学生活动	评价
安装调试	22. 教师组织学生分组使用 secureCRT 对日志进行记录，并巡回指导。 23. 教师组织学生分组对网络的连接性进行测试，巡回指导。 24. 教师组织学生对用户接入情况进行测试，并巡回指导。 25. 教师组织学生对网络的功能性进行测试，巡回指导。 26. 教师组织学生角色扮演进行设备巡检。	22. 学生分组使用 secureCRT 对日志进行记录，并讨论交流。 23. 学生分组对网络的连接性测试，并讨论交流。 24. 学生分组对测试用户接入情况。 25. 学生分组对网络的功能性进行测试并讨论交流。 26. 学生角色扮演进行设备巡检，并讨论交流。	

课时： 5 课时

1. 硬资源：能上网的计算机、投影、教师机等。
2. 软资源：人员管理内容 PPT 等。
3. 教学设施：白板、卡片纸、展示板等。

工作子步骤	教师活动	学生活动	评价
交付验收	完成项目验收，填写项目功能验收表。	1. 教师组织学生角色扮演验收项目。 2. 教师巡回指导，并验收各小组的工作成果。 3. 教师听取各小组汇报情况。 4. 教师组织学生按"8S"标准管理工作环境。 5. 教师组织学生项目答疑，通过角色扮演形式对客户进行答疑，并点评此过程中的注意事项。 6. 教师总体评价项目工作过程。	1. 学生通过角色扮演进行项目验收，记录验收要点、验收细则，并展示讲解。 2. 学生以角色扮演形式进行解说并顺利通过项目验收。 3. 学生制作 PPT 并汇报项目验收情况。 4. 学生按"8S"标准管理工作环境。 5. 学生对项目答疑，并认真听取教师点评答疑注意事项。 6. 学生听取并总结工作经验。	1. 教师点评：项目验收细节点评。 2. 教师点评：对各小组的工作成果进行点评。 3. 学生互评：听取各组讲解各自项目的客户确认表完成情况并进行简评。 4. 教师点评：根据任务整体完成情况点评各小组的优缺点。

课时： 1 课时

1. 硬资源：能上网的计算机等。
2. 软资源：境验收案例，验收的相关资料（行业企业安全守则与操作规范、《计算机软件保护条例》、产品说明书、客户确认空白表等）。
3. 教学设施：卡片、卡片纸等。

考核标准

考核任务案例：中小型企业网络设备安装与调试

情境描述：

　　广州某公司，约 30 人，内设财务部、工程部和销售部等职能部门，一直使用"傻瓜式"交换机进行内部网络管理。随着业务规模扩大，员工数量增加至 100 人，现有的网络设备已不能满足公司办公需求，不时会出现 IP 地址冲突等问题，造成网络运行质量下降，并对日常办公造成影响，现急需对公司网络进行升级改造。

　　公司准备将全部的交换机升级为可网管交换机，接入层配备 6 台二层交换机、汇聚层配备 3 台三层交换机，核心层配备 1 台三层交换机，网络出口配备 1 台路由器和 1 台防火墙，划分不同网段给每个部门使用，实现互联互访，并能访问 Internet。现公司要求你负责该项任务。

任务要求：

　　请你根据任务的情境描述，按照《基于以太网技术的局域网系统验收测评规范》（GB/T 21671-2008）和企业作业规范，在 1 天内完成：

1. 根据任务的情境描述，列出需要与业务主管了解的信息；

2. 按部门分配网段，编制 IP 规划表，画出网络拓扑图；

3. 列出网络设备安装所需的设备和工具；

4. 对网络设备进行配置和调试；

5. 列出网络设备日常使用的注意事项，并说明理由；

6. 对本项目设计方案提出改进意见，并说明理由。

参考资料：

　　完成上述任务时，你可以使用所有的常见教学资料，例如：工作页、阅读设备清单、项目设计方案、产品说明书和产品安装手册等。

评价标准

课程名称	评价项目	技能要求	分值	得分	小计分数
局域网运行维护	职业能力	能从满足客户的功能需求、使用价值和企业配置的规范性、可行性、成本效益等角度制订实施方案	8		
		能在作业过程中严格执行企业安全与环保管理制度以及"8S"管理规定，对已完成的工作进行记录存档、评价和反馈	8		
		能诚信友善地解答客户提出的问题，爱岗敬业，遵守工作制度，在工作过程中注重自主学习与提升，具备良好的团队合作和岗位责任意识	8		
	专业技能	从满足客户的功能需求、使用价值和企业维护的规范性、可行性、成本效益等角度制订维护方案，设备、材料和工具满足实施方案要求	5		
		机房环境监测、网络设备与线路维护、网络故障排查等工作符合标准规范和时间要求	5		
		能与客户确认维护结果，填写客户确认表，撰写并提交技术文档和测试报告	5		
		能对已完成的工作进行记录存档、评价和反馈	5		
	理论知识	局域网运行维护的基础知识：机房用电基本知识等；网络方向创业相关知识	6		
		网络故障检测与排除的常用方法	6		
		局域网运行维护方案的制订	8		
	工作行为	"8S"工作区管理：工作区有良好表现，工作结束后每天都清洁和整理工作区域。不符合一次扣 0.1 分	8		
		责任意识：个人和团队合作有良好的责任心。不符合一次扣 0.1 分	8		
		质量意识：良好的质量意识和质量提高意识。不符合一次扣 0.1 分	5		
		团队精神：良好的团队合作精神，喜欢和同事一起解决问题。不符合一次扣 0.1 分	5		
	工作态度	出勤及纪律：无缺勤，能提醒团队注意纪律表现。不符合一次扣 0.1 分	5		
		学习动机：主动学习，有良好的学习表现，按时完成作业。不符合一次扣 0.1 分	5		

网络设备安装与调试

课程 8. 局域网安全管理

学习任务 1	学习任务 2
网络终端设备安全管理	网络中心服务器安全管理
（20）学时	（20）学时

课程目标

学习完本课程后，学生应当能够胜任网络终端设备安全管理、网络中心服务器安全管理、网络设备安全管理和网络安全事件应急处理等工作，并严格执行企业安全管理制度、环保管理制度及"8S"管理规定，具备解决复杂性、关键性和创造性问题的能力，养成爱岗敬业、定期维护设备等良好的职业素养。包括：

1. 能读懂任务书，查阅相关案例，写出局域网安全事件的类型、分析影响局域网的安全因素；

2. 能与客户和项目经理等相关人员进行专业的沟通，确定项目内容、工作地点和时间等要求；

3. 能查阅《计算机信息网络国际互联网安全保护管理办法》《信息安全等级保护管理办法》，按照网络拓扑图、设备清单，制订局域网的安全管理制度、局域网安全管理计划，编制工作计划书；

4. 能根据任务书和工作计划书，准备相关的工具和软件，查阅产品说明书、产品安装手册和局域网安全管理制度、局域网安全管理计划、应急处理预案，按照局域网安全管理的管理原则完成局域网安全的管理操作；

5. 能根据任务书和工作计划书，选择合适的测试工具和测试软件，查阅相关使用说明书；按照网络安全技术评估标准，完成网络安全状况的评估工作，遇突发安全事件时能及时处理并撰写管理报告和总结报告；

6. 能完成安全管理验收，必要时向客户提供验收答疑服务，撰写验收报告；

7. 能分析局域网安全管理的不足，提出改进措施，总结网络安全管理的技术要点。

学习任务 3	学习任务 4
网络设备安全管理	网络安全事件应急处理
（20）学时	（20）学时

课程内容

本课程的主要学习内容包括：

1. 局域网安全的认知

局域网安全事件的类型；

网络安全设备的功能：防火墙、入侵检测、入侵防御、行为管理器；

影响局域网安全的因素：硬件和线路、系统和软件、安全意识和运行环境；

常见网络攻击方式：DDOS、ARP 欺骗、DHCP 欺骗等。

2. 网络安全管理的准备

常用工具的使用：服务器性能监控工具软件、漏洞扫描工具软件、抓包工具软件、入侵检测工具软件、网络管理软件等；

网络安全设备的使用：防火墙、入侵检测、入侵防御、行为管理器；

局域网安全管理的工作流程、安全管理制度和计划书的编制。

3. 局域网安全的设置

网络安全策略设置、网络准入认证、网络运行状况的监控、操作系统漏洞的扫描、渗透与加固、操作系统安全策略的设置、通信和重要文件的加密、重要数据的备份、网络监控软件安装与维护、流量分析软件使用。

4. 局域网安全的测试

网络安全技术评估标准、网络安全状况的评估；常用网络安全测试工具的使用；安全报告的撰写。

5. 职业素养的养成

安全意识、岗位责任意识、团队合作意识。

局域网安全管理

学习任务 1：网络终端设备安全管理

任务描述

学习任务学时：**20** 课时

任务情境：

　　某单位有多个职能部门，网络终端设备总数量约为 300 台，为保证公司网络终端设备安全、稳定地运行，业务主管要求技术部对所有网络终端设备进行安全运维。按照公司制订的网络设备安全管理制度，安装和维护终端监控软件，监控终端运行状况，扫描操作系统漏洞，加固操作系统，安装防病毒软件，设置安全策略，对重要的数据交换进行备份和加密。

　　作为校企合作项目的班级成员，专职任课教师带领的网络应用专业学生对公司网络终端设备进行安全管理，业务主管要求你也一并参与其中。

　　具体要求见下页。

工作流程和标准

工作环节 1

获取任务

网络管理员从业务主管处领取任务书和运维实施手册，与小组成员及相关部门进行专业的沟通，记录关键内容，明确任务需求，调查本单位网络终端设备分布情况，编制网络终端设备信息汇总表【成果】。

主要成果：

网络终端设备信息汇总表（编制网络终端设备名称、地点、操作系统、IP 地址相关参数等）。

工作环节 2

制订计划

网络管理员根据业务主管提供的运维实施手册和前期沟通信息，按照公司制订的网络设备安全管理制度，结合网络终端设备安全需求和运行现状，制作终端设备安全管理需求分析表【成果】。对网络终端设备安全性能进行评估，按照局域网安全管理的管理原则，编制网络终端设备安全管理实施计划【成果】。

主要成果：

1. 终端设备安全管理需求分析表（网络终端设备型号，安装和维护终端监控软件，是否加固操作系统，操作系统漏洞扫描，安装防病毒软件，设置安全策略，对重要的数据交换进行备份和加密）。

2. 网络终端设备安全管理实施计划（网络终端设备信息现状、安全管理需求、应急预案、预期效果）。

学习任务 1：网络终端设备安全管理

工作环节 3

安装调试

1. 网络管理员按运维实施手册、网络终端设备安全管理实施计划安装和维护终端监控软件，对网络终端运行状况进行监控，从监控管理软件导出所有终端设备日志文件，形成终端设备日志文件备份【成果】。

2. 根据网络设备安全管理实施计划，加固终端操作系统、扫描操作系统漏洞，下载补丁更新升级，形成操作系统漏洞扫描安全状态评估简报【成果】。

3. 按照约定时间，到工作现场进行终端操作系统安全策略的设置，安装防病毒软件，对重要的数据交换进行备份和加密，填写安全维护操作日志【成果】。

主要成果：

1. 终端设备日志文件备份（设备现场照片、设备登录等日志文件）；

2. 操作系统漏洞扫描安全状态评估简报（系统更新后的版本号、设备日志分析、风险等级认定、最终评审结果）；

3. 安全维护操作日志。

工作环节 4

质量自检

网络管理员按验收标准测试网络终端设备连通性、安全性、稳定性，撰写安全测试报告【成果】；清理工作现场。

主要成果：安全测试报告。

工作环节 5

交付验收

完成任务后，网络管理员和业务主管向客户进行网络终端设备总体现状简介，对客户进行终端设备安全使用培训，填写培训记录表【成果】，将测试报告和操作日志提交业务主管，对项目涉及的所有文档进行检查核对及整理打包，转交给主管，最后填写安全运维实施信息记录表【成果】。

主要成果：

1. 培训记录表（培训内容、终端设备安全调试情况、参训人员名单；

2. 安全运维实施信息记录表（项目名称、项目功能验证、账户移交、完工简介）。

局域网安全管理

学习内容

知识点	1.1 任务清单识读； 1.2 网络终端设备认知； 1.3 运维主机安全工作流程	2.1 常见终端设备安全威胁； 2.2 常见安全威胁防御方法； 2.3 需求分析要点； 2.4 需求分析表填写方法	3.1 信息安全等级保护管理办法； 3.2 安全管理计划编写方法	4.1 文档管理方法； 4.2 终端日志备份的分类
技能点	1.1 领取任务书； 1.2 识读运维实施手册； 1.3 调查单位终端设备情况； 1.4 网络设备信息汇总表	2.1 明确安全维护的项目； 2.2 制作终端设备运维需求分析表	3.1 评估网络终端设备务安全现状； 3.2 终端漏洞扫描情况分析； 3.3 安装防病毒软件、设置安全策略分析； 3.4 编制网络终端设备安全管理实施计划	4.1 终端设备运行状况监控； 4.2 对终端设备进行备份操作
工作环节	**工作环节 1** **获取任务**	**制订计划** **工作环节 2**		
成果	1.1 网络终端设备信息汇总表	2.1 终端设备安全管理需求分析表	3.1 网络终端设备安全管理实施计划	4.1 终端设备日志文件备份
素养	1.1 培养与人沟通的能力，培养于与小组成员及相关部门进行专业的沟通的过程中； 1.2 培养信息收集与处理能力，培养于对单位网络设备分布情况调查的工作过程中	2.1 培养信息收集与处理能力，培养于提炼用户需求条目的工作过程中； 2.2 培养分析、决策能力，培养于分析用户需求要点的工作过程中； 2.3 培养书面表达能力，培养于填写需求分析表的工作过程中	3.1 培养分析、决策能力，培养于网络终端设备安全现状评估的工作过程中； 3.2 培养书面表达能力，培养于编制网络终端设备安全管理实施计划的工作过程中	4.1 培养敬业、精业、严谨、规范、用户至上的工匠精神，培养于按照工作计划和工作流程完成终端设备日志备份的工作过程中

学习任务 1：网络终端设备安全管理

5.1 终端设备系统常见漏洞； 5.2 测试终端安全及方法； 5.3 安全评估格式规范	6.1 终端设备操作日志组成要素； 6.2 终端设备安全策略知识； 6.3 应急预案编制及作用	7.1 验收标准； 7.2. 测试要求； 7.3 测试流程	8.1 验收要点； 8.2 典型终端功能展示要点； 8.3 培训组织方法； 8.4 培训技巧	9.1 施工记录细则； 9.2 文件日志归档要求
5.1 扫描终端设备操作系统漏洞； 5.2 测试策略设置运行情况； 5.3 编制安全状态简报	6.1 保护用户现场； 6.2 终端设备操作系统安全策略设置； 6.3 填写操作日志	7.1 连接性测试； 7.2 功能性测试； 7.3 安全性测试； 7.4 填写测试报告表	8.1 与客户一起验收项目； 8.2 展示与讲解网络终端设备运维现状； 8.3 对客户进行安全使用培训； 8.4 填写培训记录表	9.1 整理施工资料； 9.2 填写安全运维实施信息记录表

工作环节 3 安装调试

工作环节 4 质量自检

工作环节 5 交付验收

5.1 操作系统漏洞扫描安全状态评估简报	6.1 完全维护操作日志	7.1 终端设备安全测试报告	8.1 培训记录表	9.1 安全运维实施信息记录表
5.1 培养敬业、精业、严谨、规范、用户至上的工匠精神，培养于根据网络终端设备安全管理实施计划编制实施脚本的工作过程中	6.1 培养敬业、精业、严谨、规范、用户至上的工匠精神，培养于按照工作计划和工作流程完成终端设备安全管理的工作过程中	7.1 培养敬业、精业、严谨、规范、用户至上的工匠精神，培养于对终端设备进行各项检测的过程中； 7.2 培养辨识问题、解决问题的能力，培养于对出现的问题进行解决的过程中； 7.3 培养文书撰写能力，培养于编写测试报告的工作过程中	8.1 培养与人沟通的能力，培养于与用户一起对终端设备安全管理项目进行验收的工作过程中； 8.2 培养用户至上的服务精神，培养于对客户进行培训的工作过程中； 8.3 培养文书撰写能力，培养于客户确认表的撰写过程中	9.1 培养敬业、精业、严谨、规范、用户至上的工匠精神，培养于对文档进行检查和整理的工作过程中； 9.2 培养文书撰写能力，培养于填写施工记录的工作过程中

① 获取任务　② 制订计划　③ 安装调试　④ 质量自检　⑤ 交付验收

工作子步骤	教师活动	学生活动	评价
获取任务 1. 领取任务书； 2. 识读运维实施手册； 3. 调查单位终端设备情况； 4. 网络终端设备信息汇总表。	1. 教师讲授终端设备安全管理项目工作流程基础知识。 2. 教师指导学生讨论终端设备安全管理流程中的重点步骤。 3. 教师指导学生阅读运维实施手册，并指导小组展示关键术语。 4. 教师分发任务清单，讲述网络终端设备安全管理任务的要点。 5. 教师组织学生角色扮演，指导学生调查单位网络终端设备安全管理的现状。 6. 教师分发任务书，讲述网络终端设备安全管理任务书要点。 7. 教师引导学生自行编制网络设备信息汇总表。	1. 学生听讲终端设备安全管理项目工作流程专业术语及相关基础知识。 2. 学生利用卡片法讨论终端设备安全管理工作流程中的重点步骤。 3. 利用运维实施手册，小组讨论选出 5 个重要工作内容并展示，小组成员分别派代表口述专业术语。 4. 接收任务，识读网络终端设备安全管理任务书。写出任务书的要点。 5. 以角色扮演的形式，与相关部门沟通，收集用户的网络终端设备安全需求信息，调查现有网络状况。 6. 领取任务单，熟知现场终端设备安全管理运维环境。 7. 使用电子表格管理软件工具，自行编制网络设备信息汇总表，小组选出较好的。	1. 教师点评：小组展示网络终端设备安全管理术语是否丰富全面。 2. 教师点评：从网络规划、网络性能、网络功能、网络安全、终端设备型号性能、工期等方面要求学生回答任务书中的要点问题，教师抽答点评。 3. 教师点评：根据任务要求，选取填写较好的网络设备信息汇总表进行点评。

课时： 4 课时
1. 硬资源：能上网的计算机、投影等。
2. 软资源：网络拓扑样图、网络安全运、维实施手册、任务书、项目任务单等。
3. 教学设施：白板笔、卡片纸、展示板等。

工作子步骤	教师活动	学生活动	评价
制订计划 1. 根据任务单，制作终端设备运维需求分析表。 2. 明确网络终端设备安全维护实施计划。	1. 组织学生上网搜索终端设备安全威胁种类。 2. 组织各小组活动，并巡回指导。 3. 组织全班讨论活动，梳理出符合本次任务的常见终端设备安全威胁类型。 4. 组织学生上网搜索安全威胁防御方法。 5. 组织各小组讨论，并巡回指导。 6. 组织全班讨论活动，梳理出信息安全等级保护管理办法。 7. 组织学生按流程对机房进行现场勘查，编写网络终端设备安全管理计划。 8. 组织各小组讨论，并巡回指导。	1. 每名学生独立上网搜索终端设备安全威胁种类。 2. 小组讨论常见终端设备安全威胁类型，找出组内成员认可的共同点写在卡片纸上并展示。 3. 全班学生讨论展示卡片上的常见终端设备安全威胁类型。 4. 每名学生独立上网搜索安全威胁防御方法。 5. 小组使用头脑风暴法讨论安全威胁防御方法，将重点项目写在卡片上并展示。 6. 全班学生讨论学习信息安全等级保护管理办法，将搜集的资料记录在作业中。 7. 以小组为单位对机房进行现场勘查，编写网络终端设备安全管理计划。 8. 小组讨论需求分析表，将需求分析表张贴展示。	1. 教师点评：观察学生上网搜索资讯的状态，提出口头表扬。收集各组优点并做集体点评。表扬被挑选到较多卡片的小组并给适当奖励。 2. 教师点评：观察学生上网搜索资讯的状态，提出口头表扬。收集各组优点并做集体点评。表扬被挑选到较多卡片的小组并给适当奖励。 3. 小组互评：点评其他小组的信息安全等级保护管理学习中的问题及值得学习的地方，并说明理由。

工作子步骤	教师活动	学生活动	评价
制订计划	9. 点评较好的需求分析表，指出优点和不足。 10. 对终端设备安全维护要点进行说明。 11. 组织引导学生查找终端设备安全维护方法。 12. 组织学生讨论适合本任务使用的终端设备安全维护方法。 13. 落实本次任务使用的杀毒软件种类。 14. 组织引导学生查找杀毒软件种类，引导学生整理出网络终端设备安全管理工作流程。	9. 全班学生记录需求分析表填写要点，将找到的资料记录到工作页里。 10. 听取需求分析表要点，并记录到工作页里。 11. 每名学生独立上网或查阅设备手册，搜索 3 种以上终端设备安全维护方法并记录工作页。 12. 小组讨论找到的终端设备安全维护方法，在卡片上列出不同终端安全管理办法并展示。 13. 全班学生讨论杀毒软件种类，将找到的资料记录到工作页里。 14. 每名学生独立上网或查阅设备手册，搜索 3 种以上杀毒软件并记录在工作页里。整理出符合本任务的网络终端设备安全管理工作流程。	4. 小组互评：点评其他小组的信息安全等级保护管理方法，选出适合本任务的安全管理方法并说明理由。 5. 教师点评：杀毒软件种类及各种杀毒软件区别。 6. 小组互评：点评其他小组的设备选型，定出合适的杀毒软件。 7. 小组互评：点评其他小组选取的设备，选出合理的型号，并说明理由。 8. 教师点评：点评各小组方案是否符合客户要求。

课时： 6 课时
1. 硬资源：能上网计算机、网络设备安装与调试工作站、机柜及网络等。
2. 软资源：记录用户需求分析表的工作页、有现场勘查报告样本的工作页、机柜及网络设备安装手册、设备安装手册等。
3. 教学设施：白板笔、卡片纸、展示板等。

工作子步骤	教师活动	学生活动	评价
安装调试	1. 按照实施计划，对终端设备运行状况进行监控。 2. 对终端设备进行备份操作。	1. 讲解备份的分类方法知识。 2. 教师解释终端设备运行状况监控方法，组织引导学生查看终端设备运行状态。 3. 示范一种备份终端设备日志的方法，引导学生总结其中重点操作。 4. 指导学生按规范完成终端设备日志。播放终端设备日志备份操作视频，组织学生用九宫格法进行要点方法讨论。 5. 以图片视频形式讲解终端设备日志备份的操作步骤和方法。 6. 指导学生分组进行终端设备日志备份。	1. 听取教师讲解并做笔记。 2. 小组讨论终端设备日志备份种类。 3. 查看并记录终端设备运行状况。 4. 通过案例展示，小组讨论终端设备日志备份的要点。 5. 通过视频观看终端设备日志备份的步骤方法。小组形成统一的调试步骤。 6. 小组合作对终端设备重要数据进行备份，并将备份资料分类保存。	1. 教师点评：日志主要作用，抽查点评。 2. 小组互评：点评其他小组的日志备份种类，选出合理的例子，并说明理由。 3. 教师点评：各小组方案是否符合本次任务要求。 4. 小组互评：设备日志备份的分类是否完整。 5. 教师点评：终端设备日志操作完成情况，让学生记录操作步骤。 6. 学生互评：互相监督终端设备日志备份是否正确。 7. 教师点评：根据任务要求选取填写较好的工作页进行点评。

课时： 4 课时
1. 硬资源：能上网的计算机、系统安装盘 ISO、网络设备模拟器等。
2. 软资源：计算机常用组装工具 PPT、网络规划样本等。
3. 教学设施：投影仪、教师机、白板、海报纸、卡片纸、工作页等。

局域网安全管理

① 获取任务　**②** 制订计划　**③** 安装调试　**④** 质量自检　**⑤** 交付验收

工作子步骤	教师活动	学生活动	评价
3. 扫描终端设备操作系统漏洞。 4. 测试策略设置运行情况。 5. 编制安全状态简报。	1. 组织学生上网搜索终端设备常见漏洞及操作系统漏洞的危害。 2. 组织各小组活动，并巡回指导。 3. 组织学生讨论操作系统漏洞存在的原因及现象。 4. 组织学生上网搜索安全威胁防御方法。 5. 指导学生利用工具软件对终端设备安全漏洞进行扫描。 6. 指导学生分组展示测试终端安全的方法。 7. 指导学生学习安全评估格式规范。	1. 每名学生独立上网搜索终端设备常见漏洞及操作系统漏洞的危害。 2. 小组讨论终端设备系统常见漏洞，找出组内成员认可的共同点，写在卡片纸上并展示。 3. 全班学生讨论展示卡片上的终端设备系统常见漏洞。 4. 每名学生独立上网搜索安全威胁防御方法。 5. 全班学生讨论展示卡片上测试终端安全的方法。 6. 观看终端设备漏洞扫描配置视频，并按操作规程进行漏洞扫描。 7. 查阅资料，学习安全评估格式规范。	1. 教师点评：观察学生上网搜索资讯的状态，提出口头表扬。收集各组优点，并做集体点评。表扬被挑选到较多卡片的小组并给适当奖励。 2. 教师点评：观察学生上网搜索资讯的状态，提出口头表扬。收集各组优点，并做集体点评。表扬被挑选到较多卡片的小组，并给适当奖励。

课时： 6 课时
1. 硬资源：能上网的计算机等。
2. 软资源：记录用户需求分析表的工作页等。
3. 教学设施：白板笔、卡片纸、展示板等。

安装调试

6. 保护用户现场。 7. 终端设备操作系统安全策略设置。 8. 填写操作日志。	1. 给出用户终端操作系统环境现场保护的基本方法，指导学生制订应急预案。 2. 组织学生讨论应急预案的作用，整理归纳应急流程。 3. 教师举例说明终端设备安全策略配置方法。 4. 指导学生根据模拟实施脚本及操作流程对终端设备进行安全策略设置。 5. 教师举例说明操作日志的填写方法。 6. 教师组织对配置结果进行评审。	1. 针对用户现场进行保护，小组展示应急预案，记录在工作页上。 2. 分组展示应急预案，讨论出可实施的方案。 3. 学生记录要点，学习终端设备操作日志知识。 4. 学生按实施流程分别配置终端设备安全策略，小组交叉检查并提交。 5. 学生按操作日志要求填写工作记录，并互相检查。 6. 学生讨论选出表现较好的小组。	1. 教师点评：应急预案是否全面有效。评选出较优的样本展示。 2. 学生互评：根据工作流程，从规范性、完整性、可追溯性方面选出较好的终端设备配置例子。 3. 学生互评：根据工作流程，从规范性、完整性、可追溯性方面选出较好的操作日志。

课时： 6 课时
1. 硬资源：能上网的计算机等。
2. 软资源：现场保护表模板、连接性测试表、功能性测试表等。
3. 教学设施：卡片纸等。

| ① 获取任务 | ② 制订计划 | ③ 安装调试 | ④ 质量自检 | ⑤ 交付验收 |

工作子步骤	教师活动	学生活动	评价
按验收标准测试终端设备连通性、安全性、稳定性，撰写测试报告。清理工作现场。	1. 指导学生阅读计算机信息网络国际互联网安全保护管理办法，要求列出与本次任务相关的条例。 2. 指导学生查找终端设备安全测试标准，指导学生列出操作流程。 3. 指导学生按流程进行终端设备安全测试，分组进行功能测试。 4. 指导学生填写测试报告。	1. 每名学生独立阅读计算机信息网络国际互联网安全保护管理办法，摘录其中与本次任务相关的内容。 2. 学生分组讨论所查找信息，以小组为单位张贴展示。 3. 每名学生独立上网查找终端设备测试操作流程，小组讨论流程的可行性。 4. 学生分组按预定流程进行连接性、功能性及安全性测试。 5. 检查终端设备是否正确配置，导出测试结果。 6. 学生独立完成测试报告填写。	1. 学生互评：所列出信息是否与本次任务有关。 2. 教师点评：学生搜索的相关资料有哪些是本次操作中应该遵守的。 3. 学生自评：终端设备安全性测试是否完成。

课时： 2 课时
1. 硬资源：能连接互联网的计算机、一款以上杀毒、软件和防火墙等。
2. 软资源：计算机安全操作规程。参考测试报告模板、工作日志等。
3. 教学设施：白纸、笔、展示板、投影、白板等。

完成项目验收，填写相关验收记录表。	1. 教师以案例形式讲解网络设备项目验收细节。 2. 巡回指导，并验收各小组的工作成果。 3. 听取各小组汇报情况。 4. 教师讲解工程实施信息记录表的编写。 5. 组织小组编写安全管理项目实施信息记录表和互评。 6. 总体评价工作过程。	1. 通过听取教师以案例形式讲解，熟知网络设备项目验收细节。记录验收要点，并展示讲解。 2. 与用户一起对职能部门网络终端设备安全管理项目进行验收，填写项目功能验收表。 3. 制作 PPT 并汇报工作情况。 4. 听取教师讲解，记录工程实施信息记录表的编写要点。 5. 编写工程实施信息记录表，进行小组互评。 6. 整理工作文档和现场。	1. 教师点评：是否熟知网络项目验收细节，教师抽查点评。 2. 教师点评：对各小组的工作成果进行点评。 3. 学生互评：听取各组讲解各自的客户确认表完成情况并进行简评。 4. 教师点评：根据任务整体完成情况，点评各小组的优缺点。

课时： 4 课时
1. 硬资源：能上网的计算机、投影仪等。
2. 软资源：网络工程验收案例、验收的相关资料（行业企业安全守则与操作规范、《计算机软件保护条例》、产品说明书、客户确认空白表等。
3. 教学设施：卡纸、卡片纸等）。

质量自检

交付验收

局域网安全管理

学习任务 2：网络中心服务器安全管理

任务描述

学习任务学时：**20** 课时

任务情境：

  某单位网络中心有 DHCP/DNS、WEB/FTP、数据库、ERP 应用 4 台服务器，为确保这些服务器内大量用户账号、密码、用户私人信息安全和公司网站的正常运作，业务主管要求技术部对公司网络进行管理，加强网络安全防范，提高网络信息的安全等级，保证网络安全、稳定地运行。

  作为校企合作项目的班级成员，专任教师带领的网络专业学生正在对公司网络进行运维工作，业务主管要求你们也一并参与这个过程。

  具体要求见下页。

工作流程和标准

工作环节 1

获取任务

　　网络管理员从业务主管处领取任务书和运维实施手册，与小组成员及相关部门进行专业的沟通，记录关键内容，明确任务需求，调查本单位网络分布情况，绘制网络中心拓扑图【成果】。

主要成果：

网络中心拓扑图（绘制各服务器所在交换机及终端拓扑）。

工作环节 2

制订计划

2

　　网络管理员根据业务主管提供的运维实施手册和前期沟通信息，提炼本次任务的重点需求条目，制作项目需求分析表【成果】。结合服务器安全需求和运行现状，对网络服务进行评估；按照局域网安全管理的管理原则，编制网络中心服务器安全管理实施计划【成果】。

主要成果：

1. 项目需求分析表（中心服务器型号、操作系统、运行服务、客户端状况、维护要求）；

2. 网络中心服务器安全管理实施计划（中心服务器现状、网络服务配置、应急预案、预期效果）。

学习任务 2：网络中心服务器安全管理

工作环节 3

安装调试

1. 网络管理员按运维实施手册进行服务器运行状况监控，导出所有服务配置脚本，形成服务器备份【成果】。

2. 根据网络中心服务器安全管理实施计划，扫描操作系统漏洞，在模拟环境中测试配置命令，形成实施脚本【成果】。

3. 按照约定时间，到工作现场进行操作系统安全策略的设置，配置各服务指令，填写操作日志【成果】。

主要成果：

1. 服务器备份（设备现场照片、服务器地址、服务脚本）；

2. 实施脚本（DHCP/DNS、WEB/FTP、数据库、ERP 应用服务配置脚本）；

3. 操作日志。

工作环节 4

质量自检 4

网络管理员按验收标准测试服务器连通性、安全性、稳定性，撰写测试报告【成果】并清理工作现场。

主要成果：测试报告。

工作环节 5

交付验收

完成任务后，网络管理员和业务主管向客户进行服务器现状简介，对客户进行服务器安全使用培训，填写培训记录表【成果】，将测试报告和操作日志提交业务主管，对项目涉及的所有文档进行检查核对及整理打包，转交给主管，最后填写工程实施信息记录表【成果】。

主要成果：

1. 培训记录表（培训内容、服务器调试情况、参训人员）；

2. 工程实施信息记录表（项目名称、项目功能验证、账户移交、完工简介）。

局域网安全管理

学习内容

知识点	1.1 任务清单识读； 1.2 网络分布情况认知； 1.3 运维工作流程	2.1 需求分析要点； 2.2 需求分析表填写方法	3.1 信息安全等级保护管理办法； 3.2 安全管理计划编写方法	4.1 备份的分类； 4.2 文档管理方法
技能点	1.1 领取任务书； 1.2 识读运维实施手册； 1.3 调查单位网络情况； 1.4 绘制网络中心拓扑图	2.1 提炼用户需求条目； 2.2 制作项目需求分析表	3.1 评估网络服务安全现状； 3.2 编制网络中心服务器安全管理实施计划	4.1 服务器运行状况监控； 4.2 对服务器进行备份操作
工作环节	**工作环节 1** **获取任务**		**制订计划** **工作环节 2**	
成果	1.1 网络中心拓扑图	2.1 项目需求分析表	3.1 网络中心服务器安全管理实施计划	4.1 服务器备份
素养	1.1 培养与人沟通的能力，培养于与小组成员及相关部门进行专业沟通的过程中； 1.2 培养信息收集与处理能力，培养于对单位网络分布情况进行调查的工作过程中	2.1 培养信息收集与处理能力，培养于提炼用户需求条目的工作过程中； 2.2 培养分析、决策能力，培养于分析用户需求要点的工作过程中； 2.3 培养书面表达能力，培养于填写需求分析表的工作过程中	3.1 培养分析、决策能力，培养于网络服务安全现状评估的工作过程中； 3.2 培养书面表达能力，培养于编制网络中心服务器安全管理实施计划的工作过程中	4.1 培养敬业、精业、严谨、规范、用户至上的工匠精神，培养于按照工作计划和工作流程完成服务器备份的工作过程中

5.1 系统常见漏洞； 5.2 测试环境及方法； 5.3 脚本整理规范	6.1 应急预案的作用； 6.2 服务器安全策略知识； 6.3 操作日志组成要素	7.1 测试流程； 7.2 测试要求； 7.3 验收标准	8.1 验收要点； 8.2 服务器功能展示要点； 8.3 培训组织方法； 8.4 培训技巧	9.1 文件日志归档要求； 9.2 施工记录细则
5.1 扫描操作系统漏洞； 5.2 测试配置命令； 5.3 编制实施脚本	6.1 保护用户现场； 6.2 操作系统安全策略设置； 6.3 填写操作日志	7.1 连接性测试； 7.2 功能性测试； 7.3 安全测试； 7.4 填写测试报告表	8.1 与客户一起验收项目； 8.2 展示与讲解服务器现状； 8.3 对客户进行服务器安全使用培训； 8.4 填写培训记录表	9.1 整理施工资料； 9.2 填写工程实施信息记录表

工作环节 3
安装调试

工作环节 4
质量自检

工作环节 5
交付验收

5.1 实施脚本	6.1 操作日志	7.1 测试报告	8.1 培训记录表	9.1 工程实施信息记录表
5.1 培养敬业、精业、严谨、规范、用户至上的工匠精神，培养于根据网络中心服务器安全管理实施计划编制实施脚本的工作过程中	6.1 培养敬业、精业、严谨、规范、用户至上的工匠精神，培养于按照工作计划和工作流程完成设备服务器安全管理的工作过程中	7.1 培养敬业、精业、严谨、规范、用户至上的工匠精神，培养于对服务器进行各项检测的工作过程中； 7.2 培养辨识问题、解决问题的能力，培养于对出现的问题进行解决的过程中； 7.3 培养文书撰写能力，培养于编写测试报告的工作过程中	8.1 培养与人沟通的能力，培养于与用户一起对服务器安全管理项目验收的工作过程中； 8.2 培养用户至上的服务精神，培养于对客户进行使用培训的工作过程中； 8.3 培养文书撰写能力，培养于客户确认表的撰写过程中	9.1 培养敬业、精业、严谨、规范、用户至上的工匠精神，培养于对文档进行检查和整理的工作过程中； 9.2 培养文书撰写能力，培养于填写施工记录的工作过程中

局域网安全管理

1 获取任务　　**2** 制订计划　　**3** 安装调试　　**4** 质量自检　　**5** 交付验收

	工作子步骤	教师活动	学生活动	评价
获取任务	领取任务书和运维实施手册，与相关部门沟通，调查本单位网络分布情况，绘制网络中心拓扑图。	1. 教师讲授运维工作流程及特点。 2. 教师指导学生讨论流程中的重点步骤。 3. 教师指导学生阅读运维实施手册，并指导小组展示关键术语。 4. 教师分发任务清单，讲述网络中心服务器安全管理任务要点。 5. 教师组织学生角色扮演，指导学生调查单位网络现状。 6. 教师引导学生自行绘制网络中心拓扑图。	1. 学生听讲运维工作流程，记录相关特点。 2. 学生利用卡片法讨论工作流程中的重点步骤。 3. 小组利用运维实施手册，讨论选出5个重要的工作内容并展示，小组成员分别派代表口述专业术语。 4. 接收任务，识读网络中心服务器安全管理任务书。写出任务书要点。 5. 以角色扮演的形式，与相关部门沟通，收集用户的网络服务器安全需求信息，调查现有网络状况。 6. 使用专门的拓扑绘制工具，自行绘制网络中心拓扑图，小组选出较好的作品。	1. 教师点评：小组展示运维工作流程是否合理全面。 2. 教师点评：从网络规划、网络性能、网络功能、网络安全、终端设备型号性能、工期等方面要求学生回答任务书中的要点问题，教师抽答点评。 3. 教师点评：根据小组上交的网络拓扑图进行点评。

课时：2 课时
1. 硬资源：能上网的计算机、投影仪等。
2. 软资源：网络拓扑样图、任务书、visio 等软件、项目任务单等。
3. 教学设施：白板笔、卡片纸、展示板等。

	工作子步骤	教师活动	学生活动	评价
制订计划	根据运维实施手册和前期沟通信息，提炼本次任务的重点需求条目，制作项目需求分析表；编制网络中心服务器安全管理实施计划。	1. 组织学生上网搜索需求分析要点，引导学生总结需求分析表填写方法。 2. 组织各小组活动，并巡回指导。 3. 组织全班讨论活动，梳理出需求分析要点。 4. 组织学生提炼用户需求条目。 5. 组织各小组讨论并巡回指导。 6. 组织全班讨论活动，梳理出填写项目需求分析表的注意事项。 7. 组织学生按网络服务安全需求填写项目需求分析表。 8. 组织各小组讨论并巡回指导。 9. 点评较好的项目需求分析表，指出优点和不足。	1. 每名学生独立上网搜索需求分析表填写方法，并整理出需求分析要点。 2. 小组讨论本次任务需求分析要点，找出组内成员认可的共同点，写在卡片纸上并展示。 3. 全班学生讨论展示卡片上的需求分析要点，判断是否完善。 4. 每名学生独立上网搜索网络安全服务需求内容。 5. 小组使用头脑风暴法讨论需求条目的实用性，将重点需求写在卡片上并展示。 6. 全班学生讨论本次任务的重点需求，将找到的资料记录到作业里。 7. 以小组为单位制作项目需求分析表。 8. 小组互相点评需求分析表，将共同点张贴展示。 9. 全班学生记录项目需求分析表填写要点，将找到的资料记录到工作页里。	1. 教师点评：观察学生上网搜索资讯的状态，提出口头表扬。收集各组优点，并做集体点评。表扬被挑选到较多卡片的小组，并给适当奖励。 2. 教师点评：观察学生上网搜索资讯的状态，提出口头表扬。收集各组优点并做集体点评。表扬被挑选到较多卡片的小组并给适当奖励。 3. 小组互评：点评其他小组需求分析的问题及值得学习的地方，并说明理由。

① 获取任务　② 制订计划　③ 安装调试　④ 质量自检　⑤ 交付验收

工作子步骤	教师活动	学生活动	评价
制订计划	10. 讲解信息安全等级保护管理办法。 11. 组织引导学生评估网络服务安全现状。 12. 组织学生讨论服务器安全管理方案。 13. 组织引导学生编制网络中心服务器安全管理实施计划。 14. 组织学生讨论实施方案的可行性。	10. 听取安全等级分类要点，并记录在工作页里。 11. 每名学生独立上网或查阅资料，搜索两种以上网络服务的安全配置方法，并记录工作页。 12. 小组讨论找到服务器管理方案，在卡片上列出各种服务的安全管理要点并展示。 13. 按小组针对服务器现状制订安全管理实施方案，并汇报实施要点。 14. 全班学生讨论并制订一份统一的服务器安全管理实施方案。	4. 小组互评：点评其他小组的安全管理实施计划，从性能、价格等方面选出适合本任务的路由器设备，并说明理由。 5. 教师点评：安全管理计划编写方法。

课时： 4 课时
1. 硬资源：能上网的计算机、网络服务器安装与调试工作站等。
2. 软资源：记录用户需求分析表的工作页、有基本网络服务知识的工作页、服务器安全、管理资料、方案模板等。
3. 教学设施：白板笔、卡片纸、展示板等。

工作子步骤	教师活动	学生活动	评价
安装调试 1. 按运维实施手册进行服务器运行状况监控，对服务器进行备份。	1. 讲解备份的分类方法知识。 2. 解释服务器运行状况监控方法，组织引导学生查看服务器运行状态。 3. 示范一种网络服务的备份方法，引导学生总结其中重点操作。 4. 指导学生按规范完成服务器备份。	1. 听取教师讲解及做笔记。 2. 小组讨论 DHCP 地址池规划情况，填写 IP 及 VLAN 分配表。 3. 查看并记录服务器运行状况。 4. 通过案例展示，小组讨论网络服务备份的要点。 5. 小组合作对服务器进行备份，并将备份资料分类保存。	1. 教师点评：DHCP 规划是否合理，抽查点评。 2. 小组互评：点评其他小组的 IP 规划，选出合理的例子，并说明理由。 3. 教师点评：点评各小组记录是否达到任务要求。 4. 教师点评：服务器备份实验完成情况，让学生记录脚本命令。

课时： 4 课时
1. 硬资源：能上网的计算机、网络服务器模拟器等。
2. 软资源：计算机常用组装工具、PPT、服务器、监控样本、网络服务实验等。
3. 教学设施：投影仪、教师机、白板、海报纸、卡片纸等。

工作子步骤	教师活动	学生活动	评价
2. 根据网络中心服务器安全管理实施计划，扫描操作系统漏洞，在模拟环境中测试配置命令，形成实施脚本。	1. 组织学生讨论操作系统漏洞存在的原因及现象。 2. 指导学生利用工具软件对服务器安全漏洞进行扫描。 3. 指导学生分组利用模拟器配置服务器实施脚本。 4. 小结实验操作情况。	1. 通过一个实际例子讨论操作系统漏洞的危害。 2. 观看 dhcp dns 漏洞扫描配置视频，按操作规程进行漏洞扫描。 3. 在模拟环境中测试配置命令，形成实施脚本。 4. 小组形成统一的调试步骤。	1. 教师点评：根据任务要求选取填写较好的工作页进行点评。 2. 学生自评：填写工作页服务器漏洞扫描。 3. 教师点评：服务器实施脚本。

课时： 4 课时

局域网安全管理

① 获取任务 → ② 制订计划 → ③ 安装调试 → ④ 质量自检 → ⑤ 交付验收

工作子步骤	教师活动	学生活动	评价
安装调试 3. 到工作现场进行操作系统安全策略的设置，配置各类服务。	1. 给出用户操作系统环境现场保护的基本方法，指导学生制订应急预案。 2. 组织学生讨论应急预案的作用，整理归纳应急流程。 3. 教师举例说明操作系统安全配置方法。 4. 指导学生根据模拟实施脚本及操作流程对服务器进行安全策略设置。 5. 教师举例说明操作日志的填写方法。 6. 教师组织学生对配置结果进行评审。	1. 针对用户现场进行保护，小组展示应急预案，记录在工作页上。 2. 分组展示应急预案，讨论出可实施的方案。 3. 学生记录要点，学习服务器安全策略知识。 4. 学生按实施流程分别配置服务器安全策略，小组交叉检查并提交。 5. 学生按操作日志要求填写工作记录，并互相检查。 6. 学生讨论选出完成较好的小组。	1. 教师点评：应急预案是否全面有效。评选出较优的样本展示。 2. 学生互评：根据工作流程，从规范性、完整性、可追溯性方面选出较好的服务器配置例子。 3. 学生互评：根据工作流程，从规范性、完整性、可追溯性方面选出较好的操作日志。

课时： 2 课时
1. 硬资源：能上网的计算机、网络操作系统等。
2. 软资源：服务器安全配置模板、服务器配置脚本、操作日志等。
3. 教学设施：卡片纸等。

质量自检 按验收标准测试服务器连通性、安全性、稳定性，撰写测试报告。清理工作现场（2节）	1. 指导学生阅读计算机信息网络国际互联网安全保护管理办法，要求列出与本次任务相关的条例。 2. 指导学生查找服务器安全测试标准，指导学生列出操作流程。 3. 指导学生按流程进行服务器安全测试，分组进行功能测试。 4. 指导学生填写测试报告。	1. 每名学生独立阅读计算机信息网络国际互联网安全保护管理办法。摘录其中与本次任务相关的内容。 2. 学生分组讨论所查找的信息，以小组为单位张贴展示。 3. 每名学生独立上网查找服务器测试操作流程，小组讨论流程的可行性。 4. 学生分组按预定流程进行连接性、功能性及安全性测试。 5. 检查服务器是否正确配置，导出测试结果。 6. 学生独立完成测试报告填写。	1. 学生互评：所列信息是否与本次任务有关。 2. 教师点评：学生搜索相关资料有哪些是本次操作中应该遵守的。 3. 学生自评：服务器安全测试是否完成。

课时： 2 课时
1. 硬资源：能连接互联网的计算机、网络操作系统、投影仪等。
2. 软资源：计算机安全操作规程、参考测试报告模板、一款以上杀毒软件和防火墙、工作日志等。
3. 教学设施：白纸、笔、展示板、白板等。

① 获取任务	② 制订计划	③ 安装调试	④ 质量自检	⑤ 交付验收

	工作子步骤	教师活动	学生活动	评价
交付验收	向客户进行服务器现状简介，对客户进行服务器安全使用培训。对文档进行检查核对及整理打包，转交给主管，填写工程实施信息记录表。	1. 教师以案例形式讲解网络工程项目验收细节。 2. 巡回指导，并验收各小组的工作成果。 3. 组织指导各组开展服务器安全使用培训。 4. 教师讲解工程实施信息记录表的编写。 5. 组织小组编写工程实施信息记录表并互评。 6. 总体评价工作过程。	1. 通过听取教师以案例形式讲解，熟知服务器安全管理项目验收细节。记录验收要点并展示讲解。 2. 与用户一起对网络中心服务器安全管理任务进行验收。 3. 模拟组织客户进行业务培训及关键操作展示。填写培训记录表。 4. 听取教师讲解，并记录工程实施信息记录表的编写要点。 5. 编写工程实施信息记录表表，进行小组互评。 6. 整理工作文档和现场。	1. 教师点评：是否熟知网络项目验收细节，教师抽答点评。 2. 教师点评：对各小组的工作成果进行点评。 3. 学生互评：听取各组讲解各自任务的完成情况并进行简评。 4. 教师点评：根据任务整体完成情况点评各小组的优缺点。

课时： 2 课时
1. 硬资源：能上网的计算机、投影仪等。
2. 软资源：网络工程验收案例、验收的相关资料（行业企业安全守则与操作规范、《信息安全等级保护管理办法》、工程实施记录表、培训记录表等）。
3. 教学设施：卡纸、卡片纸等。

局域网安全管理

学习任务 3：网络设备安全管理

任务描述

学习任务学时：**20** 课时

任务情境：

　　某单位有 10 台接入交换机，1 台核心交换机，1 台出口防火墙，1 台入侵检测设备。为确保这些设备正常配置，合理分配单位各部门员工的网络使用权限，保证公司网络的正常运作，业务主管要求技术部对设备进行安全管理，保证网络安全、稳定地运行。专任教师带领网络专业学生正在对公司网络设备进行运维工作，你作为校企合作项目的班级成员，业务主管要求你也一并参与其中。

　　具体要求见下页。

工作流程和标准

工作环节 1

获取任务

　　网络管理员从业务主管处领取任务书和运维实施手册，与小组成员及相关部门进行专业的沟通，记录关键内容，明确任务需求，了解本单位网络已有环境，绘制网络设备拓扑图【成果】。

主要成果：

网络设备拓扑图（绘制核心交换机所连接的各接入交换机及终端拓扑）。

工作环节 2

制订计划

　　网络管理员根据业务主管提供的运维实施手册和前期沟通信息，提炼本次任务的重点需求条目，制作用户需求分析表【成果】。收集现网信息（IP 规划信息表、设备管理信息表、端口互联信息表）以及设备配置信息，检查网络的运行状态是否正常，在所有检查条件通过后输出现网环境检查表【成果】，明确项目实施关键技术，制订实施方案【成果】。

主要成果：

1. 用户需求分析表（网络规划需求、网络功能需求、网络安全需求、IDP 功能需求、终端设备）；

2. 现网环境检查表；

3. 实施方案。

学习任务 3: 网络设备安全管理

工作环节 3

安装调试

3

　　网络管理员按运维实施方案对 IDP、IDP 服务器所使用的 IP 及路由进行规划，完成 IP 规划信息表和端口互联信息表【成果】。根据规划对 IDP 服务器进行配置【成果】，熟知设备调试注意事项，全面记录配置过程。完成设备调试后，备份和导出设备配置文件【成果】，方便后期运维。

主要成果：

1. IP 规划信息表、端口互联信息表；

2. 完成配置的 IDP 服务器（IP 配置、IDP 配置、防私设 DHCP 配置、访问控制配置）；

3. 设备配置文件。

工作环节 4

质量自检

4

　　网络管理员按验收标准测试 IDP 设备的连通性、安全性、稳定性，撰写测试报告【成果】，清理工作现场。

主要成果：

　　测试报告（连通性测试、用户接入测试、功能测试）。

工作环节 5

交付验收

5

　　完成任务后，网络管理员和业务主管向客户进行网络设备简介，基于项目中设备的安装调试情况对客户进行培训，填写培训记录表【成果】，将测试报告和操作日志提交业务主管，对项目涉及的所有文档进行检查核对及整理打包，转交给主管，最后填写工程实施信息记录

主要成果：

1. 培训记录表（培训内容、设备安装调试情况、参训人员）；

2. 工程实施信息记录表（项目名称、项目功能验证、账户文档移交、完工简介）账户移交、完工简介）。

局域网安全管理

学习内容

知识点	1.1 任务清单识读； 1.2 网络环境认知； 1.3 运维工作流程	2.1 需求分析要点； 2.2 需求分析表填写方法	3.1 现网信息认知（IP 规划信息、设备管理信息、端口互联信息、设备配置信息）； 3.2 现网环境的检查步骤	4.1 网络规划内容认知（IP 及 VLAN 规划、入侵检测规划、防私设 DHCP 规划、端口保护规划、访问控制规划）； 4.2 方案编写方法	5.1 网络设备型号认知； 5.2 IP 规划、端口互联内容认知； 5.3 信息表的填写方法
技能点	1.1 领取任务书； 1.2 识读运维实施手册； 1.3 了解单位网络环境； 1.4 绘制网络设备拓扑图	2.1 提炼用户需求条目； 2.2 制作项目需求分析表	3.1 收集现网信息（IP 规划信息表、设备管理信息表、端口互联信息表、设备配置信息）； 3.2 检查现网环境	4.1 完成网络规划（IP 及 VLAN 规划、入侵检测规划、防私设 DHCP 规划、端口保护规划、访问控制规划）； 4.2 编写实施方案	5.1 了解网络设备型号； 5.2 熟知 IP 规划、端口互联； 5.3 填写信息表
工作环节	**工作环节 1** **获取任务**		**制订计划** **工作环节 2**		
成果	1.1 网络设备拓扑图	2.1 项目需求分析表	3.1 现网环境检查表	4.1 实施方案	5.1 IP 规划信息表、端口互联信息表
素养	1.1 培养与人沟通的能力，培养于与小组成员及相关部门进行专业的沟通过程中； 1.2 培养信息收集与处理能力，培养于了解单位网络分布情况的工作过程中	2.1 培养信息收集与处理能力，培养于提炼用户需求条目的工作过程中； 2.2 培养分析、决策能力，培养于分析用户需求要点的工作过程中； 2.3 培养书面表达能力，培养于填写需求分析表的工作过程中	3.1 培养信息收集与处理能力，培养于获取现网信息的工作过程中； 3.2 培养分析、决策能力，培养于检查现网环境的工作过程中	4.1 培养分析、决策能力，培养于网络规划的工作过程中； 4.2 培养书面表达能力，培养于编制实施方案的工作过程中	5.1 培养敬业、精业、严谨、规范、用户至上的工匠精神，培养于按照工作计划和工作流程完成信息表填写的工作过程中

6.1 配置的方法步骤； 6.2 IDP 配置的方法步骤； 6.3 防私设 DHCP 配置的方法步骤； 6.4 访问控制配置的方法步骤	7.1 secureCRT 工具的设置方法； 7.2 配置文件的备份步骤； 7.3 配置文件的导出方法	8.1 测试流程； 8.2 测试要求； 8.3 验收标准	9.1 验收要点； 9.2 网络设备功能展示要点； 9.3 培训组织方法； 9.4 培训技巧	10.1 文件日志归档要求； 10.2 施工记录细则
6.1 配置 IP； 6.2 配置 IDP； 6.3 配置防私设 DHCP； 6.4 配置访问控制	7.1 记录配置日志； 7.2 备份配置文件； 7.3 导出配置文件	8.1 连接性测试； 8.2 用户接入测试； 8.3 功能测试； 8.4 填写测试报告表	9.1 与客户一起验收项目； 9.2 展示与讲解网络设备现状； 9.3 对客户进行网络设备使用培训； 9.4 填写培训记录表	10.1 整理施工资料； 10.2 填写工程实施信息记录表

工作环节 3 — 安装调试

工作环节 4 — 质量自检

工作环节 5 — 交付验收

6.1 完成配置的 IDP 服务器	7.1 设备配置文件	8.1 测试报告	9.1 培训记录表	10.1 工程实施信息记录表
6.1 培养敬业、精业、严谨、规范、用户至上的工匠精神，培养于根据实施方案配置 IDP 服务器的工作过程中	7.1 培养敬业、精业、严谨、规范、用户至上的工匠精神，培养于按照工作计划和工作流程完成设备配置文件的工作过程中	8.1 培养敬业、精业、严谨、规范、用户至上的工匠精神，培养于对服务器进行各项检测的工作过程中； 8.2 培养辨识问题、解决问题的能力，培养于解决出现的问题的过程中； 8.3 培养文书撰写能力，培养于编写测试报告的工作过程中	9.1 培养与人沟通的能力，培养于与用户一起对网络设备安全管理项目进行验收的工作过程中； 9.2 培养用户至上的服务精神，培养于对客户进行网络设备使用培训的工作过程中； 9.3 培养文书撰写能力，培养于培训记录表的撰写过程中	10.1 培养敬业、精业、严谨、规范、用户至上的工匠精神，培养于对文档进行检查和整理的工作过程中； 10.2 培养文书撰写能力，培养于填写施工记录的工作过程中

局域网安全管理

① 获取任务	② 制订计划	③ 安装调试	④ 质量自检	⑤ 交付验收

	工作子步骤	教师活动	学生活动	评价
获取任务	1. 网络管理员（学生）阅读任务中的工作情境描述，听取项目经理（老师）对工作流程与活动进行描述分析，明确任务需求，填写工作页。 2. 小组根据任务明确各方责任人，界定工作职责及范围，并在工作页的任务单中明确体现。	1. 教师下达任务：阅读任务中的工作情境描述。 2. 教师组织学生讨论，并指引学生明确任务需求。 3. 教师巡回查看并指导填写工作页。 4. 选取 12 位同学的成果进行展示点评，要求其他同学自评。 5. 对工作流程与活动进行描述和分析（工作页上有完整流程图）。 6. 教师组织小组讨论，对任务分配给予指导，让每个小组成员"任务到手，责任上身"，并巡回查看、指导任务单填写情况。 7. 巡回指导学生使用 Visio 绘制拓扑图（包括绘制是否合理、图标使用是否正确、软件操作问题等）。要求用铅笔完整工整地绘制在工作页上。选取 12 位同学的拓扑图进行展示表扬。	1. 阅读任务中的工作情境描述。 2. 提出疑问，讨论，解决问题。 3. 填写工作页上的题目。 4. 自评题目。 5. 听取项目经理（老师）对工作流程与活动进行描述和分析。 6. 根据小组成员擅长的方向，讨论分配任务，并填写"网络设备安全管理项目"任务单。 7. 各自使用 Visio 绘制拓扑图，小组讨论选取最优方案，截图记录，并把最终拓扑图绘制在工作页上。	1. 自评：工作页填写情况（包括提取信息是否完整，填写是否工整认真）。 2. 教师评：任务分配是否合理（如出现"不干活"现象，需提出批评）。 教师边巡回指导边点评。 3. 教师评：对每个小组的最优方案作总结（包括小组在绘制过程遇到问题的解决方案，共同出现错误的地方），最终敲定可行性。
	课时： 1 课时 1. 硬资源：能连接互联网的计算机等。 2. 软资源：工作页等。			
制订计划	1. 填写用户需求分析表。 2. 网络管理员对某单位进行现网信息收集。	1. 组织学生阅读样本，引导提炼技术重点，要求填写用户需求分析表。 2. 组织各小组进行现网信息收集，并巡回指导（主要是阅读已有的材料）。 3. 指导提取技术关键点筛选 12 小组展示，达成统一答案后，要求本项目要掌握这些技术。 4. PPT 展示技术关键点并讲解。 5. 组织各小组收集现有设备配置信息，并巡回指导。	1. 阅读教师提供的无线网络项目需求分析样本，在工作页上提炼本项目的重点需求条目。 2. 小组对某单位进行现网信息收集（阅读）并讨论，把关键技术点圈出来。 3. 小组展示圈出的技术点，然后汇总提取各种小组的共同点，达成统一答案，一位同学书写在卡纸上展示（待用）。 4. 听取教师分析技术要点。 5. 观察机房设备，根据之前的技术点和设备要点，收集（记录）现有设备配置信息（目前机房的配置，包括牌子，型号，数量，参数等）。	1. 教师点评：观察学生进行现网信息收集的状况，提出口头表扬。收集各组优点并做集体点评。 2. 小组互评：点评其他小组提取的技术关键点是否合理，共同讨论，汇总提取各小组的共同点，达成统一答案。 3. 教师点评：观察学生收集（记录）现有机房设备配置信息的状态，提出口头表扬。收集各组优点并做集体点评。

工作子步骤	教师活动	学生活动	评价
	6. 组织小组梳理归纳出现有设备配置信息并展示。 7. 讲解设备的差异性 (设思考题: 连接 x 交换机的 g0/1 接口的 PC 可能无法访问网络, 有什么解决方案?)。 8. 教师重复提示展示板上的贴纸 (现有设备对比某单位的设备, 有哪些差异和解决方案如何)。	6. 小组汇总归纳收集到的现有设备配置信息, 一位同学书写在卡纸上展示 (分别贴在之前对应的卡纸边, 形成对比)。 7. 听教师讲解设备的差异性 (包括功能差异、型号差异、价格差异等方面)。 8. 观察展示板并认真听取教师的讲解, 完成"设备差异处与解决方案"表格。	4. 教师点评回答思考题是否合理。 5. 教师点评填写"设备差异处与解决方案"表格是否合理。

课时: 5 课时
1. 硬资源: 能上网的计算机等。
2. 软资源: 记录安装补丁的方法的工作页、记录服务器用户权限种类的工作页、记录服务器磁盘类别的工作页等。
3. 教学设施: 白板笔、卡片纸、展示板等。

3、项目知识掌握。	1. 辅助引导学生进行内网设备检查。 2. 辅助引导学生检查现网访问互联网功能是否正常。 3. 组织学生按照工作页所示步骤输出"现网环境检查表", 并巡回指导。 4. 组织学生独立阅读工作页, 包括 IDP 产品、IPS 防御、攻击防御、出口控制、流量控制 QoS 等, 必要时详细讲解。	1. 检查内网设备是否正常, 使用 ping 命令检查各节点是否正常 (包括财务部、生产部、销售部 PC 接入后 ping 防火墙内网接口 IP 地址), 并将结果截图。 2. 检查现网访问互联网功能是否正常 (包括财务部、生产部、销售部 PC 接入后访问互联网结果), 并将结果截图。 3. 每名同学按照工作页所示步骤完成整体现网环境检查, 最终输出现网环境检查表。 4. 每名学生独立阅读工作页, 根据知识体系了解项目所需要的关键技术, 并记录工作页。	1. 教师点评: 观察学生检查内网设备操作是否正确, 提出口头表扬。 2. 教师点评: 观察学生检查现网访问互联网功能操作是否正确, 提出口头表扬。 3. 教师点评: 检查学生"现网环境检查表"填写是否正确, 提出口头表扬。 4. 教师点评: 观察学生阅读状态, 提出口头表扬。

制订计划

局域网安全管理

课时: 2 课时
1. 硬资源: 能连接互联网的计算机、投影仪、教师机等。
2. 软资源:《局域网安全管理》工作页、参考教材等。

① 获取任务	② 制订计划	③ **安装调试**	④ 质量自检	⑤ 交付验收

安装调试

工作子步骤	教师活动	学生活动	评价
1. 网络方案设计（IP 及 VLAN 规划、防私设 DHCP 规划）； 2. 网络方案设计（端口保护规划、访问控制规划）； 3. 网络方案设计（入侵检测规划、规划信息表）； 4. 设备配置（IP 配置、防私设 DHCP 配置）； 5. 设备配置（端口保护配置）； 6. 设备配置（访问控制列表配置； 7. 设备配置（IDP 配置）； 8. 撰写网络实时方案、设备调试注意事项。	1. 教师提问: 将 IDP 接入核心交换机与路由器之间, 有哪两种模式可以选择? 2. 教师实际操作演示 IP 及 VLAN 规划。指导学生实操。 3. 教师对 DHCP Snooping 内使用到的一些术语及功能进行解释。 4. 教师提问: 端口保护最根本的作用是什么? 5. 教师实际操作演示端口保护规划、访问控制规划。指导学生实操。 6. 教师对一些重要说明及 ACL 部署原则进行分析讲述。 7. 要求通过以上规划设计, 将规划信息表补充完整, 并巡回指导。 8. 要求根据之前步骤, 完成 IP 配置、防私设 DHCP 配置, 并指导实操。 9. 教师演示在生产部接入交换机上连接 PC 的端口开启端口保护功能（以生产部接入交换机 1 为例）, 并巡回指导。 10. 教师展示在交换机上配置 ACL 案例。 11. 教师展示 IDP 路由模式下配置 URL 过滤案例, 并巡回指导 12. 教师讲解实施方案的撰写, 并提供模板。 13. 指导学生进行讨论讲解。 14. 教师演示设备调试注意事项的每一个步骤, 并指导实操。	1. 阅读任务中的工作情境描述。 2. 提出疑问, 讨论, 解决问题。 3. 填写工作页上的题目。 4. 自评题目。 5. 听取项目经理（老师）对工作流程与活动进行描述和分析。 6. 根据小组成员擅长的方向, 讨论分配任务, 并填写"网络设备安全管理项目"任务单。 7. 各自使用 Visio 绘制, 小组讨论选取最优方案, 截图记录, 并把最终拓扑图绘制在工作页上。	1. 教师点评: 肯定学生回答, 观察学生实操情况, 提出口头表扬。 2. 教师点评: 肯定学生回答, 观察学生实操情况, 提出口头表扬。 3. 教师点评: 观察学生实操情况, 提出口头表扬。 4. 教师点评: 观察学生实操情况, 提出口头表扬。 5. 教师点评: 观察学生实操情况, 提出口头表扬。 6. 教师点评: 观察学生实操情况, 提出口头表扬。 7. 教师点评: 观察学生输出实施方案情况, 展示并提出口头表扬。 8. 教师点评: 观察学生实操情况, 提出口头表扬。

课时: 22 课时

1. 硬资源: 能能上网的计算机、投影仪、教师机等。
2. 软资源: 记录环境检查的工作页、《局域网安全管理》工作页、参考教材等。
3. 教学设施: 白板笔、展示板等。

① 获取任务　② 制订计划　③ 安装调试　④ 质量自检　⑤ 交付验收

工作子步骤	教师活动	学生活动	评价
质量自检 1. 连通性测试； 2. 用户接入测试； 3. 功能测试。	1. 教师要求根据所有完成的配置情况进行自检（按工作页上的步骤），并巡回指导。	1. 对所有完成的配置情况进行自检，并填写工作页上的自检表。	1. 教师对完成任务的质量进行评价。

课时： 3 课时
1. 硬资源：.能连接互联网的计算机、投影、教师机等。
2. 软资源：《局域网安全管理》工作页、参考教材等。

交付验收 　　项目功能测试没有问题后，网络管理员对项目涉及的所有文档进行检查核对及整理打包，形成项目功能验收表，转交给项目经理，最后填写工程信息记录表。	1. 教师讲解客户培训的细节。 2. 教师讲解交付验收的细节。 3. 教师验收各小组的工作成果。 4. 听取各小组汇报情况。 5. 组织学生评价工作过程。	1. 通过教师讲解，熟知给客户进行培训的要求。 2. 通过教师讲解，熟知验收要求。 3. 验收完毕，小组填写项目培训验收表、项目文档验收表、项目签字验收表。 4. 小组制作并提交演示文稿。 5. 每位同学进行自我评价、小组内评价、小组间评价。	1. 教师点评：是否熟知验收细节，教师抽答点评。 2. 学生自评：听取各组讲解各自的验收报告完成情况并进行自评。 3. 学生互评：听取各组讲解各自的验收报告完成情况并进行简评。 4. 教师点评：根据任务整体完成情况点评各小组的优缺点。

课时： 4 课时
1. 硬资源：能连接互联网的计算机、投影仪、教师机等。
2. 软资源：《局域网安全管理》工作页、参考教材、验收报告、空白的考核评价表等。
3. 教学设施：白板、海报纸、卡片纸、A4 纸

局域网安全管理

学习任务 4：网络安全事件应急处理

任务描述

学习任务学时：20 课时

任务情境：

　　某单位网络发生了流量异常，网络性能明显下降，虽仍可提供服务，但已严重影响业务的正常开展，现要求网络管理员排查导致此紧急事件的原因，恢复网络性能。

　　网络管理员从项目经理处获取任务单，查阅并启动应急处理预案，抓取异常流量数据包，定位异常流量源，分析安全事件的原因，保存重要证据，修复安全隐患，恢复网络性能，评估网络安全运行状况，编写管理日志，并撰写总结报告提交项目经理审核。

　　具体要求见下页。

工作流程和标准

与项目经理作安全管理前沟通

　　根据任务要求，从项目经理处领取任务单，与客户和业务主管等相关人员进行专业的沟通，记录关键内容，明确客户具体要求，填写网络安全事件应急处理项目任务单【成果】。

主要成果：

网络安全事件应急处理项目任务单（建设单位资料，客户资料，建设目标以及进度安排）。

制订计划

1. 根据"网络安全事件应急处理项目"工作任务单的工作内容和时间要求，小组讨论制订相应的用户需求分析表【成果】，报相关项目经理审批。

2. 进行旧网信息收集，获取 IP 规划信息表、设备管理信息表、端口互联信息表及设备配置信息，进行项目知识回顾，搭建旧网网络环境时，根据设备配置信息表直接复制并粘贴到相应设备上即可。

3. 进行现网环境检查，在所有设备上重新收集设备配置信息；

使用 3CDaemon 软件获取现网信息，并对比客户所给现网信息与设备上重新收集的设备配置信息，将差异处与解决方案记录为差异登记表【成果】，确保网络配置正常；检查内网所有设备是否正常运行，使用 ping 功能检查各个节点是否正常并截图【成果】；最后完成网络环境检查表【成果】。

4. 学习分层法、分段法、替换法、对照法、排除法、询问法及调试法等故障排除方法，总结汇总为故障排除方法表【成果】。

主要成果：

1. 用户需求分析表（网络规划需求、网络功能需求、网络安全功能、故障处理需求）。

2. 旧网网络环境信息表（IP 规划信息表、设备管理信息表、端口互联信息表、设备配置信息）；

3. 差异登记表（差异处、影响、解决方案）；

4. 内网设备互联截图；

5. 网络环境检查表（设备配置信息、网络功能检查）；

6. 故障排除方法表（方法名、应用场景、关注点）。

学习任务 4：网络安全事件应急处理

工作环节 3

故障排除

3

1. 故障分析：通过各模块的设计引导，逐步具备分析故障的能力，独立完成故障排除方案的撰写，为故障排除做准备。先后分析销售部 PC 上无法 ping 通网关的故障原因、财务部访问 FTP 服务器出现故障的原因、3 个部门均出现访问外网不定时被中断的故障原因、销售部在外网时无法访问内网 WEB 服务器的故障原因，完成故障分析表【成果】。

2. 故障修复：通过故障分析的引导，逐步具备故

障修复的能力，能够根据故障分析表完成故障修复。根据故障修复过程撰写故障报告，将故障产生原因及解决方案汇报给客户，让客户认可并知悉，最后撰写故障报告【成果】。

3. 严格按照规划配置和调试设备，具体注意事项有配置日志记录、配置备份文件、导出配置文件【成果】。

主要成果：1. 故障分析表（故障现象、故障原因）；

2. 故障报告（故障原因、解决方案）；

3. 配置文件。

工作环节 4

网络测试

网络安全事件应急处理项目完成后，应按照任务的要求对各项服务进行测试，并如实记录测试结果。

主要成果：

1. 连通性测试表（测试目的、测试标准、测试环境、测试方法与步骤、测试结果）；

2. 功能性测试表（测试目的、测试标准、测试环境、测试方法与步骤、测试结果）。

工作环节 5

交付验收

完成项目功能检查后，对项目涉及的所有文档进行检查核对及整理打包，最后转交给客户。到项目验收阶段，需与客户沟通，提交故障报告【成果】。

主要成果：

故障报告（需求内容、验证步骤、验证结果、是否通过）。

局域网安全管理

学习内容

知识点	1.1 任务清单识读； 1.2 工作环境认知； 1.3 项目工作流程	2.1 网络规划注意事项； 2.2 网络功能的种类； 2.3 网络安全络的范围； 2.4 故障处理流程	3.1 IP 网段规划； 3.2 网络设备型号； 3.3 端口互联规划； 3.4 设备配置获取命令	4.1 新网旧网关键信息对比； 4.2 检测设备互联配置命令； 4.3 网络环境检查表设计	5.1 不同故障排除方法的方法名、应用场景、关注点
技能点	1.1 领取任务书； 1.2 识读设计项目方案； 1.3 填写网络安全事件应急处理项目任务单； 1.4 考察工作环境	2.1 网络规划； 2.2 网络功能设计； 2.3 网络安全功能设计； 2.4 故障处理	3.1 获取 IP 规划信息； 3.2 获取设备管理信息表； 3.3 获取端口互联信息； 3.4 得到设备配置	4.1 查找客户所给网络信息与旧网网络信息表进行差异登记； 4.2 检测内网设备互联情况； 4.3 填写网络环境检查表	5.1 学习不同故障排除方法的应用场景
工作环节	**工作环节 1**　**获取任务**	**制订计划**　**工作环节 2**			
成果	1.1 客户需求分析表	2.1 用户需求分析表	3.1 旧网网络环境信息表	4.1 差异登记表、内网设备互联截图、网络环境检查表	5.1 故障排除方法表
素养	1.1 培养与人沟通的能力，培养于与客户和业务主管等相关人员进行沟通的过程中； 1.2 培养阅读理解及提取关键信息的能力，培养于阅读任务书及记录任务书关键内容的工作过程中	2.1 培养信息收集与处理能力，培养于现场获取网络信息的工作过程中； 2.2 培养书面表达能力，培养于编写勘察报告的工作过程中	3.1 培养信息收集与处理能力，培养于网络信息规划的过程中	4.1 培养信息收集与处理能力，培养于获取网络设备信息的工作过程中； 4.2 培养分析、决策能力，培养于分析硬件的兼容性和性价比的工作过程中； 4.3 培养书面表达能力，培养于制订升级计划的工作过程中	5.1 培养敬业、精业、严谨、规范、用户至上的工匠精神，培养于按照工作计划和工作流程完成故障排除的过程中

PC 终端或操作系统可能产生的问题； FTP 流量被流控、防火墙设备过滤可能产生的问题； 用户内网数据转发可能产生的问题； 服务器可能产生的问题	7.1 销售部 PC 上无法 ping 通网关的故障解决方案； 7.2 财务部访问 FTP 服务器出现故障的解决方案； 7.3 3 个部门均出现访问外网不定时被中断的故障解决方案； 7.4 销售部在外网时无法访问内网 WEB 服务器的故障解决方案	8.1 日志记录配置方法； 8.2 配置备份文件的方法； 8.3 导出配置文件的方法	9.1 连通性测试的测试目的、测试标准、测试环境及测试方法与步骤； 9.2 功能性测试的测试目的、测试标准、测试环境及测试方法与步骤	10.1 资料整理打包要求； 10.2 故障报告的填写内容
分析销售部出现的 PC 上无法 ping 通网关的故障原因； 分析财务部访问 FTP 服务器出现故障的原因； 分析 3 个部门均出现访问外网不定时被中断的故障原因； 分析销售部在外网时无法访问内网 WEB 服务器的故障原因	7.1 解决销售部出现的 PC 上无法 ping 通网关的故障； 7.2 解决财务部访问 FTP 服务器出现的故障； 7.3 解决 3 个部门均出现访问外网不定时被中断的故障； 7.4 解决销售部在外网时无法访问内网 WEB 服务器的故障	8.1 配置日志记录； 8.2. 配置备份文件； 8.3. 导出配置文件	9.1 连通性测试； 9.2 功能性测试	10.1 对项目涉及的所有文档进行检查核对及整理打包； 10.2 填写故障报告

工作环节 3 故障排除

工作环节 4 网络测试

工作环节 5 交付验收

故障分析表	7.1 故障报告	8.1 配置文件	9.1 连通性测试表、功能性测试表	10.1 故障报告
培养敬业、精业、严谨、规范、用户至上的工匠精神，培养于按照工作计划和工作流程完成网络故障分析流程的工作过程中	7.1 培养敬业、精业、严谨、规范、用户至上的工匠精神，培养于按照工作计划和工作流程完成故障修复流程的工作过程中	8.1 培养敬业、精业、严谨、规范、用户至上的工匠精神，培养于对常用工具软件功能进行检测的工作过程中； 8.2 培养辨识问题、解决问题的能力，培养于对常用工具软件进行调试的工作过程中； 8.3 培养文书撰写能力，培养于编写测试报告的工作过程中	9.1 培养敬业、精业、严谨、规范、用户至上的工匠精神，培养于按照工作计划和工作流程完成连通性测试与功能性测试的工作过程中	10.1 培养敬业、精业、严谨、规范、用户至上的工匠精神，培养于对资料整理打包的工作过程中； 10.2 培养文书撰写能力，培养于填写故障报告的工作过程中

局域网安全管理

| ① 获取任务 | ② 制订计划 | ③ 故障排除 | ④ 网络测试 | ⑤ 交付验收 |

工作子步骤	教师活动	学生活动	评价
某单位网络发生了流量异常，网络性能明显下降，虽仍可提供服务，但已严重影响业务的正常开展，现要求网络管理员排查导致此紧急事件的原因，恢复网络性能。	1. 教师讲授局域网安全管理专业术语的相关基础知识。 2. 教师指导学生填写工作页内局域网安全管理的含义。 3. 教师指导学生上网搜集局域网安全管理专业术语的过程，并监督指导小组展示过程。 4. 教师组织学生角色扮演，指导学生了解客户项目需求。 5. 教师讲述工作任务单要点。 6. 教师提问学生掌握工作任务单中的要点问题。 7. 教师分发并演示如何填写工作任务单。	1. 学生听讲局域网安全管理专业术语的相关基础知识。 2. 小组学习教师讲述的内容并查找网络资源，在工作页上填写局域网安全管理的含义。 3. 小组利用卡片纸写出局域网安全管理专业术语并展示，小组成员分别派代表口述专业术语。 4. 学生 2 人相互角色扮演施工人员和客户企业相关部门负责人，与客户沟通，查阅相关资料，收集客户的构建意向，考察工作环境。 5. 与下达任务的部门和客户沟通了解任务需求。 6. 小组记录工作任务单要点。 7. 小组领取工作任务单，熟知工作任务单的填写要求。 8. 小组使用局域网安全管理专业术语填写工作任务单。	1. 教师点评：小组展示局域网安全管理专业术语是否丰富全面。 2. 教师点评：学生回答任务书中的要点问题，教师抽答点评。 3. 小组互评：工作任务单要点记录是否详细。 4. 教师点评：根据任务要求选取填写较好的工作任务单进行点评。

课时：3.5 课时
1. 硬资源：能上网的计算机、投影仪、教师机等。
2. 软资源：任务书、工作任务空白单等。
3. 教学设施：白板笔、卡片纸、展示板、白板、海报纸、A4 纸等。

| 制订计划 | 1. 用户需求分析。 | 1. 组织学生上网查找网络规划注意事项。

2. 组织各小组活动，并巡回指导。

3. 组织全班讨论活动，梳理网络规划注意事项。
4. 组织学生上网搜索如何设计网络功能。

5. 组织各小组讨论，并巡回指导。

6. 组织全班讨论活动，梳理出最适合本次任务的网络安全功能设计。

7. 组织学生上网搜索如何设计网络安全功能。
8. 组织各小组讨论并巡回指导。

9. 组织全班讨论活动，梳理出最适合本次任务的网络安全功能设计。 | 1. 每名学生独立上网查找网络规划注意事项，并记录工作页。
2. 小组讨论，找出组内成员都认可的注意事项，写在卡片纸上并展示。
3. 全班学生讨论展示卡片上的网络规划注意事项。
4. 每名学生独立搜索如何进行网络功能设计，并记录工作页。
5. 组内讨论如何设计网络功能，找出最适合本次任务的网络安全功能设计，写在卡片纸上并展示。
6. 全班学生讨论展示卡片上的网络功能设计，挑选出最适合本次任务的网络安全功能设计。
7. 每名学生独立搜索如何设计网络安全功能，并记录工作页。
8. 组内讨论如何设计网络安全功能，找出最适合本次任务的网络安全功能设计，写在卡片纸上，并展示。
9. 全班学生讨论展示卡片上的网络安全功能设计，挑选出最适合本次任务的网络功能设计。 | 1. 教师点评：观察学生上网搜索资讯的状态，提出口头表扬。收集各组优点，并做集体点评。表扬被挑选到较多卡片的小组并给予适当奖励。
2. 小组互评：点评其他小组的网络功能设计，选出最适合本次任务的网络功能设计，并说明理由。
3. 教师点评：观察学生上网搜索资讯的状态，提出口头表扬。收集各组优点并做集体点评。表扬被挑选到较多卡片的小组并给予适当奖励 |

工作子步骤	教师活动	学生活动	评价
	10. 组织各小组讨论并巡回指导。 11. 组织全班讨论活动，梳理出最适合本次任务的故障处理流程。 12. 组织学生上网搜索如何设计故障处理流程。 13. 组织各小组讨论并巡回指导。 14. 组织全班讨论活动，梳理出最适合本次任务的故障处理流程设计。	10. 组内讨论如何进行故障处理流程，找出最适合本次任务的故障处理流程，写在卡片纸上并展示。 11. 全班学生讨论展示卡片上的故障处理流程，挑选出最适合本次任务的故障处理流程。 12. 每名学生独立搜索如何设计故障处理流程，并记录工作页。 13. 组内讨论如何进行故障处理流程设计，找出最适合本次任务的故障处理流程设计，写在卡片纸上，并展示。 14. 全班学生讨论展示卡片上的故障处理流程设计，挑选出最适合本次任务的网络功能设计。	4. 教师点评：观察学生上网搜索资讯的状态，提出口头表扬。收集各组优点并做集体点评。表扬被挑选到较多卡片的小组并给适当奖励。

课时：7 课时
1. 硬资源：能上网的计算机、投影仪、教师机等。
2. 软资源：记录网络规划注意事项的工作页、记录网络功能设计的工作页、记录安全功能设计的工作页、记录故障处理流程的工作页等。
3. 教学设施：白板笔、卡片纸、展示板等。

工作子步骤	教师活动	学生活动	评价
2. 旧网网络环境信息表。	1. 教师实际操作演示 IP 规划信息获取、设备管理信息获取、端口互联信息获取、设备配置获取，填写旧网网络环境信息表。 2. 组织学生按照工作页所示，按步骤进行旧网环境检查，并巡回指导。 3. 组织学生独立上网搜索其他进行旧网环境检查的方法。	1. 通过教师演示，熟知如进行 IP 规划信息获取、设备管理信息获取、端口互联信息获取设备配置，填写旧网网络环境信息表。 2. 每名同学按照工作页所示，按步骤进行旧网环境检查。 3. 每名学生独立上网搜索其他进行旧网环境检查的方法，并记录工作页。	1. 教师点评：观察学生上网搜索资讯的状态，提出口头表扬。收集各个同学的优点，并做点评。表扬成功完成任务的同学，并给适当奖励。

课时：1.5 课时
1. 硬资源：能上网的计算机等。 2. 软资源：记录环境检查的工作页等。 3. 教学设施：白板笔、展示板等。

工作子步骤	教师活动	学生活动	评价
3. 新网、旧网关键信息对比。	1. 组织各小组讨论并巡回指导。 2. 教师实际操作演示内网互联测试，进行截图。 3. 组织各小组填写网络环境检查表，并巡回指导。	1. 各小组根据得到的新网信息与旧网信息相比较，找出差异，进行差异登记，写在卡纸上进行展示。 2. 通过教师演示，熟知如进行内网互联测试，进行截图。 3. 各小组填写网络环境检查表。	1. 教师点评：观察学生上网搜索资讯的状态，提出口头表扬。收集各组优点并做集体点评。表扬被挑选到较多卡片的小组并给适当奖励。

课时：1.5 课时
1. 硬资源：能上网的计算机等。
2. 软资源：记录差异登记表的工作页等。
3. 教学设施：白板笔、展示板等。

制订计划

局域网安全管理

① 获取任务　② 制订计划　③ 故障排除　④ 网络测试　⑤ 交付验收

	工作子步骤	教师活动	学生活动	评价
制订计划	4. 故障排除方法学习。	1. 组织各小组讨论，并巡回指导。 2. 组织全班讨论活动，梳理出最适合本次任务的故障排除方法。 3. 组织全班同学填写。	1. 组内讨论故障排除方法，找出最适合本次任务的故障排除方法，写在卡片纸上并展示。 2. 全班学生讨论展示卡片上的故障排除方法，挑选出最适合本次任务的故障排除方法。 3. 全班学生填写故障排除方法表。	1. 教师点评：观察学生上网搜索资讯的状态，提出口头表扬。收集各组优点，并做集体点评。表扬被挑选到较多卡片的小组，并给适当奖励。

课时： 1.5 课时
1. 硬资源：能上网的计算机等。
2. 软资源：记录故障排除方法表的工作页等。
3. 教学设施：白板笔、展示板等。

	工作子步骤	教师活动	学生活动	评价
故障排除	1. 故障分析表。	1. 教师以实际操作的形式演示如何对 PC 终端或操作系统可能产生的问题、FTP 流量被流控及防火墙设备过滤可能产生的问题、用户内网数据转发可能产生的问题、服务器可能产生的问题进行故障分析，填写故障分析表。 2. 组织学生按照工作页所示，按步骤进行故障分析，并巡回指导。 3. 组织学生独立上网搜索其他进行故障分析的方法。	1. 通过教师演示，熟知如进行故障分析，填写故障分析表。 2. 每名同学按照工作页所示，按步骤进行故障分析 3. 每名学生独立上网搜索其他进行故障分析的方法，并记录工作页。	1. 教师点评：观察学生上网搜索资讯的状态，提出口头表扬。收集各个同学的优点，并做点评。表扬成功完成任务的同学并给适当奖励。

课时： 1.5 课时
1. 硬资源：能上网的计算机等。
2. 软资源：记录故障分析的工作页等。
3. 教学设施：白板笔、展示板等。

	工作子步骤	教师活动	学生活动	评价
	2. 修复故障，填写故障报告。	1. 教师实际操作演示如何解决销售部出现和 PC 上无法 ping 通网关的故障、财务部访问 FTP 服务器出现的故障、3 个部门均出现访问外网不定时被中断的故障、销售部在外网时无法访问内网 WEB 服务器的故障，填写故障报告。 2. 组织学生按照工作页所示，按步骤进行故障报告填写，并巡回指导。	1. 通过教师演示，熟知如何解决销售部出现 PC 上无法 ping 通网关的故障、财务部访问 FTP 服务器出现的故障、3 个部门均出现访问外网不定时被中断的故障、销售部在外网时无法访问内网 WEB 服务器的故障，填写故障报告。 2. 每名同学按照工作页所示，按步骤进行故障报告填写。	1. 教师点评：观察学生完成修复故障及填写故障报告的状态，提出口头表扬。收集各个同学的优点并做点评。表扬成功完成任务的同学并适当奖励。

课时： 1 课时
1. 硬资源：能上网的计算机等。
2. 软资源：记录服故障报告的工作页等。
3. 教学设施：白板笔、展示板等。

工作子步骤	教师活动	学生活动	评价
3. 获取配置文件。	1. 教师实际操作演示配置日志记录的方法、配置备份文件的方法、导出配置文件的方法，最终获取配置文件。 2. 组织学生按照工作页所示，按步骤获取配置文件，并巡回指导。	1. 通过教师演示，熟知配置日志记录的方法、配置备份文件的方法、导出配置文件的方法，最终获取配置文件。 2. 每名同学按照工作页所示，按步骤获取配置文件。	1. 教师点评：观察学生获取配置文件的状态，提出口头表扬。收集各个同学的优点并做点评。表扬成功完成任务的同学并适当奖励。

课时： 1 课时
1. 硬资源：能上网的计算机等。
2. 软资源：配置文件等。
3. 教学设施：白板笔、展示板等。

工作子步骤	教师活动	学生活动	评价
1. 连通性测试； 2. 功能性测试。	1. 教师实际操作演示连通性测试及功能性测试的测试目的、测试标准、测试环境及测试方法步骤，要求学生填写连通性测试表和功能性测试表。 2. 组织学生按照工作页所示步骤填写连通性测试表及功能测试表并巡回指导。	1. 通过教师演示，熟知连通性测试及功能性测试的测试目的、测试标准测试环境及测试方法与步骤，填写连通性测试表及功能测试表。 2. 每名同学按照工作页所示，按步骤填写连通性测试表及功能测试表件。	1. 教师点评：是否熟知连通性及功能性测试的方法及细节，教师抽答点评。

课时： 1 课时
1. 硬资源：能上网的计算机、投影仪及教师机等。
2. 软资源：《局域网安全管理》工作页、参考教材等。

工作子步骤	教师活动	学生活动	评价
1. 对项目涉及的所有文档进行检查核对及整理打包。 2. 填写故障报告。	1. 教师讲解客户培训的细节。 2. 教师讲解交付验收的细节。 3. 教师验收各小组的工作成果。 4. 听取各小组汇报情况。 5. 组织学生评价工作过程。	1. 通过教师讲解熟知给客户进行培训的要求。 2. 通过教师讲解熟知验收要求。 3. 验收完毕，小组填写项目验收报告和故障报告。 4. 小组制作并提交演示文稿。 5. 每位同学进行自我评价、小组内评价、小组间评价。	1. 教师抽答点评：是否熟知验收细节。 2. 学生自评 / 互评：听取各组讲解各自的故障报告完成情况并进行自评和互评。 3. 教师点评：根据任务整体完成情况点评各小组的优缺点。

课时： 2.5 课时
1. 硬资源：能上网的计算机、投影仪及教师机等。
2. 软资源：《局域网安全管理》工作页、参考教材、故障报告、空白的考核评价表等。
3. 教学设施：白板、海报纸、卡片纸、A4 纸等。

故障排除

网络测试

交付验收

局域网安全管理

考核标准

考核任务案例：企业网络安全管理

情境描述：

　　某旅游公司服务器疑似遭受黑客攻击，该服务器内大量用户账号、明文密码、身份证号码、家庭住址、手机号码和电子邮箱等保密信息在互联网上泄露曝光，引起会员的严重不满。经公司 IT 部最终鉴定是黑客通过互联网"撞库"手段获得的数据。

　　现公司业务主管要求你对公司网络进行管理，加强网络安全防范，提高网络信息的安全等级，确保此类事件不再发生。

参考资料：

　　完成上述任务时，你可以使用所有的常见教学资料。例如：工作页、教材、计算机网络安全管理规章制度、应急处理预案、管理日志、网络拓扑图、任务书、产品说明书、产品安装手册和相关软件等。

任务要求：

　　请你根据任务的情境描述，按照《计算机信息网络国际互联网安全保护管理办法》《信息安全等级保护管理办法》、企业网络安全管理规范和设备安全操作规程，在 4 天内完成：

1. 请根据任务的情境描述，列出需向客户询问的信息；

2. 请利用漏洞扫描软件对局域网内所有终端进行扫描，根据扫描结果列出存在安全漏洞的终端，并对存在漏洞的终端设备进行系统安全加固；

3. 请对局域网中的交换机、路由器、防火墙的安全策略进行检查，记录存在的问题；

4. 请总结局域网安全常见问题及处理办法，并根据工作经验，列出黑客常用的攻击手段。

学习任务 1	学习任务 2
学校建筑群网络联调	企业新旧园区网络联调
（60）学时	（60）学时

课程目标

  学习完本课程后，学生应当能够胜任企业网联调工作，并严格执行行业企业安全管理制度和"8S"管理规定，具备独立分析与解决复杂专业问题的能力。包括：

1. 能读懂任务书和项目设计方案，与客户和项目经理进行专业、有效的沟通，明确工作目标、内容和要求；

2. 能根据项目设计方案，制订符合客户经济性、安全性、稳定性等需求和便于客户后续维护与性能扩展的网络联调方案，准备工具、材料和设备；

3. 能根据联调方案，在规定的时间内，以小组的形式完成配置文件备份、指令配置和标签制作；

4. 能选择合适的工具，完成网络的连通性、安全性、稳定性和功能性等测试，灵活运用最小系统等方法解决测试中出现的问题；

5. 能与客户确认联调结果，按"8S"管理规定整理工作现场，清除网络设备的无关账号，规范撰写技术文档和测试报告；

6. 能归纳总结企业网联调中出现的常见问题，并列出解决思路。

课程内容

本课程的主要学习内容包括：

1. 企业网联调的基础知识

  网络设备不同版本 IOS 的功能和配置；协议转换基础知识；寻址基础知识；帧封装；路由重分发；数据加密；三层交换技术；QoS；策略路由；防火墙工作模式；应用层与防火墙 TCP/IP 端口配置。

2. 企业网联调方案的制订

  联调工作计划书和配置表的编写；网络联调注意事项。

3. 企业网联调实施

  联调的技巧：项目管理法、资料查阅方法、模拟测试法、常用网络设备测试方法、故障诊断与排除方法；

  企业网联调设备备份：防火墙 license；防火墙、交换机、路由器及多种 VPN 配置文件；

  企业网联调设备配置：多种 VPN 技术；高级访问控制列表；设备冗余 HDLC、PPP 协议的封装与验证。

4. 企业网联调测试

  VPN 网络连通性测试；测试报告、技术文档的编写。

5. 职业素养的养成

  数据安全意识、团队合作意识和岗位责任意识。

学习任务 1：学校建筑群网络联调

任务描述

学习任务学时：60 课时

任务情境：

　　某学校中心校区网络信息中心机房有交换机、路由器和防火墙等网络设备，并在内部局域网上配置好 DHCP、WEB 和 FTP 服务器。为加强分校区的网络信息交流，现信息中心的主管要求跨区的分校的教师也能使用账号密码通过局域网的形式访问到服务器的信息和资源，业务主管要求技术部对两校区间的网络进行调试，实现局域网间的资源共享，同时也要保障网络信息的安全。专任教师带领的网络专业学生计划对两校区间网络进行联调，你作为校企合作项目的班级成员，业务主管要求你也一并参与这个过程。

　　具体要求见下页。

工作流程和标准

工作环节 1

获取任务

　　网络管理员从业务主管处领取任务书和网络设备配置手册，与小组成员及相关部门进行专业的沟通，记录关键内容，明确任务需求，调查中心校区和分校区的网络分布情况，绘制两校区间的网络拓扑图【成果】。

主要成果：

两校区间的网络拓扑图（绘制网络设备、服务器及终端拓扑图）。

工作环节 2

制订计划

　　网络管理员根据业务主管提供的网络设备配置手册和前期沟通信息，提炼本次任务的重点需求条目，制作项目需求分析表【成果】。结合现有两校区的网络设备性能和配置对网络服务进行评估，按照局域网互联互通的配置原则，编制两校区间的网络设备互联互通的管理实施计划【成果】。

主要成果：

1. 项目需求分析表（网络设备型号、网络设备操作系统、运行协议、现有网段、维护要求）；

2. 两校区间的网络设备互联互通的管理实施计划（网络设备现状、网络服务协议配置、应急预案、预期效果）。

工作环节 3

安装调试

1. 网络管理员按网络设备配置手册查看运行的网络设备配置，导出所有网络设备的配置文本，形成网络设备备份文件【成果】。

2. 根据两校区间的网络设备互联互通的管理实施计划，提前在模拟环境中测试配置命令，形成实施网络设备配置文档【成果】。

3. 按照约定时间，到两校区的工作现场对网络设备进行文档配置，按任务要求配置好每台网络设备，对两校区的网络进行调试，并填写操作日志【成果】。

主要成果：

1. 网络设备备份文件（网络设备现场照片、网络协议、备份原有的配置文档）；

2. 实施网络设备配置文档（新加的网络协议、两校区间的互通互通测试文档、网络设备的配置文档）；

3. 操作日志。

工作环节 4

质量自检

网络管理员按验收标准测试两校区间的网络连通性、安全性、稳定性，撰写测试报告【成果】；清理工作现场。

主要成果：

测试报告（两校区间的网络是否互联互通，是否联调成功）。

工作环节 5

交付验收

完成任务后，网络管理员和业务主管向客户简介两校区间的网络现状，对两校区的教职工进行网络设备简介和账户密码安全使用培训，填写培训记录表【成果】，将测试报告和操作日志提交业务主管，对项目涉及的所有文档进行检查核对及整理打包，转交给主管，最后填写工程实施信息记录表【成果】。

主要成果：

1. 培训记录表（培训内容、网络设备及两校区的教职工调试情况、参训人员）；

2. 工程实施信息记录表（项目名称、项目功能验证、账户移交、完工简介）。

企业网联调

学习内容

知识点	1.1 任务清单识读； 1.2 网络分布情况认知； 1.3 网络设备配置流程	2.1 需求分析要点； 2.2 需求分析表填写方法	3.1 网络设备配置的办法； 3.2 网络设备互联互通计划的编写方法	4.1 备份的分类； 4.2 文档管理方法
技能点	1.1 领取任务书； 1.2 识读网络设备配置手册； 1.3 调查两校区的网络情况； 1.4 绘制两校区间的网络拓扑图	2.1 提炼用户需求条目； 2.1 制作项目需求分析表	3.1 评估网络设备现状； 3.2 编制两校区间的网络设备互联互通的管理实施计划	4.1 网络设备运行状况监控； 4.2 对网络设备配置进行备份操作
工作环节	**工作环节 1** **获取任务**	**制订计划** **工作环节 2**		
成果	1.1. 两校区间的网络拓扑图	2.1 项目需求分析表	3.1 两校区间的网络设备互联互通的管理实施计划	4.1 网络设备备份文件
素养	1.1 培养与人沟通的能力，培养于与小组成员及相关部门进行专业沟通的过程中； 1.2 培养信息收集与处理能力，培养于调查学校网络分布情况的工作过程中	2.1 培养信息收集与处理能力，培养于提炼用户需求条目的工作过程中； 2.2 培养分析、决策能力，培养于分析用户需求要点的工作过程中； 2.3 培养书面表达能力，培养于填写需求分析表的工作过程中	3.1 培养分析、决策能力，培养于评估网络设备安全现状的工作过程中； 3.2 培养书面表达能力，培养于编制两校区间联调安全管理实施计划的工作过程中	4.1 培养敬业、精业、严谨、规范、用户至上的工匠精神，培养于按照工作计划和工作流程完成网络设备备份的工作过程中

5.1 网络协议技术； 5.2 测试配置命令及方法； 5.3 编制标准的配置文档	6.1 应急预案的作用； 6.2 网络设备安全策略知识； 6.3 操作日志组成要素	7.1 测试流程； 7.2 测试要求； 7.3 验收标准	8.1 验收要点； 8.2 网络设备功能展示要点； 8.3 培训组织方法； 8.4 培训技巧	9.1 文件日志归档要求； 9.2 施工记录细则
5.1 新加的网络协议； 5.2 测试配置命令； 5.3 编制实施配置文档	6.1 保护用户现场； 6.2 网络设备安全策略设置； 6.3 填写操作日志	7.1 连通性测试； 7.2 功能性测试； 7.3 安全性测试； 7.4 填写测试报告表	8.1 与客户一起验收项目； 8.2 展示与讲解网络设备现状； 8.3 对客户进行网络设备安全使用培训； 8.4 填写培训记录表	9.1 整理施工资料； 9.2 填写工程实施信息记录表

工作环节 4
质量自检

工作环节 3
安装调试

工作环节 5
交付验收

5.1 实施网络设备配置文档	6.1 操作日志	7.1 测试报告	8.1 培训记录表	9.1 工程实施信息记录表
5.1 培养敬业、精业、严谨、规范、用户至上的工匠精神，培养于根据网络中心服务器安全管理实施计划编制实施脚本的工作过程中	6.1 培养敬业、精业、严谨、规范、用户至上的工匠精神，培养于按照工作计划和工作流程完成网络设备安全管理工作的过程中	7.1 培养敬业、精业、严谨、规范、用户至上的工匠精神，培养于对网络设备进行各项检测的过程中； 7.2 培养辨识问题、解决问题的能力，培养于对出现的问题进行解决的过程中； 7.3 培养文书撰写能力，培养于编写测试报告的工作过程中	8.1 培养与人沟通的能力，培养于与用户一起对网络设备项目进行验收的工作过程中； 8.2 培养用户至上的服务精神，培养于对客户进行使用培训的工作过程中； 8.3 培养文书撰写能力，培养于客户确认表的撰写过程中	9.1 培养敬业、精业、严谨、规范、用户至上的工匠精神，培养于检查和整理文档的工作过程中； 9.2 培养文书撰写能力，培养于填写施工记录的工作过程中

企业网联调

① 获取任务	② 制订计划	③ 安装调试	④ 质量自检	⑤ 交付验收

	工作子步骤	**教师活动**	**学生活动**	**评价**
获取任务	领取任务书和网络设备配置手册，与小组成员及相关部门进行专业的沟通，记录关键内容，明确任务需求，调查中心校区和分校区的网络分布情况，绘制两校区间的网络拓扑图。	1.讲授网络设备配置流程基础知识。 2.指导学生识读网络设备配置手册。 3.指导学生上网搜集网络设备配置专业术语，并监督指导小组展示过程。 4.分发任务书和简要说明两校区网络分布情况及两校区网络连接的要点。 5.组织学生角色扮演，指导学生了解客户潜在需求。 6.引导学生理解需求分析和项目方案的意义。	1.听教师讲解网络设备配置流程、专业术语及相关基础知识。 2.学生独立上网查找网络设备配置手册并阅读。 3.利用配置手册和网络资料，小组讨论选出若干个重要配置要点并展示，小组成员分别派代表口述专业术语。 4.接收任务，识读任务书。写出任务书要点。 5.以角色扮演的形式，与小组成员及相关部门沟通，收集客户的网络设备配置信息，与下达任务的部门和客户沟通了解任务需求。 6.领取任务单，熟知现场建设环境。使用网络专业术语填写客户需求分析表并展示讲演。	1.教师点评：小组展示的网络终端设备安全管理术语是否丰富全面。 2.从网络规划、网络性能、网络功能、网络安全、终端设备型号性能、工期等方面要求学生回答任务书中的要点问题，教师抽答点评。 3.根据任务要求选取填写较好的网络设备信息汇总表进行点评。

课时： 4 课时
1. 硬资源：能上网的计算机、投影仪等。
2. 软资源：网络拓扑样图、网络安全运、维实施手册、任务书、项目任务单等。
3. 教学设施：白板笔、卡片纸、展示板等。

	工作子步骤	**教师活动**	**学生活动**	**评价**
制订计划	根据任务单要求，结合用户需求分析和两校区间的网络拓扑图，填写项目需求分析表，编制两校区间的网络设备互联互通的管理实施计划。	1.组织学生上网搜索项目需求分析表的目的意义，引导学生整理现场勘查流程样板。 2.组织各小组活动，并巡回指导。 3.组织全班讨论活动，梳理出符合本次任务的项目需求分析表样板。 4.组织学生上网搜索项目需求分析表的写作要点和重要条目。 5.组织各小组讨论，并巡回指导。 6.组织全班讨论活动，梳理出现场勘查注意事项。 7.组织学生安全地对两校区的中心机房进行调研。 8.组织各小组讨论，并巡回指导。 9.点评较好的项目需求分析表，指出优点和不足。 10.组织引导学生查找两校区间的网络设备互联互通的管理实施计划样板。 11.组织学生讨论适合本任务的两校区间网络设备互联互通的管理实施计划样板。	1.每名学生独立上网搜索项目需求分析表的目的意义，并整理出符合本任务的项目需求分析表样板。 2.小组讨论项目需求分析表的填写方法和样板，找出组内成员认可的共同点，写在卡片纸上并展示。 3.全班学生讨论展示卡片上的项目需求分析表样板，判断是否完善。 4.每名学生独立上网搜索项目需求分析表的写作要点和重要条目。 5.小组使用头脑风暴法讨论项目需求分析表的写作要点和重要条目，将重点项目写在卡片上并展示。 6.全班学生讨论本项目需求分析表的写作要点和重要条目，将找到的资料记录到工作页里。 7.在征得允许后，以小组为单位对两校区的中心机房进行调研，填写项目需求分析表。 8.小组讨论调研心得，将项目需求分析表张贴展示。 9.全班学生记录项目需求分析表的填写要点，将找到的资料记录到工作页里。 10.每名学生独立上网查找两校区间的网络设备互联互通的管理实施计划样板，并记录到工作页里。 11.小组讨论找到的两校区网络设备互联互通的管理实施计划，在卡片上列出不同样板间差异并展示。	1.教师点评：观察学生上网搜索资讯的状态，提出口头表扬。收集各组优点并做集体点评。表扬被挑选到较多卡片的小组并给适当奖励。 2.教师点评：观察学生上网搜索资讯的状态，提出口头表扬。收集各组优点并做集体点评。表扬被挑选到较多卡片的小组并给适当奖励。 3.小组互评：点评其他小组在调研中发现的问题及值得学习的地方，并说明理由。 4.教师点评：观察学生上网搜索资讯的状态，提出口头表扬。收集各组优点并做集体点评。表扬被挑选到较多卡片的小组并给适当奖励。

① 获取任务　**②** 制订计划　**③** 安装调试　**④** 质量自检　**⑤** 交付验收

工作子步骤	教师活动	学生活动	评价
制订计划	12. 组织学生讨论本次任务需要调整的网络设备。 13. 组织引导学生查找网络设备型号和配置命令。 14. 组织学生讨论适合本任务的设备。 15. 落实本次任务使用的网络设备。 17. 讲解网络设备选型知识。 18. 组织引导学生修改项目需求分析表和两校区间网络设备互联互通的管理实施计划。	12. 全班学生讨论两校区网络设备现状及网络设备配置的办法，将所找资料记录在工作页里。 13. 每名学生独立上网或查阅设备手册，搜索 3 种以上需要调整的设备型号及关键配置，并记录在工作页里。 14. 小组讨论找到的设备型号，在卡片上列出不同设备的差异并展示。 15. 全班学生讨论网络设备选型，将找到的资料记录到工作页里。 17. 听取教师讲解及做笔记。 18. 小组讨论设备选型，修改项目需求分析表。 19. 对两校区间网络设备互联互通的管理实施计划进行修改，形成统一计划并讲解。	5. 教师点评：网络设备选型原则，并解释计算预期效果。 6. 小组互评：点评其他小组选取的设备，选出合理的型号，并说明理由。 7. 教师点评：点评各小组项目需求分析表和两校区间网络设备互联互通的管理实施计划是否符合客户要求。

课时：10 课时
1. 硬资源：能上网的计算机、两校区的中心机房等。
2. 软资源：记录项目需求分析表的工作页、有项目需求分析表的写作要点和重要条目样本的工作页、两校区间网络设备互联互通的管理实施计划样板、网络设备使用手册、设备性能手册等。
3. 教学设施：白板笔、卡片纸、展示板等。

安装调试 1. 按照实施计划，对两校区网络设备备份文件进行规划。	1. 讲解网络设备配置备份知识。 2. 教师解释网络设备配置备份的意义及内容，组织引导学生进行网络设备配置备份。 3. 引导学生理解文档管理方法和备份分类。 4. 通过列表法讲解备份分类的种类。 5. 组织学生小结文档管理方法和备份的作用。 6. 播放网络设备备份操作视频，组织学生进行要点方法讨论。 7. 以图片视频形式讲解网络设备备份操作步骤方法。 8. 指导学生分组进行网络设备备份操作步骤规划。	1. 听取教师讲解及做笔记。 2. 小组讨论如何对网络设备配置进行备份操作。填写网络设备配置备份计划表。 3. 对计划表进行修改，形成统一的网络设备配置备份计划表并讲解。 4. 通过案例认知为什么要进行文档管理方法和备份分类。 5. 小组讨论各种备份分类的区别，并将关键点张贴在卡片纸上。 6. 通过一个实际实验体会备份的作用。 7. 观看网络设备备份操作。找出实际操作中较为重要的方法及其注意事项。 8. 通过图片视频获取网络设备备份操作的步骤方法。 9. 小组形成统一的网络设备备份操作步骤。 10. 填写网络设备运行状况监控要点。	1. 教师点评：网络设备配置备份是否合理，抽查点评。 2. 小组互评：点评其他小组的网络设备配置备份，选出合理的例子，并说明理由。 3. 教师点评：点评各小组计划是否符合本次任务要求。 4. 小组互评：文档管理方法和备份的分类是否完整。 5. 教师点评：备份实验完成情况，让学生记录脚本命令。 7. 学生互评：互相监督是否对操作系统进行了正确的文档管理和备份。 8. 教师点评：根据任务要求选取填写较好的工作页进行点评。 9. 学生自评：工作页网络设备备份操作章节填写情况。

课时：6 课时
1. 硬资源：能上网的计算机、网络设备模拟器等。
2. 软资源：网络设备配置备份样本、备份实验等。

企业网联调

① 获取任务 ② 制订计划 ③ **安装调试** ④ 质量自检 ⑤ 交付验收

	工作子步骤	教师活动	学生活动	评价
安装调试	2. 按照实施计划，准备网络设备调试工具，对两校区网络设备进行安装配置文档。	1. 讲解网络设备添加协议和配置命令原则，组织学生进行要点方法、注意事项讨论。 2. 以使用手册为辅助形式讲解添加协议和命令的步骤方法。 3. 指导学生添加协议和命令。 4. 播放核心交换机基础配置视频，讲解交换机配置要点，指出关键步骤和易错点。 5. 演示核心交换机 VLAN 配置要点。 6. 指导学生分组进行核心交换机各项配置。 7. 播放路由器基础配置视频，讲解路由器配置要点，指出关键步骤和容易出错的地方。 8. 演示静态 NAT、动态 NAT、PAT 配置要点。 9. 指导学生分组进行路由器各项配置。 10. 播放防火墙透明模式配置视频，讲解防火墙配置要点，指出关键步骤和容易出错的地方。 11. 演示防火墙 WEB 过滤配置过程及配置要点。 12. 指导学生分组进行防火墙各项配置。 13. 讲解实施配置文档的写作方法。	1. 阅读相关网络设备资料。找出设备中需要添加的协议和网络配置命令及其注意事项。 2. 通过手册或视频获取添加协议和命令的步骤方法。 3. 分组添加协议和命令。 4. 观看核心交换机基础配置视频，讨论其中的优点及不足，掌握交换机配置的技巧并记录在工作页里。 5. 观看核心交换机 VLAN 配置过程，讨论 VLAN 配置的方法。 6. 根据讨论结果进行核心交换机安装配置。 7. 观看路由器基础配置视频，讨论其中的优点及不足，掌握路由器配置的技巧并记录在工作页里。 8. 观看路由器 NAT 配置过程，讨论本项目使用的 NAT 种类。 9. 根据讨论结果进行路由器安装配置。 10. 观看防火墙透明模式配置视频，讨论其中的优点及不足，掌握防火墙配置的技巧并将其记录在工作页里。 11. 观看防火墙 WEB 过滤配置过程，讨论配置要点。 12. 根据讨论结果进行防火墙安装配置。 13. 根据上述操作，编写和整理实施配置文档。	1. 教师点评：网络设备添加协议和配置命令中需要注意的要点及重要的方法步骤，让学生记录。 2. 教师点评：是否熟知添加协议和命令的步骤，教师抽答点评。 3. 学生互评：互相检查交换机脚本，是否正确配置好交换机。 4. 学生互评：互相检查路由器脚本，是否按要求正确配置好路由器。 5. 教师点评：防火墙工作是否正常。 6. 学生互评：实施配置文档是否完整。

课时: 10 课时
1. 硬资源：能上网的计算机、交换机、投影仪、教师机、客户机等。
2. 软资源：操作视频、网络设备使用手册等。
3. 教学设施：白板、海报纸等。

	工作子步骤	教师活动	学生活动	评价
	3. 操作日志填写。	1. 给出个别网络设备的操作日志，指导学生选读其中重要的内容。 2. 组织学生讨论，整理归纳操作日志的作用。 3. 教师举例说明操作日志的作用和特点。 4. 教师举例说明网络设备安全策略的相关知识。 5. 教师举例说明网络设备安全策略的设置。 6. 指导学生根据网络设备安全策略进行操作日志写作。 7. 教师组织对设置结果和日志写作进行评审。	1. 查找各种网络设备操作日志的相关规定，记录在工作页。 2. 分组展示各种网络设备的操作日志，讨论出操作日志的组成要素。 3. 学生找出其他小组的操作日志，列表并互相检查。 4. 学生查找操作日志中关于网络设备安全策略的内容，小组检查并提交。 5. 学生找出需要补充的网络设备安全策略，列在表中并互相检查。 6. 学生根据网络设备安全策略进行检查，填写操作日志，小组检查并提交。 7. 学生讨论选出完成较好的小组。	1. 教师点评：学生搜索的相关资料是否丰富全面。评选出较优的样本展示。 2. 学生互评：根据工作流程，从规范性、完整性、可追溯性方面选出较好的操作日志。 3. 学生互评：根据工作流程，从规范性、完整性、可追溯性方面选出较好的网络设备安全策略设置。

课时: 4 课时
1. 硬资源：能上网的计算机等。
2. 软资源：网络设备的操作日志模板、操作日志、网络设备安全策略等。
3. 教学设施：卡片纸等。

① 获取任务　② 制订计划　③ 安装调试　④ 质量自检　⑤ 交付验收

工作子步骤	教师活动	学生活动	评价
填写测试报告。	1. 给出"基于建筑群的网络系统验收测评"的相关规范，指导学生选读其中相关测试标准。 2. 组织学生讨论，整理归纳本次项目的测试流程。 3. 举例说明连接性测试的作用和特点。 4. 指导学生根据测试流程进行连接性测试。 5. 举例说明功能性测试的作用和特点。 6. 指导学生根据测试流程进行功能性测试。 7. 组织学生对测试结果进行评审。	1. 查找"基于建筑群的网络系统验收测评"规范中关于测试的规定，记录在工作页上。 2. 分组展示网络测试方法及标准，讨论出可实施的测试方案。 3. 学生找出连接性测试样本，列表并互相检查。 4. 学生根据设备连接情况填写连接性测试表，小组检查并提交。 5. 学生找出需要进行测试的功能点，列表并互相检查。 6. 学生根据流程进行网络功能检查，填写功能性测试表，小组检查并提交。 7. 学生讨论选出完成较好的小组。	1. 教师点评：学生搜索的相关资料是否丰富全面。评选出较优的样本进行展示。 2. 学生互评：根据工作流程，从规范性、完整性、可追溯性方面选出较好的连接性测试表。 3. 学生互评：根据工作流程，从规范性、完整性、可追溯性方面选出较好的功能性测试表。

质量自检

课时：4 课时
1. 硬资源：能上网的计算机等。
2. 软资源：《基于以太网技术的局域网系统验收测评规范》PPT、测试表模板、连接测试表、功能性测试表等。
3. 教学设施：卡片纸等。

完成项目验收，填写相关验收记录表。	1. 以案例形式讲解网络工程项目验收细节。 2. 巡回指导并验收各小组的工作成果。 3. 听取各小组汇报情况。 4. 讲解工程实施信息记录表的编写。 5. 组织小组编写工程实施信息记录表和互评。 6. 总体评价工作过程。	1. 听取教师以案例形式讲解，熟知网络项目验收细节。记录验收要点并展示讲解。 2. 与客户一起对学校建筑群网络联调任务进行验收，填写项目功能验收表。 3. 制作 PPT 并汇报工作情况。 4. 听取教师讲解并记录工程实施信息记录表的编写要点。 5. 编写工程实施信息记录表，进行小组互评。 6. 整理工作文档和现场。	1. 教师点评：是否熟知网络项目验收细节，教师抽答点评。 2. 教师点评：对各小组的工作成果进行点评。 3. 学生互评：听取各组讲解各自的客户确认表完成情况并进行简评。 4 教师点评：根据任务整体完成情况点评各小组的优缺点。

交付验收

课时：4 课时
1. 硬资源：能上网的计算机、投影仪等。
2. 软资源：网络工程验收案例、验收的相关资料（行业企业安全守则与操作规范、《计算机软件保护条例》、产品说明书、空白的客户确认表等）。
3. 教学设施：卡纸、卡片纸等。

企业网联调

学习任务 2：企业新旧园区网络联调

任务描述

学习任务学时：60 课时

任务情境：

某企业原有一个办公园区，因为业务发展需要，在 10km 外又新建了一个办公园区，新旧办公园区内部已完成网络通信，均可访问互联网。为了保证新旧园区之间数据安全交换，提高网络的可用率，现需网络管理员根据项目设计方案对新旧园区网络设备进行联调。

网络管理员从项目经理处获取任务书和项目设计方案，与项目经理及新园区的网络管理员沟通，共同制订联调实施方案，在模拟环境中测试配置命令。新旧园区的网络管理员分别按照实施方案，对网络设备进行联调，安装设备、通电测试、配置指令、制作标签、编制技术文档。按验收标准测试连通性、功能性、稳定性，撰写测试报告。将技术文档和测试报告提交项目经理。

具体要求见下页。

工作流程和标准

工作环节 1

获取任务

网络管理员从业务主管处领取任务书和网络设备配置手册，与小组成员及相关部门进行专业的沟通，记录关键内容，明确任务需求，调查新办公园区和旧办公园区的网络分布情况，绘制两办公园区间的网络拓扑图【成果】。

主要成果：

两办公园区间的网络拓扑图（绘制网络设备、服务器及终端拓扑图）。

工作环节 2

制订计划

网络管理员根据业务主管提供的网络设备配置手册和前期沟通信息，提炼本次任务的重点需求条目，制作项目需求分析表【成果】。结合现有办公区的网络设备性能和配置对网络服务进行评估，按照局域网互联互通的配置原则，编制两个办公园区间的网络设备互联互通的管理实施计划【成果】。

主要成果：

1. 项目需求分析表（网络设备型号、网络设备操作系统、运行协议、现有网段、维护要求）；

2. 两办公园区间的网络设备互联互通的管理实施计划（网络设备现状、网络服务协议配置、应急预案、预期效果）。

学习任务 2：企业新旧园区网络联调

工作环节 3

安装调试

1. 网络管理员按网络设备配置手册查看运行的网络设备配置，导出所有网络设备的配置文本，形成网络设备备份文件【成果】。

2. 根据两办公园区间的网络设备互联互通的管理实施计划，提前在模拟环境中测试配置命令，形成实施网络设备配置文档【成果】。

3. 按照约定时间，到两办公园区的工作现场对网络设备进行文档配置，按任务要求配置好每台网络设备，对两办公园区的网络进行调试，并填写操作日志【成果】。

主要成果：

1. 网络设备备份文件（网络设备现场照片、网络协议、备份原有的配置文档）；

2. 实施网络设备配置文档（新加的网络协议、两办公园区间的互通互通测试文档、网络设备的配置文档）；

3. 操作日志。

工作环节 4

质量自检

网络管理员按验收标准测试两办公园区间的网络连通性、安全性、稳定性，撰写测试报告【成果】；清理工作现场。

主要成果：

测试报告（两办公园区间的网络是否互联互通，是否联调成功）。

工作环节 5

交付验收

完成任务后，网络管理员和业务主管向客户介绍两办公园区间的网络现状，对两办公园区的教职工进行网络设备简介和账户密码安全使用培训，填写培训记录表【成果】，将测试报告和操作日志提交业务主管，对项目涉及的所有文档进行检查核对及整理打包，转交给主管，最后填写工程实施信息记录表【成果】。

主要成果：

1. 培训记录表（培训内容、网络设备及两办公园区的教职工调试情况、参训人员）；

2. 工程实施信息记录表（项目名称、项目功能验证、账户移交、完工简介）账户移交、完工简介）。

企业网联调

学习内容

知识点	1.1 任务清单识读； 1.2 网络分布情况认知； 1.3 网络设备配置流程	2.1 需求分析要点； 2.2 需求分析表填写方法	3.1 网络设备配置的办法； 3.2 网络设备互联互通的计划编写方法	4.1 备份的分类； 4.2 文档管理方法
技能点	1.1 领取任务书； 1.2 识读网络设备配置手册； 1.3 调查两办公园区的网络需求； 1.4 绘制两办公园区间的网络拓扑图	2.1 提炼用户需求条目； 2.2 制作项目需求分析表	3.1 评估网络设备现状； 3.2 编制两办公园区间的网络设备互联互通的管理实施计划	4.1 网络设备运行状况监控 4.2 对网络设备配置进行备份操作
工作环节	**工作环节 1** **获取任务**		**制订计划** **工作环节 2**	
成果	1.1 两办公园区间的网络拓扑图	2.1 项目需求分析表	3.1 两办公园区间的网络设备互联互通的管理实施计划	4.1 网络设备备份文件
素养	1.1 培养与人沟通的能力，培养于与小组成员及相关部门进行专业沟通的过程中。 1.2 培养信息收集与处理能力，培养于对学校网络分布情况调查的工作过程中	2.1 培养信息收集与处理能力，培养于提炼用户需求条目的工作过程中。 2.2 培养分析、决策能力，培养于分析用户需求要点的工作过程中。 2.3 培养书面表达能力，培养于填写需求分析表的工作过程中	3.1 培养分析、决策能力，培养于网络设备安全现状评估的工作过程中。 3.2 培养书面表达能力，培养于编制两办公园区间联调安全管理实施计划的工作过程中	4.1 培养敬业、精业、严谨、规范、用户至上的工匠精神，培养于按照工作计划和工作流程完成网络设备备份的工作过程中

5.1 网络协议技术； 5.2 测试配置命令及方法； 5.3 编制标准的配置文档	6.1 应急预案的作用； 6.2 网络设备安全策略知识； 6.3 操作日志组成要素	7.1 测试流程； 7.2 测试要求； 7.3 验收标准	8.1 验收要点； 8.2 网络设备功能展示要点； 8.3 培训组织方法； 8.4 培训技巧	9.1 文件日志归档要求； 9.2 施工记录细则
5.1 新加的网络协议； 5.2 测试配置命令； 5.3 编制实施配置文档	6.1 保护用户现场； 6.2 网络设备安全策略设置； 6.3 填写操作日志	7.1 连通性测试； 7.2 功能性测试； 7.3 安全测试； 7.4 填写测试报告表	8.1 与客户一起验收项目； 8.2 展示与讲解网络设备现状； 8.3 对客户进行网络设备安全使用培训； 8.4 填写培训记录表	9.1 整理施工资料； 9.2 填写工程实施信息记录表

工作环节 3 安装调试

工作环节 4 质量自检

工作环节 5 交付验收

5.1 实施网络设备配置文档	6.1 操作日志	7.1 测试报告	8.1 培训记录表	9.1 工程实施信息记录表
5.1 培养敬业、精业、严谨、规范、用户至上的工匠精神，培养于根据网络中心服务器安全管理实施计划编制实施脚本的工作过程中	6.1 培养敬业、精业、严谨、规范、用户至上的工匠精神，培养于按照工作计划和工作流程完成网络设备安全管理工作的过程中	7.1 培养敬业、精业、严谨、规范、用户至上的工匠精神，培养于对网络设备进行各项检测的过程中。 7.2 培养辨识问题、解决问题的能力，培养于对出现问题进行解决的过程中。 7.3 培养文书撰写能力，培养于编写测试报告的工作过程中	8.1 培养与人沟通的能力，培养于与用户一起对网络设备项目进行验收的工作过程中。 8.2 培养用户至上的服务精神，培养于对客户进行使用培训的工作过程中。 8.3 培养文书撰写能力，培养于客户确认表的撰写过程中	9.1 培养敬业、精业、严谨、规范、用户至上的工匠精神，培养于对文档进行检查和整理的工作过程中。 9.2 培养文书撰写能力，培养于填写施工记录的工作过程中

企业网联调

| ① 获取任务 | ② 制订计划 | ③ 安装调试 | ④ 质量自检 | ⑤ 交付验收 |

工作子步骤	教师活动	学生活动	评价
获取任务 领取任务书，与客户沟通，记录客户需求，识读网络设备配置手册，调查两办公园区的网络需求，绘制两办公园区间的网络拓扑图。	1. 教师讲授企业网网络设备联调项目的工作流程基础知识。 2. 教师指导学生绘制企业网网络设备联调项目工作流程图。 3. 教师指导学生上网搜集网络设备安装专业术语，并监督指导小组展示过程。 4. 教师分发任务书和任务清单，讲述任务清单中的工作要点和注意事项。 5. 教师引导学生理解新旧园区的网络设备分布情况。 6. 教师引导学生熟知网络设备配置流程。	1. 学生听讲项目工作流程专业术语及相关基础知识。 2. 学生利用网络独立查找资料，在计算机上利用 visio 绘制工作流程图。 3. 学生利用绘制的流程图，小组讨论选出 5 个重要工作内容并展示，小组成员分别派代表口述专业术语。 4. 学生接收任务清单，识读企业新旧园区网络联调的任务书，写出任务书要点。 5. 学生理解新旧园区网络设备分布情况，绘制网络拓扑图。 6. 学生在教师引导下，熟知网络设备配置流程。	1. 教师点评：小组展示的网络项目工作流程图是否丰富全面。 2. 教师点评：从新旧园区的网络设备分布情况要求学生回答任务书中的要点问题，教师抽答点评。 3. 教师点评：根据任务要求抽取学生对网络设备配置流程进行点评。

课时： 3 课时
1. 硬资源：能上网的计算机、投影仪等。
2. 软资源：网络拓扑样图、任务书、项目配置流程图等。
3. 教学设施：白板笔、卡片纸、展示板等。

工作子步骤	教师活动	学生活动	评价
制订计划 提炼用户需求条目，制作项目需求分析表，评估网络设备现状，编制两办公园区间的网络设备互联互通的管理实施计划。	1. 教师组织学生上网搜索企业网络需求分析要点的意义，引导学生搜索资料。 2. 教师组织各小组活动并巡回指导。 3. 教师组织学生梳理出企业网络需求分析要点，引导学生开展讨论工作。 4. 教师组织学生上网搜索填写需求分析表的意义，引导学生搜索资料。 5. 教师组织各小组讨论并巡回指导。 6. 教师组织学生上网搜索需求分析表填写方法，引导学生搜索资料。 7. 教师组织各小组讨论并巡回指导。	1. 学生独立上网搜索企业网络需求分析要点的意义并做好记录。 2. 学生分组讨论企业网络需求分析要点的意义，找出组内成员认可的共同点，写在卡片纸上并展示。 3. 全班学生讨论展示卡片上的需求分析要点，判断是否完善。 4. 学生独立上网搜索填写需求分析表的意义并各自记录。 5. 学生分组讨论填写需求分析表的意义，找出组内成员认可的共同点，写在卡片纸上并展示。 6. 学生独立上网搜索需求分析表填写方法并各自记录。 7. 学生分组讨论需求分析表填写方法，找出组内成员认可的共同点，写在卡片纸上并展示。	1. 教师点评：观察学生上网搜索资讯的状态，提出口头表扬。收集各组优点并做集体点评。表扬被挑选到较多卡片的小组并给适当奖励。 2. 教师点评：观察学生上网搜索资讯的状态，提出口头表扬。收集各组优点并做集体点评。表扬被挑选到较多卡片的小组并给适当奖励。 3. 小组互评：点评其他小组的搜索学习的状态及值得学习的地方，并说明理由。

| ① 获取任务 | ② 制订计划 | ③ 安装调试 | ④ 质量自检 | ⑤ 交付验收 |

工作子步骤	教师活动	学生活动	评价
制订计划	8. 教师组织学生上网搜索网络设备的种类和品牌，引导学生学会区分网络设备品牌。 9. 教师组织各小组活动，并巡回指导。 10. 教师组织学生上网搜索网络设备配置方法，引导学生开展讨论工作。 11. 教师组织学生上网搜索网络设备互联互通计划的编写方法，引导学生开展编写工作。 12. 教师组织各小组讨论，并巡回指导。	8. 学生独立上网搜索网络设备的种类和品牌，在教师的引导下学会区分网络设备品牌。 9. 学生分组讨论网络设备的种类和品牌，找出组内成员认可的共同品牌，写在卡片纸上并展示。 10. 学生独立上网搜索网络设备配置方法，学会不同品牌的配置方法。 11. 学生独立上网搜索网络设备互联互通计划的编写方法，并开展编写工作。 12. 学生分组讨论网络设备互联互通计划的编写方法，找出组内成员认可的共同点，写在卡片纸上并展示。	

课时： 12 课时
1. 硬资源：能上网计算机等。
2. 软资源：记录用户需求分析表的工作页等。
3. 教学设施：白板笔、卡片纸、展示板等。

工作子步骤	教师活动	学生活动	评价
安装调试	1. 监控网络设备运行状况，对网络设备配置进行备份操作（6 节）	1. 教师组织学生上网搜索网络设备配置文件的备份分类，引导学生开展讨论工作。 2. 教师讲授网络设备配置文件的备份分类，引导学生在模拟器上进行网络设备配置文件的备份。 3. 教师组织学生上网搜索网络设备配置文档管理方法的意义和重要性，引导学生正确管理保存。	1. 学生独立上网搜索网络设备配置文件的备份分类并记录。 2. 学生认真听讲网络设备配置文件的备份分类，并在教师的正确引导下动手实操配置文件的备份。 3. 学生独立上网搜索网络设备配置文档管理方法的意义和重要性，并在教师的引导下学会正确管理保存。	1. 教师点评：网络设备配置文件的备份分类是否合理，抽查点评。 2. 小组互评：点评其他小组的网络设备配置文件的备份分类，选出合理的例子，并说明理由。 3. 教师点评：点评各小组网络设备配置文档管理方法是否符合本次任务要求。

课时： 4 课时
1. 硬资源：能上网的计算机、思科或华为等。
2. 软资源：网络设备模拟器等。

企业网联调

① 获取任务　② 制订计划　③ **安装调试**　④ 质量自检　⑤ 交付验收

工作子步骤	教师活动	学生活动	评价
安装调试	2. 新加网络协议，测试配置命令，编制实施配置文档。	1. 教师讲解企业网联调需要实现什么功能和要求，引导学生在原有的企业网络中添加网络协议。 2. 教师以安装手册为辅助形式，讲解企业网络设备安装配置的步骤方法。 3. 教师指导学生进行企业网络设备安装调试。 4. 教师播放核心交换机配置视频，讲解以上网络设备配置要点，指出关键步骤和容易出错的地方。 5. 教师演示核心交换机配置要点。 6. 教师指导学生分组进行核心交换机各项配置。 7. 教师播放路由器基础配置视频，讲解路由器配置要点，指出关键步骤和易错点。 8. 教师演示企业网络核心路由器的配置要点，并在两园区的路由器上进行VPN技术，以达到企业网联调的目的。 9. 教师指导学生分组进行路由器各项配置。 10. 教师播放防火墙配置视频，讲解防火墙配置要点，指出关键步骤和容易出错的地方。 11. 教师演示防火墙配置的要点和关键步骤。 12. 教师指导学生分组进行防火墙各项配置。 13. 教师指导学生分组对两园区的网络设备配置命令进行测试。 14. 教师指导学生分组编制标准的配置文档并保存归档。	1. 学生认真听讲企业网络现有的网络技术功能，在教师的引导下添加网络协议。 2. 学生通过手册或视频获取企业网络设备安装的步骤方法。 3. 学生分组进行企业网络设备安装调试。 4. 观看核心交换机配置视频，讨论其中的优点及不足，掌握网络设备配置的技巧并记录在工作页。 5. 学生观看核心交换机配置过程，讨论配置的方法。 6. 根据讨论结果进行核心交换机安装配置。 7. 学生观看路由器基础配置视频，讨论其中的优点及不足，掌握路由器配置的技巧并记录在工作页。 8. 学生观看教师对企业网络核心路由器进行配置，将方法和步骤记录在工作页上并分组讨论。 9. 学生根据讨论结果进行路由器安装配置。 10. 学生观看防火墙配置视频，讨论其中的优点及不足，掌握防火墙配置的技巧并记录在工作页上。 11. 学生观看防火墙配置过程，讨论配置要点。 12. 学生根据讨论结果进行防火墙安装配置。 13. 学生在教师的引导下，对两园区的网络设备配置命令进行测试。 14. 学生编制标准的两园区的网络设备配置文档并保存归档。	1. 教师点评：需要添加的网络协议是否正确合理。 2. 教师点评：是否熟知安装手册，教师抽答点评。 3. 学生互评：企业网网络设备安装调试是否正确配置。 4. 教师点评：企业网网络设备是否安装配置正确。

课时： 25 课时

1. 硬资源：能上网的计算机、网络操作系统等。
2. 软资源：思科或华为、网络设备模拟器等。
3. 教学设施：白板、海报纸等。

| ① 获取任务 | ② 制订计划 | ③ 安装调试 | ④ 质量自检 | ⑤ 交付验收 |

	工作子步骤	教师活动	学生活动	评价
安装调试	3. 保护用户现场，设置网络设备安全策略，填写操作日志。	1. 教师组织学生上网搜索应急预案的作用，引导学生搜索资料。 2. 教师组织各小组活动，并巡回指导。 3. 教师通过网络设备安装手册，组织学生学习网络设备安全策略知识，引导学生开展讨论工作。 4. 教师组织学生上网搜索操作日志的组成要素，引导学生搜索资料。 5. 教师组织各小组讨论，并巡回指导。	1. 学生独立上网搜索应急预案的作用并记录在工作页上。 2. 学生分组讨论企业网络应急预案的作用，找出组内成员认可的共同点，写在卡片纸上并展示。 3. 学生通过网络设备安装手册，认真学习网络设备安全策略知识，把重点记录在工作页上并开展讨论。 4. 学生独立上网搜索操作日志的组成要素并各自记录。 5. 学生分组讨论操作日志的组成要素，找出组内成员认可的共同点，写在卡片纸上并展示。	1. 教师点评：学生搜索相关资料是否丰富全面。评选出较优的样本展示。 2. 学生互评：网络设备安全策略知识是否规范、完整。 3. 学生互评：操作日志组成要素是否规范、完整。

课时：5 课时
1. 硬资源：能上网的计算机、投影仪等。
2. 软资源：网络设备安全策略知识手册、操作日志组成要素表等。
3. 教学设施：白板、海报纸等。

	工作子步骤	教师活动	学生活动	评价
质量自检	连通性测试，功能性测试，安全测试，填写测试报告表。	1. 教师组织学生以角色互演的形式，对两园区的企业网络进行测试，引导学生上网搜索测试流程和要求。 2. 教师巡回指导，并验收各小组的工作成果。 3. 教师组织学生上网搜索企业网络联调的验收标准。	1. 学生认真配合教师，对两园区的企业网络进行测试，上网搜索测试流程和要求，记录要点，并展示讲解。 2. 角色互演，主管与用户一起对企业网络进行连通性测试、功能性测试和安全性测试。 3. 学生上网搜索企业网络联调的验收标准，并记录。	1. 教师点评：两园区的企业网络是否连通，功能是否达标，安全性是否可以，教师抽查点评。 2. 教师点评：对各小组的工作成果进行点评。

课时：4 课时
1. 硬资源：能上网的计算机、投影仪等。
2. 软资源：.网络工程验收案例等。
3. 教学设施：卡纸等。

企业网联调

① 获取任务　② 制订计划　③ 安装调试　④ 质量自检　⑤ 交付验收

	工作子步骤	教师活动	学生活动	评价
交付验收	与客户一起验收项目，展示与讲解网络设备现状，对客户进行网络设备安全使用培训，填写培训记录表。	1. 教师以案例形式讲解网络工程项目验收的要点和细节。 2. 教师巡回指导，并验收各小组的工作成果。 3. 教师听取各小组汇报情况。 4. 教师讲解网络设备功能展示要点。 5. 教师组织学生分组学习培训组织方法。 6. 教师计解网络项目工程培训技巧。	1. 学生认真听取教师以案例形式讲解网络工程项目验收的要点和细节，熟知网络项目验收要点。记录验收要点并展示讲解。 2. 学生与用户一起验收网络工程项目，并分组汇报成果。 3. 制作 PPT 并汇报工作情况。 4. 听取教师讲解，并记录网络设备功能展示要点。 5. 学生认真听讲学习培训组织方法。 6. 整理工作文档和现场。	1. 教师点评：是否熟知网络项目验收细节，教师抽答点评。 2. 教师点评：对各小组的工作成果进行点评。 3. 学生互评：听取各组讲解各自的客户确认表完成情况并进行简评。 4. 教师点评：根据任务整体完成情况点评各小组的优缺点。

课时： 4.5 课时
1. 硬资源：能上网的计算机、投影仪等。
2. 软资源：网络工程验收案例、验收的相关资料（行业企业安全守则与操作规范、《网络设备安装配置手册》、产品说明书、空白的客户确认表等）。
3. 教学设施：卡纸、卡片纸等。

	工作子步骤	教师活动	学生活动	评价
交付验收	整理施工资料，填写工程实施信息记录表。	1. 带领学生整理施工过程所用资料。 2. 讲解施工记录细则。 3. 讲解工程实施信息记录表的编写。	1. 学生上网搜索文件日志归档要求。 2. 学生对企业网联调的配置文件和文件日志进行归档。 3. 学生在教师的引导下，清楚详细地记录企业网联调过程中的施工信息。 4. 填写工程实施信息记录表。	老师点评：概括任务完成情况点评各小组的优缺点。

课时： 1.5 课时

考核标准

考核任务案例：企业网联调

情境描述：

某公司总部在广州，两分公司分别设立在佛山和东莞，均可访问 Internet，但总部和分公司间内部网络不能互相访问。为使分公司与总部内部实现互联互通，并保证重要数据交换的安全，需网络管理员对总部和分公司的边界设备进行联调。现单位要求你负责该项任务。

参考资料：

完成上述任务时，你可以使用所有的常见教学资料，例如：工作页、教材、任务书、项目设计方案、产品说明书和产品安装手册等教学资料。

任务要求：

请你根据任务的情境描述，按照《基于以太网技术的局域网系统验收测评规范》（GB/T 21671-2008）和企业作业规范，在 2 天内完成：

1. 根据任务的情境描述，列出需向客户询问的信息;

2. 根据项目设计方案和客户需求，编制联调方案，并说明理由;

3. 根据联调方案，完成边界路由的配置并测试;

4. 结合联调，对网络系统设计提出改进意见，并说明理由。

企业网联调

专创融合学习任务：校园数码综合服务驿站

任务描述

学习任务学时：100 课时

任务情境：

学校又迎来了一批新生，他们带着梦想来到了我们学校，学习各种知识与技能，对于学生来说，一台手提电脑、一个良好的网络环境，是他（她）能更好地完成学习的基本条件，于是很多新生开始计划购买电脑，并对软件安装、硬件维护、打印等业务产生了需求。而随着使用时间的增长，老生的电脑开始出现故障，对计算机维修产生了需求。此外，经常有学生需要增加网线布置，涉及网线的敷设、水晶头制作、网络设置等业务。

针对校园内存在的计算机及网络环境需求，你们组建了一个创新创业团队，在学院创新创业指导中心的帮助下，入驻众创空间，成立了一家数码综合服务驿站，可以面向全校师生开展业务，主营计算机销售、维修、网络布线、网络维护、数码产品销售等业务。

在未来的 5 周时间内，你们将在创业导师的帮助下，规划数码综合服务驿站的业务范围，完成市场调研，设计商业模式，撰写商业计划书，策划和实施项目，完成融资路演等过程。

具体要求见下页。

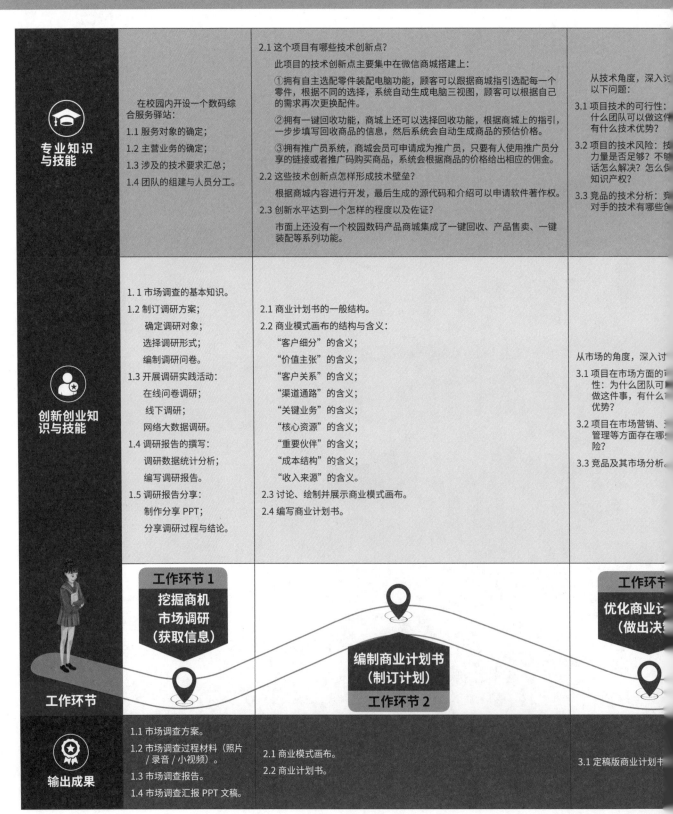

专业知识与技能

在校园内开设一个数码综合服务驿站：
1.1 服务对象的确定；
1.2 主营业务的确定；
1.3 涉及的技术要求汇总；
1.4 团队的组建与人员分工。

2.1 这个项目有哪些技术创新点？

此项目的技术创新点主要集中在微信商城搭建上：

①拥有自主选配零件装配电脑功能，顾客可以跟据商城指引选配每一个零件，根据不同的选择，系统自动生成电脑三视图，顾客可以根据自己的需求再次更换配件。

②拥有一键回收功能，商城上还可以选择回收功能，根据商城上的指引，一步步填写回收商品的信息，然后系统会自动生成商品的预估价格。

③拥有推广员系统，商城会员可申请成为推广员，只要有人使用推广员分享的链接或者推广码购买商品，系统会根据商品的价格给出相应的佣金。

2.2 这些技术创新点怎样形成技术壁垒？

根据商城内容进行开发，最后生成的源代码和介绍可以申请软件著作权。

2.3 创新水平达到一个怎样的程度以及佐证？

市面上还没有一个校园数码产品商城集成了一键回收、产品售卖、一键装配等系列功能。

从技术角度，深入讨以下问题：

3.1 项目技术的可行性：什么团队可以做这件有什么技术优势？

3.2 项目的技术风险：技力力量是否足够？不够话怎么解决？怎么保知识产权？

3.3 竞品的技术分析：竞对手的技术有哪些创

创新创业知识与技能

1.1 市场调查的基本知识。
1.2 制订调研方案；
　　确定调研对象；
　　选择调研形式；
　　编制调研问卷。
1.3 开展调研实践活动：
　　在线问卷调研；
　　线下调研；
　　网络大数据调研。
1.4 调研报告的撰写：
　　调研数据统计分析；
　　编写调研报告。
1.5 调研报告分享：
　　制作分享 PPT；
　　分享调研过程与结论。

2.1 商业计划书的一般结构。
2.2 商业模式画布的结构与含义：
　　"客户细分"的含义；
　　"价值主张"的含义；
　　"客户关系"的含义；
　　"渠道通路"的含义；
　　"关键业务"的含义；
　　"核心资源"的含义；
　　"重要伙伴"的含义；
　　"成本结构"的含义；
　　"收入来源"的含义。
2.3 讨论、绘制并展示商业模式画布。
2.4 编写商业计划书。

从市场的角度，深入讨

3.1 项目在市场方面的可性：为什么团队可以做这件事，有什么优势？

3.2 项目在市场营销、管理等方面存在哪风险？

3.3 竞品及其市场分析。

工作环节

工作环节 1
挖掘商机
市场调研
（获取信息）

编制商业计划书
（制订计划）
工作环节 2

工作环节
优化商业计
（做出决

输出成果

1.1 市场调查方案。
1.2 市场调查过程材料（照片/录音/小视频）。
1.3 市场调查报告。
1.4 市场调查汇报 PPT 文稿。

2.1 商业模式画布。
2.2 商业计划书。

3.1 定稿版商业计划书

运用计算机网络综合布线实施、小型局域网构建、网络服务器安装与调试、网络设备安装与调试、局域网安全管理、企业网联调等知识，利用 Java、HTML5、CSS3、JS、Ajax 等技术开发一个微信小商城，主要售卖一些学生常用的数码产品和电子产品。

与电脑生产厂家、京东商城、手机代理商谈合作，争取拿一个更好的价格给本校的学生。团队成员也可以帮助本校学生组装电脑，在这个过程中主要用到网络设备安装与调试专业技能。

建立校园维修服务驿站，利用自己所学电脑知识及网络设备技能，帮助学生们修理电脑和手机等电子产品。

通过学校合作企业等资源，或充当企业的外派团队，进行相关项目部署，主要用到无线网络搭建、计算机网络综合布线、无线地勘等知识和技能。

5.1 如何测试校园数码综合服务驿站提供的产品或服务是否满足顾客要求？

5.2 如何填写质量工作报告（工作页）？

5.3 第一批使用者有哪些反馈？

5.4 根据反馈进行哪些调整？

5.5 原来预测的成本，现在有什么变化？确定新的成本预算。

5.6 定价策略是否需要调整？请确定新的定价方案。

5.7 基于成本与定价的调整，确定利润情况。

5.8 基于确定的利润情况，预测未来三年的发展规划。

6.1 总结项目有哪些技术创新点；

6.2 分析项目的成本与收益；

6.3 项目亮点在 PPT 和汇报中的体现；

6.4 路演陈述中如何介绍产品技术。

提出服务需求：

在现如今信息化时代，电脑、手机、无线网络设备等电子产品已经很普遍，电子设备在使用过程中往往会存在损坏、故障等问题，因此，校园数码综合服务驿站应运而生。加上学生及其社交圈有大量的数码产品需求，他们一般都会上京东购买，但往往会因为价格原因和技术问题犹豫不决。而到校园商城既可以买到优惠的数码产品，又可以根据自己的需求配置电脑，这对一些特别看重电脑配置又预算有限的同学，无疑能更好地满足其要求。

这个学习任务所包含的创新技能有：

① 想象能力：如何根据学生的需求和痛点去设计商城和公众号以满足学生不同的需求。

② 创造能力：如何做出一个小程序、如何配置电脑，这都比较考验学生的创造能力。

③ 整合多种资源的能力：做这个创业项目，既要找到一群志同道合的伙伴，又要懂小程序开发，还要联系外面商家拿到更低的价格，也要对接外面企业去解决一部分的兼职，这些都非常考验学生的资源整合能力。

4.3 这个学习任务所包含的创业精神有：

① 合作精神：因为这个创业项目涉及不同的专业能力和有不同的分工，所以合作精神非常重要。

② 坚持和有笃定的信念：对于校园商机来说，如何去赢得学生的信任非常重要。在驿站搭建初期肯定会有学生不信任，甚至没人使用，这时候就应该坚持下去，用服务打动顾客。

③ 诚信精神：对于社群生意，最重要的莫过于口碑，所以一定要注重诚信问题。

4.4 这个学习任务所包含的创业技能有：

① 数据与信息处理能力：因为学生生意一般都比较小而且杂乱，而且服务驿站涉及的学生业务也会比较繁杂，所以数据与信息处理能力格外重要。

② 自我学习能力：单纯的计算机网络专业所涉及的专业知识只能够运用于配置电脑和外派去做项目，手机维修及小程序搭建等相关知识都需要通过不断地自我学习来获取。

5.1 产品的质量在创业中有什么影响？

5.2 如何向客户承诺产品质量？

5.3 产品质量报告需要哪些部门认证？

5.4 正确把握质量与广告的关系、避免法务风险。

5.5 成本的核算。

5.6 销售定价的一般依据。

5.7 利润的计算方法。

5.8 未来发展的预测依据。

6.1 项目路演评价标准。

6.2 制作路演 PPT，提升逻辑思维能力。

6.3 完成路演环节，提升专业性的口头表达能力。

6.4 完成个人总结，培养归纳能力，反思及持续改善的职业习惯。

6.5 客观评价组员的任务表现。

工作环节 5
产品 / 服务
验证
（检查控制）

工作环节 6
产品 / 服务
发布
（评价反馈）

产品设计制造 / 服务提供
（实施计划）
工作环节 4

一个微信小商城（无需上线）。

实施过程（照片、视频、文档）。

5.1 质量检测报告 / 总结报告（工作页上填写）。

6.1 路演资料一套（PPT 及视频）。

① 挖掘商机市场调研（获取信息）	② 编写商业计划书（制订计划）	③ 优化商业计划书（做出决策）	④ 产品设计制造/服务提供（实施计划）	⑤ 产品/服务验证（检查控制）	⑥ 产品/服务发布（评价反馈）

挖掘商机/市场调研（获取信息）

教师活动	学生活动	评价
1. 情景创设：同学们就快毕业了，除了就业，还有一条路可以走，那就是创业。我们通过这个任务来学习创业的基本技能。交代这个任务与以往不同的地方： ① 开放性：不限项目内容。 ② 创新性：有新的思维。 ③ 商业性：不仅完成技能上的创作（出产品或服务），还要考虑怎么把产品（服务）卖出去，创造自己的事业。例如，在校园内的众创空间开设一个数码综合服务驿站，并且运营这个商铺。 提醒学生阅读工作页上的"情景描述"。 2. 组织学生讨论这个项目的价值主张和目标定位：我们提供什么服务？这些服务可以解决哪些问题？谁会需要我们提供的这些服务？各组列个海报并安排人说明一下。 3. 组织学生讨论这个项目的主营业务：我们具体做什么？涉及到哪些技术？需要哪些资源？我们有什么优势？用角色扮演来带入学生思考，提醒各组的角色分工如下： ① 每两组为一对，A 组扮演顾客，向 B 组提出自己的需求（2 项）；B 组扮演创业者，向 A 组解释自己将会怎样满足对方的需求（把方案说得清晰具体），并尽量使对方满意。 ② A 组和 B 组角色互换再进行（也是 2 项）。 ③ 如果还能从顾客角度想出更多需求，回到①项。 ④ 创业者的这一组负责安排人详细记录顾客需求和针对性的解决方案。 ⑤ 组织学生汇总、整理记录，得出创业团队的主营业务。 4. 组织学生讨论团队的组建与人员分工：创业团队一般需要哪些人员？谁是项目负责人？各位组员分别负责什么？给团队起个什么名字？ 5. 介绍市场调查在创业过程中的重要性和市场调研的基本方法。 6. 组织学生小组制订调研方案： ① 确定调研对象； ② 选择调研形式（在线问卷、纸质问卷、会议调查、网络大数据调研）； ③ 编制调研问卷（10 个问题，含选择题和简答题）。 7. 安排开展调研实践活动： ①课外时间完成，每一组最少回收 30 份有效问卷，各组的调研对象不能出现相同。 ②组织各组分享调研的情况 收取各组调研报告，并给出该环节的学习评价。	1.听老师布置任务，阅读工作页上的"情景描述"： ① 用荧光笔划出其中的关键词。 ② 跟组员讨论关键词的含义。 ③ 对学习任务中存疑的地方向老师提问，直至弄清楚任务的情景。 2. 讨论项目的价值主张和服务对象，绘制海报并安排人上台分享。把价值主张和服务对象记录在工作页。 3. 认真思考、激烈讨论，得出"如果我是顾客，我可能需要创业者给我提供什么服务？"罗列在纸上，准备向对方提出需求。 ① 听完对方的解决方案，觉得是否满意？不满意的地方继续发问，直至满意。 ② 认真听取对方提出的需求并进行组内讨论，针对这些需求，我们可以怎样解决问题？用关键词列出解决方案，并向对方说明解决方案。 ③ 各组的需求和解决方案汇总到一起，拼凑出创业者要提供的服务内容。记录在工作页上。 4. 讨论组内分工，绘制组织架构图海报，并分享给其他各组（介绍一下团队），把组织架构图绘制到工作页上。 5. 听老师介绍市场调查在创业过程中的重要性和市场调研的基本方法，补充完整工作页。 6. 各组制订调研方案，编制调研问卷。 7. 开展调研实践活动： ① 回收 30 份有效问卷； ② 进行数据统计分析，得出一些结论； ③ 以海报或者 PPT 形式完成调研报告提纲及调研结论，向全班分享； ④ 编写调研报告并提交给老师评价。	1. 对专创融合学习任务的理解。 2. 是否清楚创业的方向？表达是否清晰有条理？ 3. 扮演顾客的，是否能清楚全面地提出自己的需求？扮演创业者的，是否能清楚全面地提供解决方案？ 4. 组内人员分工是否科学合理？ 6. 调研问卷的问题是否科学有效？ 7. 有否开展调研实践？调研报告是否符合要求？
1. 硬资源：一体化课室等。 2. 软资源：工作页、参考教材、授课 PPT 等。		

❶ 挖掘商机
市场调研
（获取信息）　　❷ 编写商业计划书
（制订计划）　　❸ 优化商业计划书
（做出决策）　　❹ 产品设计制造/
服务提供
（实施计划）　　❺ 产品/服务
验证
（检查控制）　　❻ 产品/服务
发布
（评价反馈）

教师活动	学生活动	评价

教师活动

1. 展示一份商业计划书，介绍商业计划书的一般结构，阐述商业计划书的作用。让学生对商业计划书有一个初步认识。

2. 展示一张完整的商业模式画布，简要说明商业模式画布的结构。

3. 组织学生讨论商业画布各项要素的含义。

① 组织各组上网搜索商业模式画布中 "客户细分"的含义，提醒每组做好说明"客户细分"的准备；抽取某一组来说明"客户细分"的含义，并以本项目为例，说明"客户细分"的对象都有哪些。

② 组织各组上网搜索商业模式画布中 "价值主张"的含义，提醒每组做好说明"价值主张"的准备；抽取某一组来说明"价值主张"的含义，并以本项目为例，说明"价值主张"是什么。

③ 组织各组上网搜索商业模式画布中 "客户关系"的含义，提醒每组做好说明"客户关系"的准备；抽取某一组来说明"客户关系"的含义，并以本项目为例，说明"客户关系"有哪些。

④ 组织各组上网搜索商业模式画布中 "渠道通路"的含义，提醒每组做好说明"渠道通路"的准备；抽取某一组来说明"渠道通路"的含义，并以本项目为例，说明"渠道通路"有哪些。

⑤ 组织各组上网搜索商业模式画布中 "关键业务"的含义，提醒每组做好说明"关键业务"的准备；抽取某一组来说明"关键业务"的含义，并以本项目为例，说明"关键业务"有哪些。

⑥ 组织各组上网搜索商业模式画布中 "核心资源"的含义，提醒每组做好说明"核心资源"的准备；抽取某一组来说明"核心资源"的含义，并以本项目为例，说明"核心资源"有哪些。

⑦ 组织各组上网搜索商业模式画布中"重要伙伴"的含义，提醒每组做好说明"重要伙伴"的准备；抽取某一组来说明"重要伙伴"的含义，并以本项目为例，说明"重要伙伴"有哪些。

学生活动

1. 观察一份完整的商业计划书，分析商业计划书的一般结构，听老师说明商业计划书的作用，有疑问的地方要提出来。

2. 观察一个商业模式画布案例，分析商业模式画布的一般结构，听老师说明商业模式画布，有疑问的地方要提出来。

3. 讨论商业画布各项要素的含义。

①上网搜索商业模式画布中"客户细分"的含义，讨论本项目的"客户细分"的对象都有哪些，向其他组分享自己的看法（假如被抽到）。

②上网搜索商业模式画布中 "价值主张"的含义，讨论本项目"价值主张"的对象都有哪些，向其他组分享自己的看法（假如被抽到）。

③上网搜索商业模式画布中"客户关系"的含义，讨论本项目"客户关系"的对象都有哪些，向其他组分享自己的看法（假如被抽到）。

④上网搜索商业模式画布中 "渠道通路"的含义，讨论本项目"渠道通路"的对象都有哪些，向其他组分享自己的看法（假如被抽到）。

⑤上网搜索商业模式画布中 "关键业务"的含义，讨论本项目"关键业务"的对象都有哪些，向其他组分享自己的看法（假如被抽到）。

⑥上网搜索商业模式画布中 "核心资源"的含义，讨论本项目"核心资源"的对象都有哪些，向其他组分享自己的看法（假如被抽到）。

⑦上网搜索商业模式画布中"重要伙伴"的含义，讨论本项目"重要伙伴"的对象都有哪些，向其他组分享自己的看法（假如被抽到）。

评价

1. 商业模式画布是否合理、完整？

2. 商业计划书是否能清晰描述创业设计？

编写商业计划书（制订计划）

校园数码综合服务驿站

学习任务：校园数码综合服务驿站

① 挖掘商机 市场调研 （获取信息）	② **编写商业计划书** **（制订计划）**	③ 优化商业计划书 做出决策	④ 产品设计制造/ 服务提供 （实施计划）	⑤ 产品/服务 验证 （检查控制）	⑥ 产品/服务 发布 （评价反馈）

	教师活动	学生活动	评价
编写商业计划书（制订计划）	⑧ 组织各组上网搜索商业模式画布中"成本结构"的含义，提醒每组做好说明"成本结构"的准备；抽取某一组来说明"成本结构"的含义，并以本项目为例，说明"成本结构"有哪些。 ⑨ 组织各组上网搜索商业模式画布中"收入来源"的含义，提醒每组做好说明"收入来源"的准备；抽取某一组来说明"收入来源"的含义，并以本项目为例，说明"收入来源"有哪些。 4. 组织各组根据以上的讨论，绘制并展示分享商业模式画布。 5. 布置课后完成编写商业计划书。	⑧ 上网搜索商业模式画布中 "成本结构"的含义，讨论本项目"成本结构"的对象都有哪些？向其他组分享自己的看法（假如被抽到） ⑨ 上网搜索商业模式画布中 "收入来源"的含义，讨论本项目"收入来源"的对象都有哪些？向其他组分享自己的看法（假如被抽到）。 4. 组根据以上的讨论，绘制商业模式画布（海报），安排人上台展示与分享商业模式画布。 5. 完成商业计划书编写（课后）。 （1）编写商业计划书时，可以考虑此项目的主要技术创新点在微信商城搭建上： ① 拥有自主选配零件装配电脑功能，顾客可以跟据商城指引选配每一个零件；根据不同的选择，系统会自动生成电脑三视图，顾客可以根据自己的需求再次更换配件。 ② 拥有一键回收功能，商城上还可以选择回收功能，根据商城上的指引，一步步填写回收商品的信息，然后系统会自动生成商品的预估价格。 ③ 拥有推广员系统，商城会员可以申请成为推广员，只要有人使用推广员分享的链接或者推广码购买商品，系统会根据商品的价格给出相应的佣金。 （2）这些技术创新点怎样形成技术壁垒？ 根据商城内容进行开发，最后生成的源代码和介绍可以申请软件著作权。 （3）创新水平达到一个怎样的程度以及佐证？ 市面上还没有一个校园数码产品商城集成了一键回收、产品售卖、一键装配等系列功能。	
	1. 硬资源：一体化课室等。 2. 软资源：工作页、参考教材、授课 PPT、商业计划书案例等。		

1 挖掘商机 市场调研 (获取信息)	2 编写商业计划书 (制订计划)	3 优化商业计划书 (做出决策)	4 产品设计制造/ 服务提供 (实施计划)	5 产品/服务 验证 (检查控制)	6 产品/服务 发布 (评价反馈)

优化商业计划书（做出决策）

教师活动	学生活动	评价
组织各组学生，从市场和技术的角度，深入讨论： 1. 项目的可行性怎样？ 　为什么团队可以做这件事？有什么市场优势？抽取一组上台分享他们的观点。 2. 项目在市场营销、运营管理等方面存在哪些风险？抽取一组上台分享他们的观点。 3. 目前市场上有哪些类似的竞品，竞品有哪些特点？我们与之相比有哪些差异？抽取一组上台分享他们的观点。	从市场和技术的角度，深入讨论： 1. 项目的可行性怎样？ 　为什么团队可以做这件事？有什么市场优势？上台分享本组的观点（如果被抽到）。 2. 项目在市场营销、运营管理等方面存在哪些风险？上台分享本组的观点（如果被抽到）。 3. 目前市场上有哪些类似的竞品，竞品有哪些特点？我们与之相比有哪些差异？上台分享本组的观点（如果被抽到）。 4. 结合教师的批改和以上的讨论，修订商业计划书，提交定稿版商业计划书。	
1. 硬资源：一体化课室等。 2. 软资源：工作页、参考教材、授课 PPT 等。		

产品设计制造/服务提供（实施计划）

1. 布置设计一个商城小程序的要求： 　在现如今信息化时代，电脑、手机、无线网络设备等电子产品已经很普遍，电子设备在使用过程中往往会存在损坏、故障等问题。因此，校园数码综合服务驿站应运而生。另外，学生和其社交圈有大量的数码产品需求，他们一般都会上京东购买，但往往会因为价格原因和技术问题犹豫不决。而到校园商城既可以买到优惠的数码产品，也可以根据自己的需求配置电脑，对一些特别看重电脑配置又预算有限的同学来说，无疑能更好地满足其要求。 2. 告知学生这个学习任务需要的创新技能： ①想象能力：如何根据学生的需求和痛点去设计商城和公众号以满足学生不同的需求。 ②创造能力：如何做出一个小程序、如何配置电脑，这都比较考验学生的创造能力。 ③整合多种资源的能力：做这个创业项目，既要懂小程序开发，又要联系外面商家拿到更低的价格，还要对接外面企业去解决一部分的兼职，这些都非常考验学生的资源整合能力。	1. 运用计算机网络综合布线实施、小型局域网构建、网络服务器安装与调试、网络设备安装与调试、局域网安全管理、企业网联调等知识，利用 Java、HTML5、CSS3、JS、Ajax 等技术开发一个微信小商城，主要售卖一些学生常用的数码产品和电子产品，作为线下服务驿站的重要补充。 2. 与电脑生产厂家、京东商城、手机代理商谈合作，争取拿一个更好的价格给本校的学生。团队成员也可以帮助本校学生组装电脑，在这过程主要用到网络设备安装与调试专业技能。	
1. 硬资源：一体化课室等。 2. 软资源：工作页、参考教材、授课 PPT 等。		

校园数码综合服务驿站

学习任务：校园数码综合服务驿站

① 挖掘商机 市场调研（获取信息）	② 编写商业计划书（制订计划）	③ 优化商业计划书（做出决策）	④ 产品设计制造/服务提供（实施计划）	⑤ 产品/服务 验证（检查控制）	⑥ 产品/服务 发布（评价反馈）

	教师活动	学生活动	评价
产品设计制造/服务提供（实施计划）	3. 告知学生这个学习任务所包含的创业精神： ①合作精神：因为这个创业项目涉及不同的专业能力和不同的分工，所以合作精神非常重要。 ②坚持和有笃定的信念：对于校园商机来说，如何去赢得学生的信任非常重要，在驿站搭建初期肯定会有学生不信任，甚至没人使用，这时候就应该坚持下去，用服务打动顾客。 ③诚信精神：对于社群生意，最重要的莫过于口碑，所以要注重诚信问题。 4. 告知学生这个学习任务所包含的创业技能： ①数据与信息处理能力：学生生意一般都比较小而且杂乱，而且服务驿站涉及的学生业务也会比较繁杂，所以数据与信息处理能力格外重要。 ②自我学习能力：单纯的计算机网络专业所涉及的专业知识只能够运用于配置电脑和外派去做项目，手机维修以及小程序搭建等相关知识都要通过不断地自我学习来获取。	3. 在学校建立校园维修服务驿站，利用自己所学的电脑及网络设备相关知识及技能帮助学生们修理电脑和手机等电子产品。 4. 通过学校合作企业等资源或充当企业的外派团队，进行相关项目部署。（主要用到无线网络搭建、计算机网络综合布线、无线地勘等相关知识技能。）	
	1. 硬资源：一体化课室等。 2. 软资源：工作页、参考教材、授课 PPT 等。		
产品/服务验证（检查控制）	引导学生小组寻找种子客户进行商城的应用体验，并收集反馈意见。	1. 在目标客户中，找 10 位人员访问商城并进行试用，邀请其发表试用情况感受并提供反馈意见。 2. 根据反馈意见，修改商城小程序，并邀请上述 10 位用户再次测试商城，收集修改意见并再次修订。 3. 修订商业计划书中的财务分析与未来规划。	
	1. 硬资源：一体化课室等。 2. 软资源：工作页、参考教材、授课 PPT 等。		
产品/服务发布（评价反馈）	1. 说明项目路演的评价标准。 2. 组织各组制作路演 PPT，并进行项目路演。 3. 布置完成个人总结，客观评价组员的任务表现。	1. 听老师介绍项目路演的评审标准，总结项目有哪些技术创新点，分析项目的成本与收益，注意在 PPT 和汇报中体现项目亮点。 2. 小组制作路演 PPT，从项目背景、市场分析、产品介绍、创新做法、市场定位、营销渠道、财务预测、风险预测、三年规划、团队介绍等方面进行项目路演。 3. 在工作页中填写个人工作总结，客观评价组员的任务表现。	从项目的创新性、商业价值、财务分析、团队介绍、答辩情况等方面综合评价学生的路演。
	1. 硬资源：一体化课室等。 2. 软资源：工作页、参考教材、授课 PPT、路演 PPT 案例、路演录像、路演技巧讲解教学视频等。		

评价方式与标准

1. 评价方式

可参照创新创业大赛的形式，或直接参加校级创新创业大赛，通过现场展示进行考核评价。从各项目团队制作展示的 PPT、视频等材料，上台介绍项目的基本情况、商业价值、技术创新、商业模式、财务状况、团队分工等方面，现场评分。

2. 评委组成

由任课教师、创新创业指导中心教师、校外创业导师组成。

3. 评审标准

评审内容	评审细则	配分
商业价值	1. 符合国家产业政策、地方产业发展规划、现行法律法规相关要求。 2. 竞品分析充分，对项目的产品或者服务、技术水平、市场需求、行业发展等方面定位准确、调研清晰、分析透彻。 3. 商业模式设计可行，具备盈利能力。 4. 在竞争与合作、技术基础、产品或服务方案、资金及人员需求等方面具有实践基础。	
创新水平	1. 具备产教融合、工学结合、校企合作背景。 2. 突出原始创意和创造力，体现工匠技艺传承创新。 3. 项目设计科学，体现"四新"技术。 4. 体现面向职业、岗位技术创新、工种的创意及创新特点（如加工工艺创新、实用技术创新、产品/技术改良、应用性优化、民生类创新和小发明小制作等），具有低碳、环保、节能等特色。	
社会效益	1. 服务共同富裕、农民增收、绿色发展等需要。 2. 具有示范作用，可复制可推广。 3. 具备可持续发展潜力，促进社会就业。	
团队能力	1. 团队成员的价值观、专业背景和实践经历、能力与专长、业务分工情况。 2. 指导教师、合作企业、项目顾问和其他资源的有关情况和使用计划。 3. 项目或企业的组织架构、股权结构与人员配置。	
回签问题	答辩过程中，回答问题准确、有条理。	

校园数码综合服务驿站

参考文献

[1] 人力资源社会保障部.计算机网络应用专业国家技能人才培养标准及一体化课程规范（试行）.北京：中国劳动社会保障出版社，2015.

[2] 夏涛.IT 桌面软件维护.北京：中国劳动社会保障出版社，2017.

[3] 要亚娟.计算机组装与维护.北京：中国劳动社会保障出版社，2017.

[4] 李文远.小型局域网构建.北京：中国劳动社会保障出版社，2017.

[5] 朱东方，陈静君.信息网络布线技能训练实战.北京：机械工业出版社，2018.

[6] 曾扬朗.网络服务器安装与调试.北京：中国劳动社会保障出版社，2021.

[7] 陈颜.网络设备安装与调试（思科版）.北京：电子工业出版社，2018.

[8] 佘运祥.网络设备安装与调试（锐捷版）.北京：电子工业出版社，2018.

[9] 王继龙，安淑梅，邵丹.局域网安全管理实践教程.北京：清华大学出版社，2009.